高等学校信息工程类系列教材

通 信 电 路

（第四版）

沈伟慈　主编

沈伟慈　李　霞　陈田明　编著

西安电子科技大学出版社

内 容 简 介

本书是 21 世纪高等学校信息工程类"十三五"规划教材中的一本。

全书共 11 章，内容包括绪论，基础知识，高频小信号放大电路，高频功率放大电路，正弦波振荡器，频率变换电路的特点及分析方法，模拟调幅、检波与混频电路(线性频率变换电路)，模拟角度调制与解调电路(非线性频率变换电路)，锁相环与频率合成器，数字调制与解调电路，实用通信系统电路分析等。特别是最后一章，专门介绍了实用通信电路的识图与分析方法，并以无绳电话机为例，对一个完整的无线电发射、接收系统的电路做了介绍和分析。

本书在选材和论述方面注重基本原理的阐述和基本分析方法的介绍，以集成化实用电路为主导，通过大量典型例题来加深读者对原理和分析方法的理解，结合各种具有代表性的实用电路或集成电路芯片来帮助读者熟悉实际电路的分析和应用。书中大部分章节有章末小结和难度适当的习题，书末附有大部分习题的参考答案。

本书可作为高等学校信息工程、通信工程、电子工程及其他相近专业的本科生教材，也可供有关的工程技术人员参考。

★ 本书配有电子教案，需要的老师可登录出版社网站，免费下载。

图书在版编目(CIP)数据

通信电路/沈伟慈主编. —4 版. —西安：西安电子科技大学出版社，2017.2(2024.11 重印)
ISBN 978 - 7 - 5606 - 4054 - 9

Ⅰ. ① 通…　Ⅱ. ① 沈…　Ⅲ. ① 通信系统—电子电路—高等学校—教材　Ⅳ. ① TN91

中国版本图书馆 CIP 数据核字(2016)第 120761 号

策　　划	马晓娟
责任编辑	马武装
出版发行	西安电子科技大学出版社(西安市太白南路 2 号)
电　　话	(029)88202421　88201467　　邮　编　710071
网　　址	www. xduph. com　　　　电子邮箱　xdupfxb001@163.com
经　　销	新华书店
印刷单位	陕西天意印务有限责任公司
版　　次	2017 年 2 月第 4 版　2024 年 11 月第 29 次印刷
开　　本	787 毫米×1092 毫米　1/16　印张　17.5
字　　数	400 千字
定　　价	42.00 元

ISBN 978 - 7 - 5606 - 4054 - 9

XDUP 4346004 - 29

＊＊＊如有印装问题可调换＊＊＊

高等学校计算机、信息工程类专业

系列教材编审专家委员会

主　任：杨　震（南京邮电大学校长、教授）
副主任：张德民（重庆邮电大学通信与信息工程学院院长、教授）
　　　　韩俊刚（西安邮电学院计算机系主任、教授）

计算机组

组　长：韩俊刚（兼）
成　员：（按姓氏笔画排列）
　　　　王小民（深圳大学信息工程学院计算机系主任、副教授）
　　　　王小华（杭州电子科技大学计算机学院教授）
　　　　孙力娟（南京邮电大学计算机学院副院长、教授）
　　　　李秉智（重庆邮电大学计算机学院教授）
　　　　孟庆昌（北京信息科技大学教授）
　　　　周　娅（桂林电子科技大学计算机学院副教授）
　　　　张长海（吉林大学计算机科学与技术学院副院长、教授）

信息工程组

组　长：张德民（兼）
成　员：（按姓氏笔画排列）
　　　　方　强（西安邮电学院电信系主任、教授）
　　　　王　晖（深圳大学信息工程学院电子工程系主任、教授）
　　　　胡建萍（杭州电子科技大学信息工程学院院长、教授）
　　　　徐　祎（解放军电子工程学院电子技术教研室主任、副教授）
　　　　唐　宁（桂林电子科技大学通信与信息工程学院副教授）
　　　　章坚武（杭州电子科技大学通信学院副院长、教授）
　　　　康　健（吉林大学通信工程学院副院长、教授）
　　　　蒋国平（南京邮电大学自动化学院院长、教授）

总　策　划：梁家新
策　　　划：马乐惠　云立实　马武装　马晓娟
电子教案：马武装

前　言

作为"高等学校信息工程类系列教材"之一的《通信电路》(沈伟慈编著)自 2004 年 1 月出版以来,历经三个版本,12 年来已经连续 20 次印刷,累计印数 92 000 册。

编写本书最初的目的就是为一般高等学校通信工程、电子工程等电子信息类专业的本科生提供一本容易接受的教材,因而在结构、选材、论述等方面都进行了有针对性的考虑和处理,特别是通过大量实用电路的介绍和分析,不但能使学生理论联系实际,而且能提高他们的学习兴趣。如果学生在老师的指导下再做一些设计性实验,那么,必将能够更好地掌握相关知识。十多年来,不少使用本书的老师和学生提出了很多宝贵的意见、建议和要求,有时还就书中的一些内容进行咨询和讨论。编者每次都在第一时间给予回复并表达谢意。面对众多的教材使用者,编者既感到欣慰,同时也感到责任重大,唯有不断地对教材进行改进和完善,以报答大家的关心和厚爱。

经过三个版本的修订,本书的结构和内容已经基本稳定,故第四版未做大的修改。欢迎广大读者继续提出批评指正和建议,我们将及时更正错误或根据需要做新的修订。读者在使用本书时遇到问题也可以随时来信,编者将一如既往在第一时间给予解答。

衷心感谢所有使用和关心本书的老师、学生和其他读者,特别是那些热情给予批评指正和提出修改建议的人士。感谢西安电子科技大学出版社的马晓娟、马武装等编辑和其他工作人员长期以来对本书的支持和帮助。

沈伟慈

E-mail: shenwc@szu.edu.cn

2017 年 1 月于深圳大学

第三版前言

《通信电路(第二版)》(沈伟慈编著)自 2007 年 5 月出版以来,已经连续 7 次印刷,累计印数 30 000 册。经过几年来的教学实践,作者听取并收集了使用这本教材的部分老师和学生的反馈意见和建议,在此基础上编写了第三版。第三版主要做了以下一些修订:

1. 为了使读者更加容易理解教材中的一些难点、重点和容易混淆之处,在很多地方做了补充或改写。

2. 在第 8 章增加了一节,即"8.6 直接数字频率合成器"。

3. 更正了一些错误和不妥之处。

参加本书修订工作的有沈伟慈、李霞和陈田明,由沈伟慈担任主编。

衷心感谢所有使用《通信电路》教材的老师、学生和其他读者,特别是那些热情给予我们批评指正和提出修改建议和要求的人士。

本书自从 2004 年 1 月由《高频电路》修编为《通信电路》以来,现在已经是第三版。虽然经过多次修订,但是,书中难免还会有不妥之处或者需要进一步改进的地方,恳请广大读者继续及时给予批评指正。

沈伟慈

E-mail:shenwc@szu.edu.cn

2011 年 3 月于深圳大学

第二版前言

"通信电子线路"(或"高频电子线路")是电子工程、通信工程等电子信息类专业的主干课程,也是一门教学难度较大的课程。近几年来,随着我国高等教育事业的迅猛发展,本科学生的状况有了很大的变化。作者长期从事"通信电子线路"课程的教学工作,对于这门课程的教学难度和教学效果深有体会,对于学生在学习时的艰辛和遗憾也十分清楚。无论是对于教师还是学生来说,一本既能满足教学大纲的要求,又能适合具体教学对象的"通信电子线路"教材都是非常需要的。

本教材的适用对象主要是普通高校电子工程、通信工程等电子信息类专业的本科生,因而在选材和论述方面结合教学要求和学生的接受能力做了全面认真地考虑和处理。在选材时,着眼于基本理论、基本分析方法和基本功能电路,强调理论与实际应用相结合,注意结合当前新技术的发展趋势而有所取舍和侧重,不片面追求内容广泛和面面俱到。对于每一种基本功能电路,书中都精选了相应的实用电路或集成电路芯片的内部电路作为实例。在叙述电路原理时,以讲清楚基本概念且条理清晰为准则,尽可能避免复杂的理论分析和数学推导,注意采用一些有针对性的例题来帮助说明一些比较难于理解的原理和分析方法。对于一些复杂而又并非一定要掌握的公式推导过程予以省略,但给出了分析思想或说明了结论的来历;对于一些涉及基本分析方法的公式推导,则给出了详细过程,便于学生掌握。在原理讲解和电路说明时,尽可能考虑到学生的理解程度,力求做到通俗易懂,满足自学的要求。

《通信电路》是2004年1月出版的,三年来连续6次印刷,累计印数37 000册。借这次再版的机会,主要做了以下两个方面的修改:

1. 删去了第4章的"运放振荡器"、第7章的"AFC电路的主要性能指标"和"AFC实用电路介绍"三个小节。

2. 在许多局部地方做了补充或改写,特别是在一些读者可能理解比较困难的地方。目的在于帮助读者更容易看懂教材中的内容,从而能够更好地理解和掌握有关原理和分析方法。

本书目录中打"＊"号的章节可以作为选学部分。各章的实例介绍和第10章的内容可以在教师指导下让学生自学。

衷心感谢所有使用《通信电路》教材的老师、学生和其他读者,欢迎大家继续提出意见、要求和建议。

本书对于第一版中的一些错误已经做了更正,但是限于作者水平,书中难免还会有不妥之处,恳请广大读者及时给予批评指正。

沈伟慈

E-mail：shenwc@szu.edu.cn

2007年1月于深圳大学

第 一 版 前 言

本书是在《高频电路》(沈伟慈编著,高等学校电子信息类"九五"规划教材、部级重点教材,西安电子科技大学出版社 2000 年 5 月出版)的基础上修编而成的。《高频电路》一书出版后,三年内连续六次印刷,累计印数达 28 000 册。根据三年来教学实践的效果和反响,同时参考近年来电子技术的进展状况和有关资料,编者对《高频电路》进行了重大修订,写成了这本教材,并更名为《通信电路》。

本书将 LC 回路、集中选频滤波器、电噪声和反馈控制电路基本原理四部分合并为第 1 章,作为全书的基础知识。第 2 章至第 7 章包括了高频小信号放大电路,高频功率放大电路,正弦波振荡器,频率变换电路的特点及分析方法,模拟调幅、检波与混频电路,模拟角度调制与解调电路等几部分内容。虽然这几章基本结构没变,但增删了部分内容(例如,增添了正交调幅方式、混频器和放大器的线性性能指标,加重电路和静噪电路等;删去了 RC 振荡器;将宽带放大器、可变增益放大器等部分中较陈旧的内容作了更新),对其余保留部分的内容也做了很大修改和更新,将 AGC 电路和 AFC 电路分别放在第 2、6、7 章,第 8 章集中讨论了锁相环电路,同时增加了平方环和科斯塔斯环,加强了锁相频率合成器的内容。这样安排可以结合具体的接收机或发射机电路来讨论 AGC 或 AFC 技术,条理清楚,便于教学,而且突出了锁相环电路的重要性。第 9 章和第 10 章全部是新增加的,分别介绍了数字调制/解调电路和实用通信系统电路的分析方法。原第 9 章删除。另外,书中大部分章节有章末小结和难度适当的习题,书末附有各章习题的参考答案。

本书在选材和论述方面继续保持并发展了《高频电路》一书的下述特点。

(1) 在注重基本原理的阐述和基本分析方法的介绍时,一方面力求避免复杂繁冗的数学推导,另一方面对重要的数学公式和结论也给出了必要的分析思路或由来。行文尽量做到深入浅出,简明清晰,便于自学。

(2) 在介绍各种功能电路时,以集成电路为主导,结合各种具有代表性的实用电路或集成电路芯片进行详细分析,强调理论知识必须联系实际应用,并注意根据新技术的发展趋势在内容选择方面有所取舍和侧重。

(3) 每一章都精选了大量的典型例题进行分析,这样不仅可以帮助学生提高解题能力,更重要的是避免了单纯抽象的理论分析带来的弊端,有利于学生理解和掌握一些重要的结论和分析方法。

(4) 为了帮助学生看懂电路图,掌握实际电路的分析能力,从而为电路设计打好基础,除了在讨论各种功能电路时均给出了大量应用实例之外,还在最后一章专门介绍了实用通信电路的识图与分析方法,并结合一个无绳电话整机系统进行了具体分析,使学生建立起一个集成化发射、接收系统的整体概念,并进一步明确系统中各部分功能电路之间的联系。

本教材的参考学时数为 54 学时。建议其中部分章节可在教师指导下让学生自学。

本教材由高等学校计算机、信息工程类专业系列教材编审专家委员会编审与推荐出版。电子科技大学张玉兴教授担任主审,他在百忙之中仔细审阅了书稿,并提出了许多非常宝贵的意见,在此表示诚挚的感谢。

由于编者水平有限,书中难免还存在一些缺点和错误,殷切希望广大读者批评指正。

沈伟慈

E-mail:shenwc@szu.edu.cn

2003 年 7 月于深圳大学

本书常用符号表

一、基本符号

I，i	电流
U，u	电压
P	功率
R，r	电阻
G，g	电导
X	电抗
B	电纳
$\dot{Z}$	阻抗
$\dot{Y}$	导纳
L	电感
C	电容
M	互感
A_u	电压增益
G_p	功率增益
t	时间
T	温度
f，F	频率
ω，Ω	角频率
φ	相位
BW	带宽
NF	噪声系数

二、电压、电流

小写 $u(i)$、小写下标表示交流电压(电流)瞬时值(例如，u_o 表示输出交流电压瞬时值)。

大写 $U(I)$、大写下标表示直流电压(电流)或平均电压(电流)(例如，U_O 表示输出直流电压)。

小写 $u(i)$、大写下标表示包含有直流的电压(电流)瞬时值(例如，u_O 表示含有直流的输出电压瞬时值)。

大写 $U(I)$、小写下标表示交流电压(电流)振幅(例如，U_o 表示输出交流电压振幅)。

三、晶体管

V	晶体三极管，场效应管，二极管
U_B	pn 结内建电位差
U_{on}	导通电压
g	伏安特性或转移特性曲线斜率
θ	导通角

I_{DSS} $u_{GS}=0$ 时场效应管的饱和漏极电流

C_j 结电容

四、谐振回路

Q_0 回路空载品质因数

Q_e 回路有载品质因数

ρ 回路特性阻抗

η 效率

n 接入系数，匝数比，变容管的变容指数，分频比

$R_{e0}(g_{e0})$ 回路空载谐振电阻（电导）

$R_{\Sigma}(g_{\Sigma})$ 回路有载总谐振电阻（电导）

f_0 回路谐振频率，振荡频率

五、其余

$\dot{A}=A(j\omega)=A(\omega)e^{j\varphi(\omega)}$ 复数表达式

$\dot{T}(\omega)$ 反馈放大器的环路增益

$T(s)$ 闭环传递函数

$T_e(s)$ 误差传递函数

M 调制指数

m 变容二极管结电容调制度，分频比

τ 时间常数

ε 相对失谐

ξ 广义失谐，集电极电压利用系数

ζ 阻尼系数

$K(\omega t)$ 开关函数

F 反馈系数

k 比例系数，玻尔兹曼常数

$K_{0.1}$ 矩形系数

U_{CC}, U_{BB}, U_{EE} 电源电压

目　录

第 0 章　绪　　论

0.1　模拟通信系统和数字通信系统

通信系统的作用是把发信者的信息准确地传送给收信者，其组成方框图如图 0.1 所示。

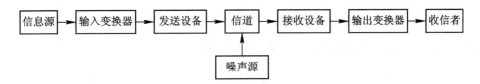

图 0.1　通信系统的组成

信息源是指需要传送的原始信息，如语言、音乐、图像、文字等，一般是非电物理量。原始信息经输入变换器转换成电信号后，送入发送设备，将其变成适合于信道传输的信号，然后再送入信道传输。信道可以是大气层或外层空间（无线通信系统），也可以是电缆或光缆（有线通信系统）。如果是光缆，还需加入电/光和光/电转换器。信号在传输过程中，不可避免地会受到各种噪声的干扰。噪声按其来源一般可分为外部噪声和内部噪声两大类。外部噪声包括自然界存在的各种电磁波源（闪电、宇宙星体、大气热辐射等）发出的噪声，工业上强力电机与电焊机等工作时产生的工业噪声和其他通信设备发射的信号等。内部噪声则是指系统设备本身产生的各种噪声。接收设备把有用信号从众多信号和噪声中选取出来，经输出变换器恢复出原始信息。

对于无线通信系统，由天线理论可知，要将无线电信号有效地发射出去，天线的尺寸必须和电信号的波长为同一数量级。由原始非电量信息转换而成的原始电信号一般是较低频率的信号，波长较长。例如，音频信号的频率一般仅在 15 kHz 以内，对应波长为 20 km以上。要制造出相应的巨大天线是不现实的，而且，即使这样巨大的天线能够制造出来，由于各个发射台发射的均为同一频段的低频信号，在信道中也会互相重叠、干扰，因此接收设备无法从中选择出所要接收的有用信号。为了有效地进行传输，必须采用几百千赫兹以上的高频振荡信号作为运载工具，将携带信息的低频电信号"装载"到高频振荡信号上（这一过程称为调制），然后经天线发送出去。到了接收端后，再把低频电信号从高频振荡信号上"卸取"下来（这一过程称为解调）。其中，未经调制的高频振荡信号称为载波信号，低频电信号称为调制信号，经过调制并携带有低频信息的高频振荡信号称为已调波信号。未经调制的低频电信号和已调波信号又可分别称为基带信号和频带信号。请注意，这里所说的低频电信号可以是十几千赫兹以下的音频信号，也可以是高达几兆赫兹的视频信号，但是它们的频率对于相应的载波频率来说都要低一些。

采用调制方式以后,由于传送的是高频已调波信号,因此所需天线尺寸便可大大缩小。另外,不同的发射台可以采用不同频率的高频振荡信号作为载波,这样在频谱上就可以互相区分开了。

所谓调制,是指用原始电信号去控制高频振荡信号的某一参数,使之随原始电信号的变化规律而变化。而解调就是从高频已调波中恢复出原来的调制信号。

通信系统可分为模拟通信系统和数字通信系统两大类。前者传送的是模拟电信号,后者传送的是数字电信号。在模拟通信系统中,若采用正弦波信号作为高频振荡信号,由于其主要参数是振幅、频率和相位,因而出现了振幅调制、频率调制和相位调制(后两种合称为角度调制)等不同的调制方式。在数字通信系统中,若采用正弦波信号作为载波,同样有振幅调制、频率调制和相位调制三种调制方式。对于数字电信号,也可以不经过调制而直接送入信道进行传输,这种方式称为数字基带传输,而采用调制/解调方式的称为数字频带传输。

本书仅介绍无线模拟通信系统和无线数字频带传输系统中涉及的通信电路。

图 0.2 给出了无线模拟发送、接收系统的方框图。

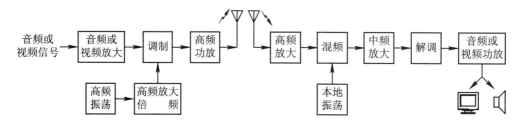

图 0.2　无线模拟发送、接收系统方框图

由图 0.2 可见,模拟通信系统所涉及的基本功能电路包括低频和高频小信号放大电路、低频和高频功率放大电路、正弦波振荡电路、调制和解调电路、倍频电路、混频电路等。在发送端,由高频正弦波振荡器产生的正弦波信号经放大之后形成载波信号(有时需要进行倍频),然后被模拟电信号调制产生已调波信号,再经功率放大后从天线输出。在接收端,混频电路起频率变换作用,其输入是各种不同载频的高频已调波信号和本地振荡信号,输出是一种载频较低而且固定(习惯上称此载频为中频)的高频已调波信号(习惯上称此信号为中频信号)。也就是说,混频电路和本振电路一起可以把接收到的不同载频的各发射台高频已调波信号变换为同一载频(中频)的高频已调波信号,然后送入中频放大器进行放大。中频放大器由于工作频段较低而且固定,其性能可以做得很好,从而达到满意的接收效果。这种接收方式称为超外差方式。倍频电路的功能是把高频振荡信号或高频已调波信号的频率提高若干倍,以满足系统的需要。

图 0.3 给出了无线数字频带传输发送、接收系统的方框图。

由图 0.3 可见,数字通信系统所涉及的基本功能电路除了模拟通信系统所包括的之外,还增加了信源编译码电路和信道编译码电路,以此实现 A/D 和 D/A 转换、差错控制等功能。当然,数字调制/解调电路与模拟调制/解调电路有一些不同。考虑到信源编译码电路和信道编译码电路在"数字电路"和"通信原理"两门课程中已有介绍,且这两类电路属于数字电路范畴,而本书主要讨论模拟电路,故为了避免重复,不在本书中讨论。

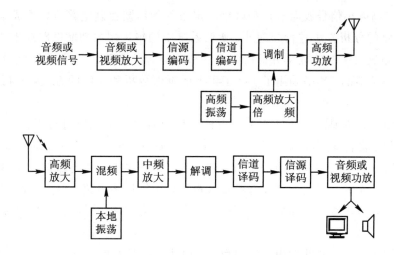

图 0.3　无线数字频带传输发送、接收系统方框图

通信系统的种类较多，包括电话、电报、导航、广播、电视等；涉及的频率范围较宽，从几十千赫兹到几百吉赫兹。通常把这一频段称为射频(Radio Frequency)。根据不同频率电磁波的传播特点，可以将其分为多个通信频段，如表 0.1 所示。其中，较低频段的无线电波(长波和中波)主要采用地波方式传播，较高频段的无线电波(短波)主要采用天波(电离层反射)方式传播，而更高频段的无线电波则以直线传播为主。

表 0.1　无线电通信波段

波段名称	波长范围	频率范围	频段名称	主要用途
长　波	$10^3 \sim 10^4$ m	30~300 kHz	低频(LF)	电力通信、导航
中　波	$10^2 \sim 10^3$ m	300 kHz~3 MHz	中频(MF)	调幅广播，导航
短　波	$10 \sim 10^2$ m	3~30 MHz	高频(HF)	调幅广播
超短波	1~10 m	30~300 MHz	甚高频(VHF)	调频广播、电视、移动通信
分米波	$10 \sim 10^2$ cm	300 MHz~3 GHz	特高频(UHF)	电视、移动通信、雷达
厘米波	1~10 cm	3~30 GHz	超高频(SHF)	微波通信、卫星通信
毫米波	1~10 mm	30~300 GHz	极高频(EHF)	微波通信

0.2　本课程的特点及学习方法

本课程具有一些显著的特点，学习时应掌握这些特点及相应的正确方法。

(1)"通信电路"以"模拟电路基础"为其主要先修课程，所以读者一定要先牢固掌握"模拟电路基础"中的基本概念、原理、电路组成和分析方法，才能进一步学好本课程。另外，"信号与系统"课程中的傅里叶频谱分析方法、线性系统的拉氏变换法等有关内容也是"通信电路"的理论分析基础。

（2）除了高频小信号放大电路和满足一定条件的反馈控制电路可以看成是线性电路，采用线性电路的分析方法进行处理外，通信系统中的绝大多数功能电路属于非线性电路。对非线性电路进行严格的数学分析需要建立和求解非线性微分方程，因而是非常困难的，有时甚至是不可能的。本书采用了一些工程上的近似分析和求解的方法，如折线法、幂级数法等。

（3）采用计算机辅助设计（CAD）的方法可以对各种功能电路进行近似仿真分析和设计。这方面的软件较多，如 ADS（Advanced Design System）、PSpice 和 Electronics Workbench 等，读者可以参考有关资料。建议读者选择书中一些电路例题和习题，利用这些软件进行仿真分析与计算，例如选频放大电路、压控振荡电路、乘法器调幅、检波与混频电路等。如果将仿真结果和公式计算、硬件实验结合起来，不仅会增加很多兴趣，而且有助于对理论的深入认识。

（4）本课程是一门实践性很强的课程。各种功能电路的理论学习必须和相应的实验结合起来，才能真正领会和掌握，同时也不会感到抽象和枯燥。由于通信电路的工作频率较高，受元器件和引线分布参数及各种高频干扰影响较大，因此制作和调试电路时比较困难。建议读者可以做一些相对简单易行的设计性实验，从中能够更加深切地感受、领会和掌握高频电路的一些基本原理、特点与实践技能，并且享受成功带来的乐趣。例如高频小信号谐振放大电路、LC 振荡电路、简易调频发射机等。利用调制信号控制晶体管结电容变化来改变 LC 振荡器振荡频率的原理，可以设计出一种简易的调频发射机。从微型麦克风输入的语音信号经过放大，然后进行直接调频，最后利用天线将调频信号发射出去，如果载频位于调频电台波段之内，利用普通的收音机就可以接收到这一信号。以上这些实验都需要读者先学会自己制作 Q 值较高的电感线圈。

（5）在学习"通信电路"课程时，看懂教材内容是最重要的。在此基础上，选做一部分典型的习题，可以帮助自己加深对于教材内容的理解和对电路元器件参数及其性能指标的了解。选择"通信电路"习题的标准应该是少而精，但是在做完一道习题之后，要对解题过程和结果进行总结，达到举一反三，这样就能事半功倍。能否正确识读和分析电路图是衡量是否学好"通信电路"课程的一个重要标准，第 10 章在如何正确识读和分析电路图方面给读者提供了一些帮助。

（6）在一个通信系统中，各种功能电路相互之间是有一定影响的，所以在分析单个电路的工作原理和性能时，不仅要考虑该电路本身，还要考虑其相邻电路对它的影响，弄清楚该电路在整个系统中的位置和作用。也就是说，要带着系统的观点来看待其中每一个单元电路，这样才能掌握整个系统的工作原理和性能。

（7）随着大规模集成工艺和技术的发展，出现了越来越多的通信集成电路芯片。然而，在目前的通信系统中，尤其是在接收机的前端和发射机的后端，仍然存在由很多分立元器件组成的电路。另外，集成电路的分析和设计也是建立在分立元器件电路的基础之上的。所以，本书虽然是以集成电路为主导来介绍各种功能电路的，但同时也介绍了一些相应的分立元器件电路。

第 1 章　基 础 知 识

1.1　LC 谐振回路的选频特性和阻抗变换电路

  LC 谐振回路是通信电路中最常用的无源网络。利用 LC 谐振回路的幅频特性和相频特性，不仅可以进行选频，即从输入信号中选择出有用频率分量而抑制掉无用频率分量或噪声（例如，在小信号谐振放大器、谐振功率放大器和正弦波振荡器中），而且还可以进行信号的频幅转换和频相转换（例如，在斜率鉴频和相位鉴频电路中）。另外，用 L、C 元件还可以组成各种形式的阻抗变换电路。所以，LC 谐振回路虽然结构简单，但是在通信电路中却是不可缺少的重要组成部分。

  下面先给出电阻元件和电抗元件组成的串联形式与并联形式之间的等效转换关系式。

  由图 1.1.1 可写出

$$\dot{Z}_{\mathrm{p}} = R_{\mathrm{p}} \mathbin{/\mkern-5mu/} jX_{\mathrm{p}} = \frac{X_{\mathrm{p}}^2}{R_{\mathrm{p}}^2 + X_{\mathrm{p}}^2} R_{\mathrm{p}} + j\,\frac{R_{\mathrm{p}}^2}{R_{\mathrm{p}}^2 + X_{\mathrm{p}}^2} X_{\mathrm{p}}$$

$$\dot{Z}_{\mathrm{s}} = R_{\mathrm{s}} + jX_{\mathrm{s}}$$

要使 $\dot{Z}_{\mathrm{p}} = \dot{Z}_{\mathrm{s}}$，必须满足

$$R_{\mathrm{s}} = \frac{X_{\mathrm{p}}^2}{R_{\mathrm{p}}^2 + X_{\mathrm{p}}^2} R_{\mathrm{p}} \tag{1.1.1}$$

$$X_{\mathrm{s}} = \frac{R_{\mathrm{p}}^2}{R_{\mathrm{p}}^2 + X_{\mathrm{p}}^2} X_{\mathrm{p}} \tag{1.1.2}$$

按类似方法也可以求得

$$R_{\mathrm{p}} = \frac{R_{\mathrm{s}}^2 + X_{\mathrm{s}}^2}{R_{\mathrm{s}}} \tag{1.1.3}$$

$$X_{\mathrm{p}} = \frac{R_{\mathrm{s}}^2 + X_{\mathrm{s}}^2}{X_{\mathrm{s}}} \tag{1.1.4}$$

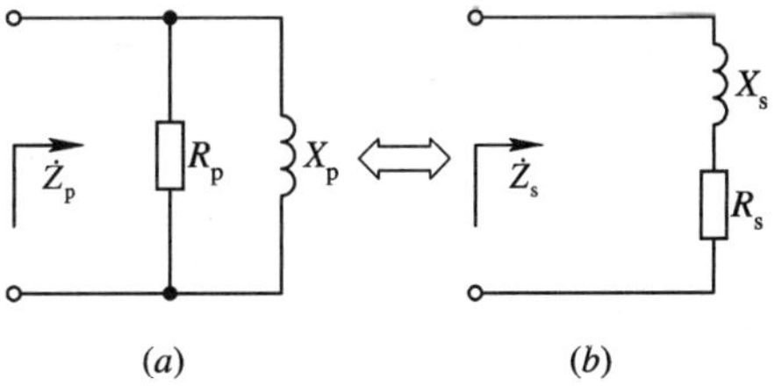

图 1.1.1　串、并联阻抗转换

  图中 X_{p}、X_{s} 虽画成电感，但此处泛指电抗元件。

  由回路 Q 值的定义可知

$$Q = \frac{|X_{\mathrm{s}}|}{R_{\mathrm{s}}} = \frac{R_{\mathrm{p}}}{|X_{\mathrm{p}}|} \tag{1.1.5}$$

  将式（1.1.5）代入式（1.1.3）和式（1.1.4），可以得到下述统一的阻抗转换公式，同时也满足式（1.1.1）和式（1.1.2）。

$$R_{\mathrm{p}} = (1 + Q^2)R_{\mathrm{s}} \tag{1.1.6}$$

$$X_{\mathrm{p}} = \left(1 + \frac{1}{Q^2}\right)X_{\mathrm{s}} \tag{1.1.7}$$

由式(1.1.7)可知,转换后电抗元件的性质不变,即电感转换后仍为电感,电容转换后仍为电容。

当 $Q \gg 1$ 时,则简化为

$$R_p \approx Q^2 R_s \tag{1.1.8}$$

$$X_p \approx X_s \tag{1.1.9}$$

1.1.1 选频特性

图 1.1.2(a)是电感 L、电容 C 和外加信号源 $\dot{I}_s$ 组成的并联谐振回路。r 是电感 L 的损耗电阻,电容的损耗一般可以忽略。由前述串、并联阻抗转换关系可以得到(b)图。g_{e0} 和 R_{e0} 分别称为回路谐振电导和回路谐振电阻。

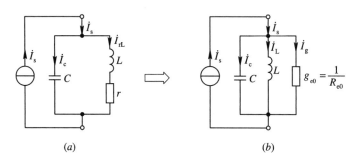

图 1.1.2 LC 并联谐振回路

根据电路分析基础知识,可以直接给出 LC 并联谐振回路的某些主要参数及其表达式:

(1) 回路空载时阻抗的幅频特性和相频特性:

$$\left. \begin{array}{l} Z = \dfrac{1}{\sqrt{g_{e0}^2 + \left(\omega C - \dfrac{1}{\omega L}\right)^2}} \\[4mm] \varphi = -\arctan \dfrac{\omega C - \dfrac{1}{\omega L}}{g_{e0}} \end{array} \right\} \tag{1.1.10}$$

(2) 回路谐振电导:

$$g_{e0} = \frac{1}{R_{e0}} = \frac{r}{r^2 + (\omega_0 L)^2} \approx \frac{r}{(\omega_0 L)^2} \tag{1.1.11}$$

(3) 回路总导纳:

$$\dot{Y} = g_{e0} + j\left(\omega C - \frac{1}{\omega L}\right) \tag{1.1.12}$$

(4) 谐振频率:

$$\omega_0 = \frac{1}{\sqrt{LC}} \quad 或 \quad f_0 = \frac{1}{2\pi\sqrt{LC}} \tag{1.1.13}$$

(5) 回路空载 Q 值:

$$Q_0 = \frac{1}{g_{e0}\omega_0 L} = \frac{\omega_0 C}{g_{e0}} \tag{1.1.14}$$

(6) 归一化谐振曲线。谐振时,回路呈现纯电导,且谐振导纳最小(或谐振阻抗最大)。

回路电压 U 与外加信号源频率之间的幅频特性曲线称为谐振曲线。谐振时,回路电压 U_{00} 最大。任意频率下的回路电压 U 与谐振时回路电压 U_{00} 之比称为归一化谐振函数,用 $N(f)$ 表示。$N(f)$ 曲线又称为归一化谐振曲线。

$$N(f) = \frac{U}{U_{00}} = \frac{1}{\sqrt{1 + \left(2\pi f C - \frac{1}{2\pi f L}\right)^2 \Big/ g_{e0}^2}} \tag{1.1.15}$$

由 $N(f)$ 定义可知,它的值总是小于或等于 1。

由式(1.1.13)和式(1.1.14)可得

$$\frac{\omega C - \frac{1}{\omega L}}{g_{e0}} = \frac{\omega C \omega_0 L - \frac{\omega_0 L}{\omega L}}{g_{e0} \omega_0 L} = Q_0 \left(\frac{\omega}{\omega_0} - \frac{\omega_0}{\omega}\right) = Q_0 \left(\frac{f}{f_0} - \frac{f_0}{f}\right) \tag{1.1.16}$$

所以

$$N(f) = \frac{1}{\sqrt{1 + Q_0^2 \left(\frac{f}{f_0} - \frac{f_0}{f}\right)^2}} \tag{1.1.17}$$

定义相对失谐 $\varepsilon = \frac{f}{f_0} - \frac{f_0}{f}$,当失谐不大,即 f 与 f_0 相差很小时:

$$\varepsilon = \frac{f}{f_0} - \frac{f_0}{f} = \frac{(f+f_0)(f-f_0)}{f_0 f}$$

$$\approx \frac{2(f-f_0)}{f_0} = \frac{2\Delta f}{f_0} \tag{1.1.18}$$

所以

$$N(f) = \frac{1}{\sqrt{1 + Q_0^2 \left(\frac{2\Delta f}{f_0}\right)^2}} \tag{1.1.19}$$

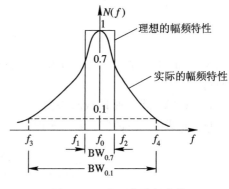

图 1.1.3 归一化谐振曲线

根据式(1.1.19)可作出归一化谐振曲线 $N(f)$。该曲线如图 1.1.3 所示。

(7) 通频带、选择性、矩形系数。LC 回路的 Q_0 越大,谐振曲线越尖锐,选择性越好。为了衡量回路对于不同频率信号的通过能力,定义归一化谐振曲线上 $N(f) \geqslant 1/\sqrt{2}$ 所包含的频率范围为回路的通频带(又称为带宽),用 $BW_{0.7}$(或 BW)表示。在图上 $BW_{0.7} = f_2 - f_1$,取

$$N(f) = \frac{1}{\sqrt{1 + Q_0^2 \left(\frac{2\Delta f}{f_0}\right)^2}} = \frac{1}{\sqrt{2}}$$

可得

$$Q_0 \frac{2\Delta f}{f_0} = \pm 1$$

即

$$Q_0 \frac{2(f_2 - f_0)}{f_0} = 1 \tag{1.1.20}$$

$$Q_0 \frac{2(f_1 - f_0)}{f_0} = -1 \qquad (1.1.21)$$

式(1.1.20)减去式(1.1.21)，可得

$$Q_0 \frac{2(f_2 - f_1)}{f_0} = 2$$

所以

$$BW_{0.7} = f_2 - f_1 = \frac{f_0}{Q_0} \qquad (1.1.22)$$

可见，通频带与回路 Q 值成反比。也就是说，通频带与回路 Q 值(即选择性)是互相矛盾的两个性能指标。选择性是指谐振回路对无用信号和噪声的抑制能力，即要求在通频带之外谐振曲线 $N(f)$ 应陡峭下降。所以，Q 值越高，谐振曲线越尖锐，但通频带却越窄。一个理想的谐振回路，其幅频特性曲线应该在通频带内完全平坦，信号可以无衰减通过，而在通频带以外则下降为零，信号完全不能通过，如图 1.1.3 所示的宽度为 $BW_{0.7}$、高度为 1 的矩形。为了衡量实际幅频特性曲线接近理想幅频特性曲线的程度，提出了"矩形系数"这个性能指标。

矩形系数 $K_{0.1}$ 定义为单位谐振曲线 $N(f)$ 值下降到 0.1 时的频带宽度 $BW_{0.1}$ 与通频带 $BW_{0.7}$ 之比，即

$$K_{0.1} = \frac{BW_{0.1}}{BW_{0.7}} \qquad (1.1.23)$$

由定义可知，$K_{0.1}$ 是一个大于或等于 1 的数，其数值越小，则对应的幅频特性越理想，选择性越好。

【例 1.1】 求并联谐振回路的矩形系数。

解： 根据 $BW_{0.1}$ 的定义，参照图 1.1.3，f_3 与 f_4 处的单位谐振函数值为

$$N(f) = \frac{1}{\sqrt{1 + Q_0^2 \left(\frac{2\Delta f}{f_0} \right)^2}} = \frac{1}{10}$$

用类似于求通频带 $BW_{0.7}$ 的方法可求得

$$BW_{0.1} = f_4 - f_3 = \sqrt{10^2 - 1} \, \frac{f_0}{Q_0} \qquad (1.1.24)$$

所以

$$K_{0.1} = \frac{BW_{0.1}}{BW_{0.7}} = \sqrt{10^2 - 1} \approx 9.95 \qquad (1.1.25)$$

由上式可知，一个单谐振回路的矩形系数是一个定值，与回路 Q 值和谐振频率无关，且这个数值较大，接近 10，说明单谐振回路的幅频特性不大理想。

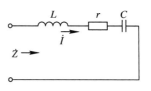

图 1.1.4 是 LC 串联谐振回路的基本形式，其中 r 是电感 L 的损耗电阻。

图 1.1.4　LC 串联谐振回路

下面按照与并联 LC 回路的对偶关系，直接给出串联 LC 回路的主要基本参数：

(1) 回路空载时阻抗的幅频特性和相频特性：

$$Z = \sqrt{r^2 + \left(\omega L - \frac{1}{\omega C} \right)^2}$$

$$\varphi = \arctan \frac{\omega L - \dfrac{1}{\omega C}}{r} \tag{1.1.26}$$

（2）回路总阻抗：

$$\dot{Z} = r + \mathrm{j}\left(\omega L - \frac{1}{\omega C}\right)$$

（3）回路空载 Q 值：

$$Q_0 = \frac{\omega_0 L}{r}$$

（4）谐振频率：

$$f_0 = \frac{1}{2\pi \sqrt{LC}}$$

（5）归一化谐振函数：

$$N(f) = \frac{I}{I_{00}} = \frac{1}{\sqrt{1 + Q_0^2 \varepsilon^2}}$$

其中，I 是任意频率时的回路电流，I_{00} 是谐振时的回路电流。

（6）通频带：

$$\mathrm{BW}_{0.7} = \frac{f_0}{Q_0}$$

图 1.1.5(a)、(b)分别是串联谐振回路与并联谐振回路空载时的阻抗特性曲线。由图可见，前者在谐振频率点的阻抗最小，相频特性曲线斜率为正；后者在谐振频率点的阻抗最大，相频特性曲线斜率为负。所以，串联回路在谐振时，通过电流 I_{00} 最大；并联回路在谐振时，两端电压 U_{00} 最大。在实际选频应用时，串联回路适合与信号源和负载串联连接，使有用信号通过回路有效地传送给负载；并联回路适合与信号源和负载并联连接，使有用信号在负载上的电压振幅最大。

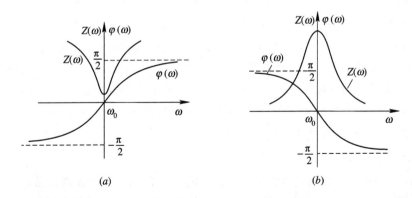

(a) (b)

图 1.1.5 阻抗特性

(a) 串联谐振回路的阻抗特性；(b) 并联谐振回路的阻抗特性

串、并联回路的导纳特性曲线正好相反。前者在谐振频率处的导纳最大，且相频特性曲线斜率为负；后者在谐振频率处的导纳最小，且相频特性曲线斜率为正。读者可自己写出相应的幅频和相频特性表达式，画出相应的曲线。

1.1.2 阻抗变换电路

阻抗变换电路是一种将实际负载阻抗变换为前级网络所要求的最佳负载阻抗的电路。阻抗变换电路对于提高整个电路的性能具有重要作用。

考虑信号源内阻 R_s 和负载电阻 R_L 后，并联谐振回路的电路如图 1.1.6 所示。

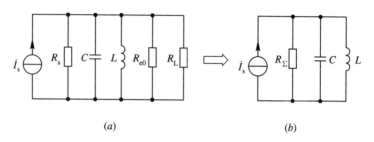

$$(a) \qquad\qquad\qquad (b)$$

图 1.1.6 并联谐振回路与信号源和负载的连接

由式(1.1.14)可知，回路的空载 Q 值为

$$Q_0 = \frac{1}{g_{e0}\omega_0 L} = \frac{R_{e0}}{\omega_0 L}$$

而回路有载 Q 值为

$$Q_e = \frac{1}{g_\Sigma \omega_0 L} = \frac{R_\Sigma}{\omega_0 L} \tag{1.1.27}$$

此时的通频带为

$$\mathrm{BW}_{0.7} = \frac{f_0}{Q_e}$$

其中，回路总电导 $g_\Sigma = g_s + g_L + g_{e0} = \dfrac{1}{R_\Sigma}$，回路总电阻 $R_\Sigma = R_s // R_L // R_{e0}$，$g_s$ 和 g_L 分别是信号源内电导和负载电导。

可见，$Q_e < Q_0$，且并联接入的 R_s 和 R_L 越小，则 Q_e 越小，回路通频带越宽，选择性越差。同时，谐振电压 U_{00} 也将随着谐振回路总电阻的减小而减小。实际上，信号源内阻和负载不一定是纯电阻，可能还包括电抗分量。如要考虑信号源输出电容和负载电容，由于它们也是和回路电容 C 并联的，因此总电容为三者之和，这样还将影响回路的谐振频率。因此，必须采用阻抗变换电路提高回路的有载 Q 值，尽量消除接入信号源和负载对回路的影响。

利用 LC 元件的各自特性和 LC 回路的选频特性可以组成以下两类阻抗变换电路。

1. 纯电感或纯电容阻抗变换电路

1) 自耦变压器阻抗变换电路

图 1.1.7(a)所示为自耦变压器阻抗变换电路，(b)图所示为考虑次级负载以后的初级等效电路，R'_L 是 R_L 等效到初级的电阻。在(a)图中，负载 R_L 经自耦变压器耦合接到并联谐振回路上。设自耦变压器损耗很小，可以忽略，则初、次级的功率 P_1、P_2 近似相等，且初、次级线圈上的电压 U_1 和 U_2 之比应等于匝数之比。设初级线圈与抽头部分次级线圈匝数之比 $N_1 : N_2 = 1 : n$，则有

$$P_1 = P_2 , \qquad \frac{U_1}{U_2} = \frac{1}{n}$$

因为

$$P_1 = \frac{1}{2} \frac{U_1^2}{R_L'} , \qquad P_2 = \frac{1}{2} \frac{U_2^2}{R_L}$$

所以

$$\frac{R_L'}{R_L} = \left(\frac{U_1}{U_2}\right)^2 = \left(\frac{1}{n}\right)^2$$

$$R_L' = \frac{1}{n^2} R_L \quad 或 \quad g_L' = n^2 g_L \qquad (1.1.28)$$

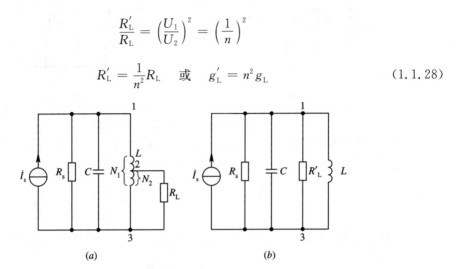

图 1.1.7　自耦变压器阻抗变换电路

对于自耦变压器，n 总是小于或等于 1，所以，R_L 等效到初级回路后阻值增大，从而对回路的影响将减小。n 越小，则 R_L' 越大，对回路的影响越小。n 的大小反映了外部接入负载(包括电阻负载与电抗负载)对回路影响大小的程度，可将其定义为接入系数。

2）变压器阻抗变换电路

图 1.1.8(a)所示为变压器阻抗变换电路，(b)图所示为考虑次级负载以后的初级等效电路，R_L' 是 R_L 等效到初级的电阻。若 N_1、N_2 分别为初、次级电感线圈匝数，则接入系数 $n = N_2 / N_1$。

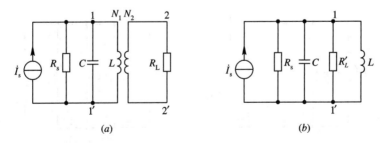

图 1.1.8　变压器阻抗变换电路

利用与自耦变压器电路相同的分析方法，将其作为无损耗的理想变压器看待，可求得 R_L 折合到初级后的等效电阻为

$$R_L' = \frac{1}{n^2} R_L$$

或

$$g_L' = n^2 g_L \qquad (1.1.29)$$

3）电容分压式阻抗变换电路

图 1.1.9(a)所示为电容分压式阻抗变换电路,(b)图所示是 R_L 等效到初级回路后的初级等效电路。

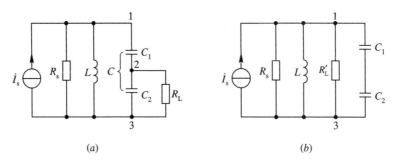

(a)   (b)

图 1.1.9　电容分压式阻抗变换电路

利用串、并联等效转换公式,先将 R_L 和 C_2 转换为串联形式,再与 C_1 一起转换为并联形式,在 $\omega^2 R_L^2 (C_1 + C_2)^2 \gg 1$ 时,可以推导出 R_L 折合到初级回路后的等效电阻为

$$R'_L = \frac{1}{\left(\dfrac{C_1}{C_1 + C_2}\right)^2} R_L = \frac{1}{n^2} R_L \tag{1.1.30}$$

其中 n 是接入系数,在这里总是小于 1。如果把 R_L 折合到回路中 1、2 两端,则等效电阻为

$$R''_L = \left(\frac{C_2}{C_1}\right)^2 R_L \tag{1.1.31}$$

4）电感分压式阻抗变换电路

图 1.1.10(a)所示为电感分压式阻抗变换电路,它与自耦变压器阻抗变换电路的区别在于 L_1 与 L_2 是各自屏蔽的,没有互感耦合作用。(b)图是 R_L 等效到初级回路后的初级等效电路,$L = L_1 + L_2$。R_L 折合到初级回路后的等效电阻为

$$R'_L = \frac{1}{\left(\dfrac{L_2}{L_1 + L_2}\right)^2} R_L = \frac{1}{n^2} R_L \tag{1.1.32}$$

其中 n 是接入系数,在这里总是小于 1。

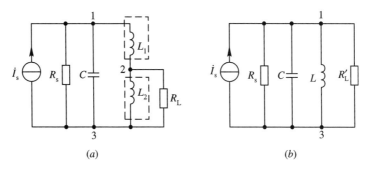

(a)   (b)

图 1.1.10　电感分压式阻抗变换电路

在以上介绍的四种阻抗变换电路中,所推导出的接入系数 n 均是近似值。

阻抗变换公式中的 R_L(或 g_L)若改为 $\dot{Z}_L$(或 $\dot{Y}_L$),则相应的 R'_L(或 g'_L)改为 $\dot{Z}'_L$(或 $\dot{Y}'_L$),仍然成立。

虽然这些电路可以在较宽的频率范围内实现阻抗变换,但严格计算表明,各频率点的

变换值有差别。如果要求在较窄的频率范围内实现较理想的阻抗变换，则可采用 *LC* 选频匹配电路。

【例 1.2】　求图 1.1.11 所示二端网络的输入导纳 $\dot{Y}_i$。

解： 图中 *LC* 回路里含有两个抽头的自耦变压器，接入系数分别为 n_1 和 n_2。根据式(1.1.28)可求得负载导纳 $\dot{Y}_L$ 等效到 *L* 两端的导纳为

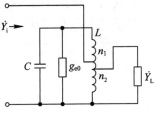

$$\dot{Y}_1 = n_2^2 \dot{Y}_L$$

故 *LC* 回路两端的总导纳为

$$\dot{Y}_2 = g_{e0} + j\omega C + \frac{1}{j\omega L} + n_2^2 \dot{Y}_L$$

所以 $\dot{Y}_2$ 等效到输入口的导纳

$$\dot{Y}_i = \frac{1}{n_1^2}\dot{Y}_2 = \frac{1}{n_1^2}(g_{e0} + j\omega C + \frac{1}{j\omega L} + n_2^2 \dot{Y}_L)$$

2. *LC* 选频匹配电路

LC 选频匹配电路有倒 L 型、T 型、π 型等几种不同组成形式，其中倒 L 型是基本形式。现以倒 L 型为例，说明其选频匹配原理。

倒 L 型网络是由两个异性电抗元件 X_1、X_2 组成的，常用的两种电路如图 1.1.12(*a*)、(*b*)所示，其中 R_2 是负载电阻，R_1 是二端网络在工作频率处的等效输入电阻。

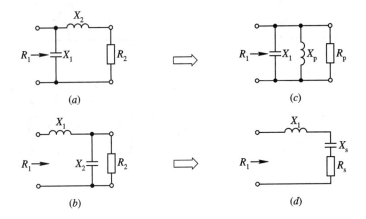

图 1.1.12　倒 L 型网络

对于图 1.1.12(*a*)所示电路，将其中 X_2 与 R_2 的串联形式等效变换为 X_p 与 R_p 的并联形式，如图 1.1.12(*c*)所示。在 X_1 与 X_p 并联谐振时，有

$$X_1 + X_p = 0, \quad R_1 = R_p$$

根据式(1.1.6)，有

$$R_1 = (1 + Q^2)R_2 \tag{1.1.33}$$

所以

$$Q = \sqrt{\frac{R_1}{R_2} - 1}$$

代入式(1.1.5)中可以求得选频匹配网络电抗值为

$$|X_2| = QR_2 = \sqrt{R_2(R_1 - R_2)} \tag{1.1.34}$$

$$| X_1 | = | X_p | = \frac{R_1}{Q} = R_1 \sqrt{\frac{R_2}{R_1 - R_2}} \qquad (1.1.35)$$

由式(1.1.33)可知，采用这种电路可以在谐振频率处增大负载电阻的等效值。

对于图 1.1.12(b)所示电路，将其中 X_2 与 R_2 的并联形式等效变换为 X_s 与 R_s 的串联形式，如图 1.1.12(d)所示。在 X_1 与 X_s 串联谐振时，可求得以下关系式：

$$R_1 = R_s = \frac{1}{(1 + Q^2)} R_2 \qquad (1.1.36)$$

$$Q = \sqrt{\frac{R_2}{R_1} - 1}$$

$$| X_2 | = \frac{R_2}{Q} = R_2 \sqrt{\frac{R_1}{R_2 - R_1}} \qquad (1.1.37)$$

$$| X_1 | = | X_s | = Q R_1 = \sqrt{R_1 (R_2 - R_1)} \qquad (1.1.38)$$

由式(1.1.36)可知，采用这种电路可以在谐振频率处减小负载电阻的等效值。

T 型网络和 π 型网络各由三个电抗元件(其中两个同性质，另一个异性质)组成，如图 1.1.13 所示，它们都可以分别看做是两个倒 L 型网络的组合，用类似的方法可以推导出其有关公式。

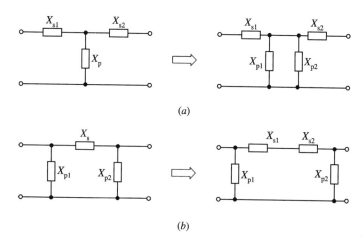

图 1.1.13　T 型网络和 π 型网络

(a) T 型网络；(b) π 型网络

【例 1.3】　已知某电阻性负载为 10 Ω，请设计一个匹配网络，使该负载在 20 MHz 时转换为 50 Ω。如果负载由 10 Ω 电阻和 0.2 μH 电感串联组成，又该怎样设计匹配网络？

解：由题意可知，匹配网络应使负载值增大，故采用图 1.1.12(a)所示的倒 L 型网络。

由式(1.1.34)和式(1.1.35)可求得所需电抗值为

$$| X_2 | = \sqrt{10 \times (50 - 10)} = 20 \ \Omega$$

$$| X_1 | = 50 \times \sqrt{\frac{10}{50 - 10}} = 25 \ \Omega$$

所以

$$L_2 = \frac{| X_2 |}{\omega} = \frac{20}{2\pi \times 20 \times 10^6} \approx 0.16 \ \mu H$$

$$C_1 = \frac{1}{\omega \mid X_1 \mid} = \frac{1}{2\pi \times 20 \times 10^6 \times 25} \approx 318 \text{ pF}$$

由 0.16 μH 电感和 318 pF 电容组成的倒 L 型匹配网络即为所求,如图 1.1.14(a)虚线框内所示。

如果负载为 10 Ω 电阻和 0.2 μH 电感相串联,在相同要求下的设计步骤如下:

因为 0.2 μH 电感在 20 MHz 时的电抗值为

$$X_L = \omega L = 2\pi \times 20 \times 10^6 \times 0.2 \times 10^{-6} = 25.1 \text{ Ω}$$

而

$$X_2 - X_L = 20 - 25.1 = -5.1 \text{ Ω}$$

所以

$$C_2 = \frac{1}{\omega \mid X_2 - X_L \mid} = \frac{1}{2\pi \times 20 \times 10^6 \times 5.1} \approx 1560 \text{ pF}$$

由 1560 pF 和 318 pF 两个电容组成的倒 L 型匹配网络即为所求,如图 1.1.14(b)虚线框内所示。这是因为负载电感量太大,需要用一个电容来适当抵消部分电感量。在 20 MHz 处,1560 pF 电容和 0.2 μH 电感串联后的等效电抗值与(a)图中的 0.16 μH 电感的电抗值相等。

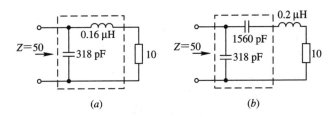

图 1.1.14　例 1.3 图

【例 1.4】　已知电阻性负载为 R_2,现利用图 1.1.15(a)所示 T 型网络使该负载在工作频率 f_0 处转换为 R_1,应该怎样确定三个电抗元件的值?

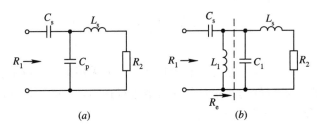

图 1.1.15　例 1.4 图

解:图 1.1.15(a)所示 T 型网络可以分解为两个倒 L 型网络的组合。由于串联臂上是异性质的元件 C_s 和 L_s,因此 C_p 应该等效分解为两个异性质的元件 L_1 和 C_1 的并联,才能满足倒 L 型网络的组成要求,如(b)图所示。设 Q_1、Q_2 分别是左、右两个倒 L 型网络的 Q 值,R_e 是负载 R_2 在工作频率处经右网络转换后的等效电阻,也就是左网络的等效负载。由网络结构可知,在工作频率处,左网络可以减小负载电阻的等效值,而右网络可以增大负载电阻的等效值。

由式(1.1.36)和式(1.1.33)可求得

$$Q_1 = \sqrt{\frac{R_e}{R_1} - 1}$$

$$Q_2 = \sqrt{\frac{R_e}{R_2} - 1}$$

$$R_e = R_1(Q_1^2 + 1) = R_2(Q_2^2 + 1)$$

(1.1.39)

由式(1.1.37)和式(1.1.38)可求得

$$\omega_0 L_1 = \frac{R_e}{Q_1}, \quad \frac{1}{\omega_0 C_s} = Q_1 R_1$$

由式(1.1.34)和式(1.1.35)可求得

$$\omega_0 L_s = Q_2 R_2, \quad \frac{1}{\omega_0 C_1} = \frac{R_e}{Q_2}$$

所以

$$C_s = \frac{1}{2\pi f_0 Q_1 R_1}$$

$$L_s = \frac{Q_2 R_2}{2\pi f_0}$$

(1.1.40)

因为

$$-\frac{1}{\omega_0 C_p} = \frac{\omega_0 L_1 \left(-\frac{1}{\omega_0 C_1}\right)}{\omega_0 L_1 - \frac{1}{\omega_0 C_1}}$$

所以

$$C_p = \frac{Q_2 - Q_1}{2\pi f_0 R_e}$$

(1.1.41)

式(1.1.40)和式(1.1.41)即为所求结果。且由式(1.1.41)和式(1.1.39)可知，$Q_2 > Q_1$，$R_1 > R_2$，所以此 T 型网络只能在工作频率处增大负载电阻的等效值。

1.2 集中选频滤波器

随着电子技术的发展，窄带信号的放大越来越多地采用集中选频放大器。在集中选频放大器中，采用矩形系数较好的集中选频滤波器进行选频，单级或多级宽带放大器进行信号放大，这样可充分发挥线性集成电路的优势。

利用 LC 谐振回路的选频特性可以做成 LC 滤波器，但是单个 LC 回路的矩形系数较大，选择性不理想。将多个 LC 回路组合起来构成 LC 集中选频滤波器，其选择性有所提高，空载品质因数可达到 300 左右，但仍不够理想。在高性能集中选频放大器中常采用陶瓷滤波器、石英晶体滤波器和声表面波滤波器这几种集中选频滤波器。

1. 晶体滤波器和陶瓷滤波器

石英是矿物质硅石的一种，化学成分是 SiO_2，是呈角锥形的六棱结晶体。石英晶体具有压电效应。所谓压电效应，是指当晶体受到外部压力或拉力作用时，在它的某些特定表面上出现电荷的现象，而且外力大小与电荷密度之间存在着一定关系，这称作正压电效应；当晶体受到电场作用时，在它的某些特定方向上出现形变的现象，并且电场强度与形变之间存在着一定关系，这称作逆压电效应。

当交流电压加在晶体两端时，晶体先随电压变化产生应变，然后机械振动又使晶体表面产生交变电荷。当晶体几何尺寸和结构一定时，它本身有一个固有的机械振动频率。当外加交流电压的频率等于晶体的固有频率时，晶体片的机械振动幅度最大，晶体表面电荷量最多，外电路中的交流电流最强，于是产生谐振。

某些常用的陶瓷材料(如锆钛酸铅，即 $PbZrTiO_3$)与石英晶体一样，也具有类似的压电效应和谐振特性。

当输入电信号的频率与这些陶瓷材料(或石英晶体)的固有频率一致时，会产生谐振。所以，压电陶瓷片和石英晶体均具有谐振电路的特性，其空载品质因数可达几百以上，选择性非常好。用压电陶瓷片和石英晶体可以分别做成陶瓷滤波器和晶体滤波器。

通信电路中常用的是三端陶瓷(或晶体)滤波器，其电路符号、外形和幅频特性曲线如图 1.2.1 所示。其中 1、3 之间是输入口，2、3 之间是输出口，3 是公共接地端。

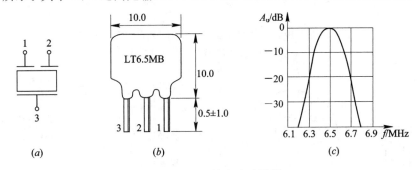

图 1.2.1 三端陶瓷滤波器
(a) 符号；(b) 外形(尺寸单位：mm)；(c) 幅频特性曲线

2. 声表面波滤波器

声表面波滤波器 SAWF(Surface Acoustic Wave Filter)是利用某些晶体(如石英晶体、铌酸锂 $LiNbo_3$ 等)的压电效应和表面波传播的物理特性而制成的一种新型电—声换能器件。声表面波滤波器自 20 世纪 60 年代中期问世以来，发展非常迅速，它不仅不需要调整，而且具有良好的幅频特性和相频特性，其矩形系数接近 1。

图 1.2.2 是声表面波滤波器的基本结构、符号和等效电路，图 1.2.3 是其外形与管脚和幅频特性曲线。

声表面波滤波器在经过研磨、抛光的极薄的压电材料基片上，用蒸发、光刻、腐蚀等工艺制成两组叉指状电极，其中与信号源连接的一组称为发送叉指换能器，与负载连接的一组称为接收叉指换能器。当把输入电信号加到发送换能器上时，叉指间便会产生交变电场。由于逆压电效应的作用，基体材料将产生弹性变形，从而产生声波振动。向基片内部传送的体波会很快衰减，而表面波则向垂直于电极的左、右两个方向传播。向左传送的声表面波被涂在基片左端的吸声材料所吸收，向右传送的声表面波由接收换能器接收，由于正压电效应，因此在叉指对间产生电信号，并由此端输出。

声表面波滤波器的滤波特性，如中心频率、频带宽度、频响特性等一般由叉指换能器的几何形状和尺寸决定。这些几何尺寸包括叉指对数、指条宽度 a、指条间隔 b、指条有效

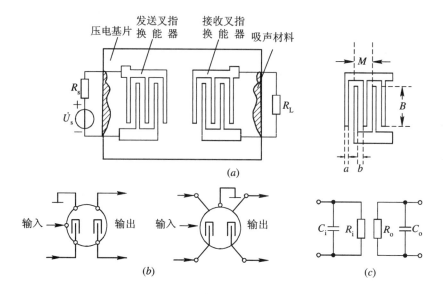

图 1.2.2   声表面波滤波器基本结构、符号和等效电路

（a）基本结构；（b）符号；（c）等效电路

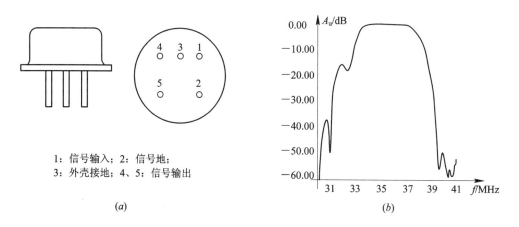

图 1.2.3   声表面波滤波器外形与管脚和幅频特性曲线

（a）外形与管脚图；（b）幅频特性曲线

长度 B 和周期长度 M 等。

目前，声表面波滤波器的中心频率可在几兆赫兹到几吉赫兹之间，相对带宽为 $0.5\%\sim50\%$，插入损耗最低仅几分贝，矩形系数可达 1.1。

1.3   电   噪   声

人们收听广播时，常常会听到"沙沙"声；观看电视时，常常会看到"雪花"似的背景或波纹线，这些都是接收机中存在噪声的结果。

噪声对有用信号的接收产生了干扰，特别是当有用信号较弱时，噪声的影响就更为突出，严重时会使有用信号淹没在噪声之中而无法接收到。

噪声的种类很多，有的是从器件外部窜扰进来的，称为外部噪声，例如 6.5.2 节将要讨论的混频干扰。有的是器件内部产生的，称为内部噪声。本小节只介绍内部噪声。

内部噪声主要有电阻热噪声、晶体管噪声和场效应管噪声三种。

1.3.1　电阻热噪声

电阻热噪声是由于电阻内部自由电子的热运动而产生的。在运动中自由电子经常相互碰撞，其运动速度的大小和方向都是不规则的，温度越高，运动越剧烈，只有当温度下降到绝对零度时，运动才会停止。自由电子的这种热运动在导体内形成非常微弱的电流，这种电流呈杂乱起伏的状态，称为起伏噪声电流。起伏噪声电流经过电阻本身就会在其两端产生起伏噪声电压。

由于起伏噪声电压的变化是不规则的，其瞬时振幅和瞬时相位是随机的，因此无法计算其瞬时值。起伏噪声电压的平均值为零，噪声电压正是不规则地偏离此平均值而起伏变化的。起伏噪声的均方值是确定的，可以用功率计测量出来。实验发现，在整个无线电频段内，当温度一定时，单位电阻上所消耗的平均功率在单位频带内几乎是一个常数，即其功率频谱密度是一个常数。对照白光内包含了所有可见光波长这一现象，人们把这种在整个无线电频段内具有均匀频谱的起伏噪声称为白噪声。

阻值为 R 的电阻产生的噪声电流功率频谱密度和噪声电压功率频谱密度分别为

$$S_{\mathrm{I}}(f) = \frac{4kT}{R} \tag{1.3.1}$$

$$S_{\mathrm{U}}(f) = 4kTR \tag{1.3.2}$$

$$k = 1.38 \times 10^{-23} \ \mathrm{J/K} \tag{1.3.3}$$

其中，k 是玻尔兹曼常数，T 是电阻温度，以绝对温度 K 计量。

在频带宽度为 BW 内产生的热噪声均方值电流和均方值电压分别为

$$I_{\mathrm{n}}^2 = S_{\mathrm{I}}(f) \cdot \mathrm{BW} \tag{1.3.4}$$

$$U_{\mathrm{n}}^2 = S_{\mathrm{U}}(f) \cdot \mathrm{BW} \tag{1.3.5}$$

所以，一个实际电阻可以分别用噪声电流源和噪声电压源表示，如图 1.3.1 所示。

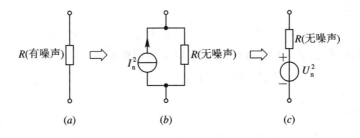

(a)　　　　　　　(b)　　　　　　　(c)

图 1.3.1　电阻热噪声等效电路

理想电抗元件是不会产生噪声的，但实际电抗元件是有损耗电阻的，这些损耗电阻会产生噪声。对于实际电感的损耗电阻一般不能忽略，而对于实际电容的损耗电阻一般可以忽略。

【例 1.5】　试计算 510 kΩ 电阻的噪声均方值电压和均方值电流。设 $T = 290$ K，BW＝100 kHz。

解:

$$U_n^2 = 4kTR \cdot BW = 4 \times 1.38 \times 10^{-23} \times 290 \times 510 \times 10^3 \times 10^5 \approx 8.16 \times 10^{-10} \ V^2$$

$$I_n^2 = 4kT \cdot \frac{BW}{R} = 4 \times 1.38 \times 10^{-23} \times 290 \times \frac{10^5}{510 \times 10^3} \approx 3.14 \times 10^{-21} \ A^2$$

1.3.2 晶体管噪声

晶体管噪声主要包括以下四部分。

1. 热噪声

构成晶体管的发射区、基区、集电区的体电阻和引线电阻均会产生热噪声，其中以基区体电阻 $r_{bb'}$ 的影响为主。

2. 散弹噪声

散弹噪声是晶体管的主要噪声源。它是由单位时间内通过 pn 结的载流子数目随机起伏而造成的。人们将这种现象比拟为靶场上大量射击时弹着点对靶中心的偏离，故称为散弹噪声。在本质上它与电阻热噪声类似，属于均匀频谱的白噪声，其电流功率频谱密度为

$$S_I(f) = 2qI_0 \tag{1.3.6}$$

其中，I_0 是通过 pn 结的平均电流值；q 是每个载流子的电荷量，$q = 1.59 \times 10^{-19} C$(库仑)。

注意，在 $I_0 = 0$ 时，散弹噪声为零，但是只要不是绝对零度，热噪声总是存在。这是二者的区别。

3. 分配噪声

在晶体管中，通过发射结的非平衡载流子大部分到达集电结，形成集电极电流，而小部分在基区内复合，形成基极电流。这两部分电流的分配比例是随机的，从而造成集电极电流在静态值上下起伏变化，产生噪声，这就是分配噪声。

分配噪声实际上也是一种散弹噪声，但它的功率频谱密度是随频率变化的，频率越高，噪声越大。其功率频谱密度也可近似按式(1.3.6)计算。

4. 闪烁噪声

产生这种噪声的机理目前还不甚明了，一般认为是由于晶体管表面清洁处理不好或有缺陷造成的，其特点是频谱集中在约 1 kHz 以下的低频范围，且功率频谱密度随频率降低而增大。在高频工作时，可以忽略闪烁噪声。

1.3.3 场效应管噪声

场效应管是依靠多子在沟道中的漂移运动而工作的，沟道中多子的不规则热运动会在场效应管的漏极电流中产生类似电阻的热噪声，称为沟道热噪声，这是场效应管的主要噪声源。其次便是栅极漏电流产生的散弹噪声。场效应管的闪烁噪声在高频时同样可以忽略。

沟道热噪声和栅极漏电流散弹噪声的电流功率频谱密度分别是

$$S_I(f) = 4kT\left(\frac{2}{3}g_m\right) \tag{1.3.7}$$

$$S_I(f) = 2qI_g \tag{1.3.8}$$

其中，g_m 是场效应管跨导，I_g 是栅极漏电流。

1.3.4　额定功率和额定功率增益

在分析和计算噪声问题时，用额定功率和额定功率增益概念可以使问题简化，物理意义更加明确。

信号额定功率是指电压信号源 $\dot{U}_s$ 可能输出的最大功率。当负载阻抗 R_L 与信号源阻抗 R_s 匹配时，信号源输出功率最大。所以，其额定功率为

$$P_A = \frac{U_s^2}{4R_s} = \frac{I_s^2 R_s}{4} \tag{1.3.9}$$

可见，额定功率是表征信号源的一个参量，与其实际负载值无关。

现在用额定功率来表示电阻的热噪声功率。电阻 R 的噪声额定功率为

$$P_{nA} = \frac{U_n^2}{4R} = \frac{S_U(f) \cdot BW}{4R} = kT \cdot BW \tag{1.3.10}$$

由上式可见，电阻的噪声额定功率只与温度及通频带有关，而与本身阻值和负载无关（注意，实际功率是与负载有关的）。这一结论可以推广到任何无源二端网络。

额定功率增益 G_{PA} 是指一个线性四端网络的输出额定功率 P_{Ao} 与输入额定功率 P_{Ai} 的比值，即

$$G_{PA} = \frac{P_{Ao}}{P_{Ai}} \tag{1.3.11}$$

可见，额定功率增益是表征线性四端网络的一个参量。只要网络与其信号源电路确定，则额定功率增益就是一个定值，而与该网络输入、输出电路是否匹配无关。

【例 1.6】　求图 1.3.2 所示四端网络的额定功率增益。

解：图示四端网络输入端额定功率 P_{Ai} 也就是输入信号源 $\dot{U}_s$ 的额定功率，即

$$P_{Ai} = \frac{U_s^2}{4R_s}$$

从四端网络输出端往左看，其戴维南等效电路是由信号源 $\dot{U}_s$ 与电阻 $R_s + R$ 串联组成的，所以输出端额定功率为

$$P_{Ao} = \frac{U_s^2}{4(R_s + R)}$$

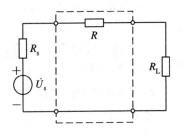

图 1.3.2　例 1.6 图

故额定功率增益为

$$G_{PA} = \frac{P_{Ao}}{P_{Ai}} = \frac{R_s}{R_s + R}$$

可见，图示四端网络的额定功率增益仅与网络电阻和信号源内阻有关，与负载无关，且无论网络输入、输出端是否匹配均为一固定值。

1.3.5　噪声系数

为了使放大器能够正常工作，除了要满足增益、通频带、选择性等要求之外，还应对放大器的内部噪声加以限制，一般是对放大器的输出端提出满足一定信噪比的要求。对于其他线性四端网络也有同样的要求。

所谓信噪比，是指四端网络某一端口处信号功率与噪声功率之比，通常写成

$$\text{SNR} = 10 \lg \frac{P_s}{P_n} \quad \text{(dB)} \tag{1.3.12}$$

其中，P_s、P_n 分别为信号功率与噪声功率。信噪比 SNR (Signal-to-Noise Ratio)的单位为分贝数。下面以放大器为例来推导线性四端网络的噪声系数。

1. 噪声系数定义

如果放大器内部不产生噪声，当输入信号与噪声通过它时，二者都得到同样的放大，那么放大器的输出信噪比与输入信噪比应该相等。实际放大器是由晶体管和电阻等元器件组成的，热噪声和散弹噪声构成其内部噪声，所以输出信噪比总是小于输入信噪比。为了衡量放大器噪声性能的好坏，提出了噪声系数这一性能指标。

放大器的噪声系数 NF(Noise Figure)定义为输入信噪比与输出信噪比的比值，即

$$\text{NF} = \frac{P_{si}/P_{ni}}{P_{so}/P_{no}} \tag{1.3.13}$$

上述定义可推广到所有线性四端网络。

如果用分贝数表示，则写成

$$\text{NF} = 10 \lg \frac{P_{si}/P_{ni}}{P_{so}/P_{no}} \quad \text{(dB)} \tag{1.3.14}$$

从式(1.3.13)可以看出，NF 是一个大于或等于 1 的数。其值越接近于 1，则表示该放大器的内部噪声性能越好。

式(1.3.13)中的 P_{ni} 是随信号一起进入放大器的噪声功率，其大小是随机的，而噪声系数应是表征放大器内部噪声的确定值，所以有必要对 P_{ni} 进行标准化。通常规定 P_{ni} 是输入信号源内阻 R_s 的热噪声产生在放大器输入端的噪声功率，而 R_s 的温度规定为 290 K，称为标准噪声温度，用 T_0 表示。相应的噪声系数称为"标准噪声系数"(本书均采用标准噪声系数，但仍简称为噪声系数)。P_{no} 是由 R_s 的热噪声和放大器内部噪声共同在放大器输出端产生的总噪声功率。

2. 噪声系数的计算式

噪声系数 NF 可以改写成各种不同的表达形式，以便于分析和计算。其中一种形式是用额定功率来代替实际功率，即不用考虑实际负载的大小，仅考虑一种最佳情况。这样，噪声系数可写成

$$\text{NF} = \frac{P_{sAi}/P_{nAi}}{P_{sAo}/P_{nAo}} \tag{1.3.15}$$

根据式(1.3.11)，上式又可写成

$$\text{NF} = \frac{1}{G_{pA}} \frac{P_{nAo}}{P_{nAi}} \tag{1.3.16}$$

由于

$$P_{nAi} = kT_0 \text{BW} \tag{1.3.17}$$

$$P_{nAo} = P_{nAi} G_{pA} + P_{nAn} \tag{1.3.18}$$

因此式(1.3.16)又可写成

$$\text{NF} = \frac{P_{nAi} G_{pA} + P_{nAn}}{G_{pA} P_{nAi}} = 1 + \frac{P_{nAn}}{G_{pA} kT_0 \cdot \text{BW}} \tag{1.3.19}$$

其中 P_{nAn} 是放大器内部噪声额定功率。

3. 放大器内部噪声表达式

由式(1.3.19)可得到放大器内部噪声额定功率 P_{nAn} 的表达式，即

$$P_{nAn} = (NF - 1) \cdot G_{pA} kT_0 \cdot BW \tag{1.3.20}$$

上式说明，当 NF=1 时，$P_{nAn}=0$，进一步表明了噪声系数是衡量放大器内部噪声性能的参数。

4. 级联噪声系数

先考虑两级放大器。设它们的噪声系数和额定功率增益分别为 NF_1、NF_2 和 G_{PA1}、G_{PA2}，且假定通频带也相同。这时，总输出噪声额定功率 P_{nAo} 由三部分组成，即

$$P_{nAo} = P_{nAi} G_{PA1} G_{PA2} + P_{nAn1} G_{PA2} + P_{nAn2} \tag{1.3.21}$$

其中，P_{nAn1} 和 P_{nAn2} 分别是第一级放大器和第二级放大器的内部噪声额定功率。

由式(1.3.20)可写出

$$P_{nAn1} = (NF_1 - 1) \cdot G_{PA1} kT_0 \cdot BW \tag{1.3.22}$$

$$P_{nAn2} = (NF_2 - 1) \cdot G_{PA2} kT_0 \cdot BW \tag{1.3.23}$$

将式(1.3.17)、(1.3.22)、(1.3.23)代入式(1.3.21)中，然后再将式(1.3.17)和式(1.3.21)代入式(1.3.16)中，其中 $G_{PA}=G_{PA1} \cdot G_{PA2}$，最后可求得两级放大器总噪声系数为

$$NF = NF_1 + \frac{NF_2 - 1}{G_{PA1}} \tag{1.3.24}$$

对于 n 级放大器，将其前 $n-1$ 级看成是第一级，第 n 级看成是第二级，利用式(1.3.24)可推导出 n 级放大器总的噪声系数为

$$NF = NF_1 + \frac{NF_2 - 1}{G_{PA1}} + \frac{NF_3 - 1}{G_{PA1} G_{PA2}} + \cdots + \frac{NF_n - 1}{G_{PA1} \cdots G_{PA(n-1)}} \tag{1.3.25}$$

可见，在多级放大器中，各级噪声系数对总噪声系数的影响是不同的，前级的影响比后级的影响大，且总噪声系数还与各级的额定功率增益有关。所以，为了减小多级放大器的噪声系数，必须降低前级放大器(尤其是第一级)的噪声系数，而且增大前级放大器(尤其是第一级)的额定功率增益。

以上关于放大器噪声系数的分析结果适用于所有线性四端网络。

5. 无源四端网络的噪声系数

无源四端网络内部不含有源器件，但总会含有耗能电阻，所以从噪声角度来说，可以等效为一个电阻网络。根据式(1.3.10)，电阻的噪声额定功率与阻值无关，均为 $k \cdot T \cdot BW$，因此无源四端网络的输入噪声额定功率 P_{nAi} 和输出噪声额定功率 P_{nAo} 相同，均为 $k \cdot T \cdot BW$，将其代入式(1.3.16)，可知无源四端网络噪声系数为

$$NF = \frac{1}{G_{PA}} \tag{1.3.26}$$

【例 1.7】　某接收机由高放、混频、中放三级电路组成。已知混频器的额定功率增益 $G_{PA2}=0.2$，噪声系数 $NF_2=10$ dB，中放噪声系数 $NF_3=6$ dB，高放噪声系数 $NF_1=3$ dB。如要求加入高放后使整个接收机总噪声系数降低为加入前的 1/10，则高放的额定功率增益

G_{PA1}应为多少?

解: 先将噪声系数分贝数进行转换。3 dB、10 dB、6 dB 分别对应为 2、10、4。

因为未加高放时接收机噪声系数为

$$\mathrm{NF} = \mathrm{NF}_2 + \frac{\mathrm{NF}_3 - 1}{G_{PA2}} = 10 + \frac{4-1}{0.2} = 25$$

所以,加高放后接收机噪声系数应为

$$\mathrm{NF}' = \frac{1}{10}\mathrm{NF} = 2.5$$

又

$$\mathrm{NF}' = \mathrm{NF}_1 + \frac{\mathrm{NF}_2 - 1}{G_{PA1}} + \frac{\mathrm{NF}_3 - 1}{G_{PA1}G_{PA2}}$$

因此

$$G_{PA1} = \frac{(\mathrm{NF}_2 - 1) + (\mathrm{NF}_3 - 1)/G_{PA2}}{\mathrm{NF}' - \mathrm{NF}_1}$$

$$= \frac{(10-1) + (4-1)/0.2}{2.5 - 2} = 48 = 16.8 \text{ dB}$$

由例 1.7 可以看到,加入一级高放后使整个接收机噪声系数大幅度下降,其原因在于整个接收机的噪声系数并非只是各级噪声系数的简单叠加,而是各有一个不同的加权系数,这从式(1.3.25)很容易看出。未加高放前,原作为第一级的混频器噪声系数较大,额定功率增益小于 1;而加入后的第一级高放噪声系数小,额定功率增益大。由此可见,第一级采用低噪声高增益电路是极其重要的。所以,在接收机前端,位于接收天线之后的预选滤波器与混频器之间,通常都加入了一级前置低噪声高频放大器 LNA(Low Noise Amplifier)。

1.3.6 等效输入噪声温度

除了噪声系数之外,等效输入噪声温度 T_e(以下简称噪声温度)是衡量线性四端网络噪声性能的另一个参数。

噪声温度 T_e 是将实际四端网络内部噪声看成是理想无噪声四端网络输入端信号源内阻 R_s 在温度 T_e 时所产生的热噪声,这样,R_s 的温度则变为 $T_0 + T_e$,这种等效关系如图 1.3.3 所示。

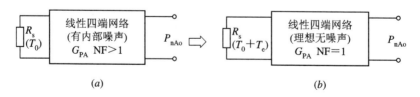

图 1.3.3 噪声温度与噪声系数的等效关系

由图 1.3.3(a)并根据式(1.3.17)、(1.3.18)和式(1.3.20)可以写出

$$P_{nAo} = P_{nAi}G_{PA} + P_{nAn} = kT_0 \cdot \mathrm{BW} \cdot G_{PA} \cdot \mathrm{NF} \tag{1.3.27}$$

由图 1.3.3(b)可写出

$$P_{nAo} = k(T_0 + T_e) \cdot \mathrm{BW} \cdot G_{PA} \tag{1.3.28}$$

对比式(1.3.27)和式(1.3.28)可得到 T_e 与 NF 的关系式为

$$NF = 1 + \frac{T_e}{T_0} \quad 或 \quad T_e = (NF - 1)T_0 \tag{1.3.29}$$

可见，T_e 值越大，表示四端网络的噪声性能越差，理想四端网络的 T_e 为零。

噪声温度 T_e 常用在低噪声接收系统中，其特点是把噪声系数的尺度放大了，便于比较。如某卫星电视接收机中高频头(由低噪声高频放大器、混频器、本机振荡器和中频放大器组成)有三种型号，其噪声温度分别为 25 K、28 K 和 30 K，对应的噪声系数分别为 1.0862、1.0966 和 1.1034。可见，在低噪声时采用噪声温度比采用噪声系数可以更容易和更方便地显示其噪声性能的差别。

1.3.7　接收灵敏度

接收灵敏度是指接收机正常工作时，输入端所必须得到的最小信号电压或功率。显然，灵敏度越高，能够接收到的信号越微弱。

设灵敏度电压为 E_A，接收天线等效电阻为 R_A，参照式(1.3.9)和式(1.3.10)，则接收机输入端额定信噪比为

$$\frac{P_{si}}{P_{ni}} = \frac{E_A^2/4R_A}{kT_0 \cdot BW}$$

若正常工作时接收机输出额定信噪比 $D = P_{so}/P_{no}$，则有

$$NF = \frac{P_{si}/P_{ni}}{P_{so}/P_{no}} = \frac{E_A^2}{4kT_0R_A \cdot BW \cdot D}$$

所以

$$E_A = \sqrt{4kT_0R_A \cdot BW \cdot D \cdot NF} \tag{1.3.30}$$

一般情况下，取 $D=1$。

由式(1.3.30)定义的灵敏度主要取决于接收机内部噪声 NF 的大小。NF 越小，则 E_A 越小，灵敏度越高。超外差式接收机的灵敏度一般在 $0.1 \sim 1\ \mu V$ 之间。

1.4　反馈控制电路原理及其分析方法

反馈控制电路是一种自动调节电路，它可以通过负反馈的方式，改善和提高电子系统的性能指标，或者实现某些特定的技术要求。在通信系统中，反馈控制电路是一种不可缺少的组成部分。

根据控制对象参量的不同，反馈控制电路可分为三类：自动增益控制(Automatic Gain Control，简称 AGC)、自动频率控制(Automatic Frequency Control，简称 AFC)和自动相位控制(Automatic Phase Control，简称 APC)。AGC 电路用于小信号放大器和功率放大器之中，可以使输出信号的振幅或功率稳定或满足一定的要求，将在第 2 章、第 3 章和第 6 章中介绍。AFC 电路可以在调幅接收机中稳定中频，也可以在调频振荡器中稳定载频，或者在调频接收机中改善解调质量，这些将在第 7 章中讨论。APC 电路又称为锁相环(Phase Lock Loop，简称 PLL)电路，它的应用更为广泛，在第 8 章里将专门介绍。本节仅给出反馈控制电路的基本原理和分析方法。

1.4.1 反馈控制原理

反馈控制电路的组成如图 1.4.1 所示。

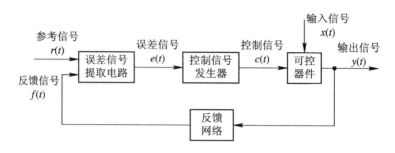

图 1.4.1 反馈控制系统的组成

在反馈控制电路中，误差信号提取电路、控制信号发生器、可控器件和反馈网络四部分构成了一个负反馈闭合环路。其中误差信号提取电路的作用是提取反馈信号 $f(t)$ 和参考信号 $r(t)$ 之间的差值即误差信号 $e(t)$，然后经过控制信号发生器送出控制信号 $c(t)$，对可控器件的某一特性进行控制。对于可控器件，或者是其输入输出特性受控制信号 $c(t)$ 的控制(例如可控增益放大器)，或者是在不加输入的情况下，本身输出信号的某一参量受控制信号 $c(t)$ 的控制(例如压控振荡器)。而反馈网络的作用是从输出信号 $y(t)$ 中提取反馈信号。

需要注意的是，图 1.4.1 中所标明的各时域信号的量纲不一定是相同的。根据输入信号参量的不同，图中的误差信号提取电路可以是电压比较器、鉴频器或鉴相器三种，所以对应的 $r(t)$ 和 $f(t)$ 可以是电压、频率或相位参量。误差信号 $e(t)$ 和控制信号 $c(t)$ 一般是电压。可控器件的可控制特性一般是增益或频率，所以输出信号 $y(t)$ 的量纲是电压、频率或相位。

根据参考信号的不同状况，反馈控制电路的工作情况有两种。

1. 参考信号 $r(t)$ 不变(恒定为 r_0)

假定电路已处于稳定状态，输入信号 $x(t)$ 恒定为 x_0，输出信号 $y(t)$ 恒定为 y_0，误差信号恒定为 e_0。

现由于输入信号 $x(t)$ 或可控器件本身的特性发生变化，导致输出信号 $y(t)$ 发生变化，产生一个增量 Δy，从而产生一个新的反馈信号 $f(t)$，经与恒定的参考信号 r_0 比较，必然使误差信号发生变化，产生一个增量 Δe。误差信号的变化将使可控器件的工作状况发生变化，从而使 $y(t)$ 变化的方向与原来变化的方向相反，也就是使 Δy 减小。经过不断循环反馈，最后环路达到新的稳定状态，输出 $y(t)$ 趋近于原稳定状态 y_0。

由此可见，反馈控制电路在这种工作情况下，可以使输出信号 $y(t)$ 稳定在一个预先规定的参数上。

2. 参考信号 $r(t)$ 变化

由于 $r(t)$ 变化，无论输入信号 $x(t)$ 或可控器件本身特性有无变化，输出信号 $y(t)$ 一般均要发生变化。从 $y(t)$ 中提取所需分量并经反馈后与 $r(t)$ 比较，如果二者变化规律不一致或不满足预先设置的规律，则将产生误差信号，使 $y(t)$ 向减小误差信号的方向变化，最后

使 $y(t)$ 和 $r(t)$ 的变化趋于一致或满足预先设置的规律。

由此可见，这种反馈控制电路可使输出信号 $y(t)$ 跟踪参考信号 $r(t)$ 的变化。

1.4.2　分析方法

反馈控制电路和负反馈放大器虽然都是闭环工作的自动调节系统，但有一些区别。负反馈放大器一般仅局限于单个电路，结构比较简单，而反馈控制电路一般要包含多个单元电路，组成比较复杂。负反馈放大器一般是一个线性系统，可利用线性电路的分析方法，而反馈控制电路中的误差信号提取电路不一定是线性器件，例如锁相环中的鉴相器就是非线性器件。所以，根据具体电路的组成情况，对于反馈控制电路需分别采用线性或非线性的分析方法。但是，在分析某些性能指标时，在一定条件下，某些非线性环节可以近似用线性化的方法处理。例如，鉴相器在输入信号相位差较小时，其输出电压与输入信号相位差近似呈线性关系，这时可以把鉴相器作为线性器件处理。

以下将反馈控制电路作为一个线性系统进行分析。由于直接采用时域分析法比较复杂，因而采用拉氏变换分析法求出其时域响应，或利用拉氏变换与傅氏变换的关系求得其频率响应。

根据图 1.4.1 所示的反馈控制电路的组成方框图，可画出用拉氏变换式表示的数学模型，如图 1.4.2 所示。

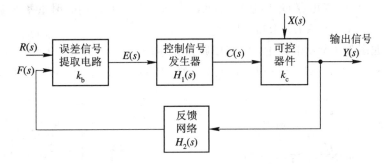

图 1.4.2　反馈控制系统的数学模型

图中 $R(s)$、$E(s)$、$C(s)$、$X(s)$、$Y(s)$ 和 $F(s)$ 分别是 $r(t)$、$e(t)$、$c(t)$、$x(t)$、$y(t)$ 和 $f(t)$ 的拉氏变换式。

误差信号提取电路输出的误差信号 $e(t)$ 通常与 $r(t)$ 和 $f(t)$ 的差值成正比，设比例系数为 k_b，则有

$$e(t) = k_b[r(t) - f(t)] \tag{1.4.1}$$

写成拉氏变换式，有

$$E(s) = k_b[R(s) - F(s)] \tag{1.4.2}$$

将可控器件作为线性器件对待，有

$$y(t) = k_c c(t) \tag{1.4.3}$$

k_c 是比例系数。将上式写成拉氏变换式，有

$$Y(s) = k_c C(s) \tag{1.4.4}$$

实际电路中一般都包括滤波器，其位置可归在控制信号发生器或反馈网络中，所以将

这两个环节看做线性网络。其传递函数分别为

$$H_1(s) = \frac{C(s)}{E(s)} \tag{1.4.5}$$

$$H_2(s) = \frac{F(s)}{Y(s)} \tag{1.4.6}$$

由此可以求出整个系统的两个重要传递函数如下：

闭环传递函数 $\quad T(s) = \dfrac{Y(s)}{R(s)} = \dfrac{k_b k_c H_1(s)}{1 + k_b k_c H_1(s) H_2(s)} \tag{1.4.7}$

误差传递函数 $\quad T_e(s) = \dfrac{E(s)}{R(s)} = \dfrac{k_b}{1 + k_b k_c H_1(s) H_2(s)} \tag{1.4.8}$

利用拉氏变换的终值定理可求得系统稳态误差值为

$$e_s = \lim_{t \to \infty} e(t) = \lim_{s \to 0} s E(s) \tag{1.4.9}$$

习　题

1.1　在题图 1.1 所示电路中，信号源频率 $f_0 = 1\ \text{MHz}$，回路空载 Q 值为 100，r 是回路损耗电阻。将 1—1 端短路，电容 C 调到 100 pF 时回路谐振。如将 1—1 端开路后再串接一阻抗 $\dot{Z}_x$（由电阻 r_x 与电容 C_x 串联），则回路失谐，C 调至 200 pF 时重新谐振，这时回路有载 Q 值为 50。试求电感 L、未知阻抗 $\dot{Z}_x$。

1.2　在题图 1.2 所示电路中，已知回路谐振频率 $f_0 = 465\ \text{kHz}$，$Q_0 = 100$，$N = 160$ 匝，$N_1 = 40$ 匝，$N_2 = 10$ 匝，$C = 200\ \text{pF}$，$R_s = 16\ \text{k}\Omega$，$R_L = 1\ \text{k}\Omega$。试求回路电感 L、有载 Q 值和通频带 $\text{BW}_{0.7}$。

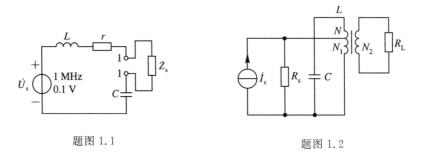

题图 1.1　　　　　　　　　　　　　　题图 1.2

1.3　在题图 1.3 所示电路中，$L = 0.8\ \mu\text{H}$，$C_1 = C_2 = 20\ \text{pF}$，$C_s = 5\ \text{pF}$，$R_s = 10\ \text{k}\Omega$，$C_L = 20\ \text{pF}$，$R_L = 5\ \text{k}\Omega$，$Q_0 = 100$。试求回路在有载情况下的谐振频率 f_0、谐振电阻 R_Σ、回路有载 Q 值和通频带 $\text{BW}_{0.7}$。

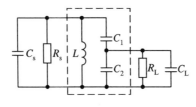

题图 1.3

1.4　设计一个 LC 选频匹配网络，使 50 Ω 的负载与 20 Ω 的信号源电阻匹配。如果工作频率是 20 MHz，各元件值是多少？

1.5　设计一个如题图 1.5 所示的 π 型匹配网络，使其在工作频率 $f_0=100$ MHz 处将负载 R_L 的值转换为 R_1。确定各电抗元件值的表达式并分析 R_1 与 R_L 之间的大小关系。（提示：参考例 1.4 的分析求解方法）

1.6　试求题图 1.6 所示虚线框内电阻网络的噪声系数。

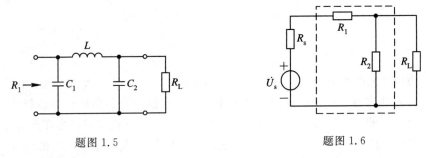

題图 1.5　　　　　　　　　　題图 1.6

1.7　某接收机线性部分由传输线、混频器和放大器三部分组成，其中传输线部分是无源网络。前两部分的额定功率增益分别是 $G_{PA1}=0.82$，$G_{PA2}=0.2$，后两部分的噪声系数分别是 $NF_2=6$，$NF_3=3$。试求总噪声系数。

1.8　某卫星通信接收机的线性部分如题图 1.8 所示，为满足输出端信噪比为 20 dB 的要求，高放 I 输入端的信噪比应为多少？

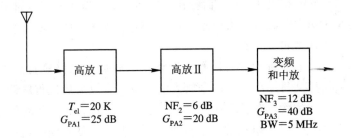

題图 1.8

1.9　已知某接收机带宽为 3 kHz，总噪声系数为 7 dB，接收天线等效电阻为 50 Ω，求接收机输出信噪比为 12 dB 时的接收灵敏度。

第2章 高频小信号放大电路

2.1 概　述

　　高频小信号放大电路分为窄频带放大电路和宽频带放大电路两大类。前者对中心频率在几百千赫兹到几吉赫兹，频谱宽度在几千赫兹到几兆赫兹内的微弱信号进行线性放大，故不但需要有一定的电压增益，而且需要有选频能力。后者对频带宽度为几兆赫兹甚至几吉赫兹以上的微弱信号进行线性放大，故要求放大电路的下限截止频率很低(有些要求到零频即直流)，上限截止频率很高。

　　窄频带放大电路由双极型晶体管(以下简称晶体管)、场效应管或集成电路等有源器件提供电压增益，由 LC 谐振回路、陶瓷滤波器或声表面波滤波器等器件实现选频功能。它有两种主要类型：以分立元器件为主的谐振放大器和以集成电路为主的集中选频放大器。

　　宽频带放大电路也由晶体管、场效应管或集成电路提供电压增益。为了展宽工作频带，不但要求有源器件的高频性能好，而且在电路结构上采取了一些改进措施。

　　高频小信号放大电路是线性放大电路。Y 参数等效电路和混合 π 型等效电路是分析高频晶体管电路线性工作的重要工具。

　　在接收机中，天线接收到的微弱信号由高频小信号放大电路进行放大后送入混频电路，混频后的中频信号又需经高频小信号放大电路进一步放大后进行解调。由于天线接收到的信号强度起伏变化很大，为了使放大器工作正常，提供给解调器的信号电压稳定，必须对接收机中高频小信号放大电路的增益进行控制，即接收信号强时使增益减小，接收信号弱时使增益加大。本章将要介绍的可控增益放大器是 AGC 电路中的重要环节之一，完整的 AGC 电路将在第 6 章介绍。

2.2 谐 振 放 大 器

　　由晶体管、场效应管或集成电路与 LC 并联谐振回路组成的高频小信号谐振放大器广泛用于广播、电视、通信、雷达等接收设备中，其作用是将微弱的有用信号进行线性放大并滤除不需要的噪声和干扰信号。

　　谐振放大器的主要性能指标是电压增益、通频带、矩形系数和噪声系数。

　　本节仅分析由晶体管和 LC 回路组成的谐振放大器。

　　由于谐振放大器的工作频段较窄，因此采用晶体管 Y 参数等效电路进行分析比较合适。

　　现以共发射极接法的晶体管为例，将其看做一个双口网络，如图 2.2.1 所示，相应的

Y 参数方程为

$$\begin{cases} \dot{I}_b = y_{ie}\dot{U}_b + y_{re}\dot{U}_c \\ \dot{I}_c = y_{fe}\dot{U}_b + y_{oe}\dot{U}_c \end{cases} \tag{2.2.1}$$

其中，输入导纳为

$$y_{ie} = \left.\frac{\dot{I}_b}{\dot{U}_b}\right|_{\dot{U}_c=0}$$

反向传输导纳为

$$y_{re} = \left.\frac{\dot{I}_b}{\dot{U}_c}\right|_{\dot{U}_b=0}$$

正向传输导纳为

$$y_{fe} = \left.\frac{\dot{I}_c}{\dot{U}_b}\right|_{\dot{U}_c=0}$$

输出导纳为

$$y_{oe} = \left.\frac{\dot{I}_c}{\dot{U}_c}\right|_{\dot{U}_b=0}$$

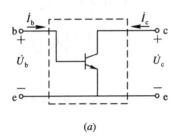　　　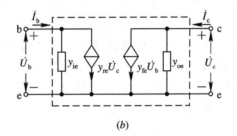

图 2.2.1　晶体管共发射极 Y 参数等效电路

　　图中受控电流源 $y_{re}\dot{U}_c$ 表示输出电压对输入电流的控制作用（反向控制）；$y_{fe}\dot{U}_b$ 表示输入电压对输出电流的控制作用（正向控制）。y_{fe} 越大，表示晶体管的放大能力越强；y_{re} 越大，表示晶体管的内部反馈越强。y_{re} 的存在对实际工作带来很大危害，是谐振放大器自激的根源，同时也使分析过程变得复杂，因此应尽可能使 y_{re} 减小或削弱它的影响。

　　晶体管的 Y 参数可以通过测量得到。根据 Y 参数方程，分别使输出端或输入端交流短路，在另一端加上直流偏压和交流测试信号，然后测量输入端或输出端的交流电压及交流电流的振幅和相位，将这些测量值代入式（2.2.1）中就可求得四个导纳参数。所以，Y 参数又称为短路导纳参数。通过查阅晶体管手册也可得到各种型号晶体管的 Y 参数。

　　需要注意的是，Y 参数不仅与静态工作点的电压、电流相量值有关，而且是工作频率和静态工作点的函数。例如，当发射极电流 $\dot{I}_e$ 增加时，输入与输出电导都将增大。当工作频率较低时，电容效应的影响逐渐减弱。所以无论是测量还是查阅晶体管手册，都应注意工作条件和工作频率。

　　为了分析方便，晶体管 Y 参数中输入导纳和输出导纳通常可写成用电导和电容表示的直角坐标形式，而正向传输导纳和反向传输导纳通常可写成极坐标形式，即

$$\left.\begin{array}{l} y_{ie} = g_{ie} + j\omega C_{ie}, \quad y_{oe} = g_{oe} + j\omega C_{oe} \\ y_{fe} = |y_{fe}| \angle \varphi_{fe}, \quad y_{re} = |y_{re}| \angle \varphi_{re} \end{array}\right\} \tag{2.2.2}$$

在图 2.2.1(b)中，若 c、e 极之间接有负载 $\dot{Y}_{L}$，现利用 Y 参数推导晶体管 b、e 极之间的输入导纳 $\dot{Y}_{i}$。因为 $\dot{I}_{c}=-\dot{Y}_{L}\dot{U}_{c}$，代入式(2.2.1)后，经过整理，可求得

$$\dot{Y}_{i} = \frac{\dot{I}_{b}}{\dot{U}_{b}} = y_{ie} - \frac{y_{fe}y_{re}}{y_{oe} + \dot{Y}_{L}} \tag{2.2.3}$$

由上式可见，由于反向传输导纳 y_{re} 的存在，晶体管输入导纳不仅与 y_{ie} 有关，还与其他 Y 参数以及负载有关。

2.2.1 单管单调谐放大器

1. 电路组成及特点

图 2.2.2 是一个典型的单管单调谐放大器。C_{b} 与 C_{c} 分别是和信号源(或前级放大器)、负载(或后级放大器)的耦合电容，C_{e} 是旁路电容。电容 C 与电感 L 组成的并联谐振回路作为晶体管的集电极负载，其谐振频率应调谐在输入有用信号的中心频率上。回路与本级晶体管的耦合采用自耦变压器耦合方式，这样可减弱晶体管输出导纳对回路的影响。负载(或下级放大器)与回路的耦合采用自耦变压器耦合和电容耦合方式，这样，既可减弱负载(或下级放大器)导纳对回路的影响，又可使前、后级的直流供电电路分开。另外，采用上述耦合方式也比较容易实现前、后级之间的阻抗匹配。

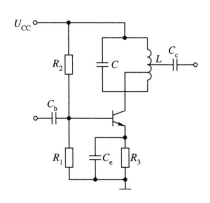

图 2.2.2　单管单调谐放大电路

2. 电路性能分析

图 2.2.3 是单管单调谐放大器交流等效电路，其中 Y 参数等效电路中忽略了 y_{re}，因 R_{1} 和 R_{2} 一般都远远大于和它们并联的 y_{ie} 中的电阻部分 $1/g_{ie}$，故也可以被忽略。输入用电流源 $\dot{I}_{s}$ 并联导纳 $\dot{Y}_{s}$ 表示，负载导纳为 $\dot{Y}_{L}=g_{L}+j\omega C_{L}$，忽略其中的电感部分。

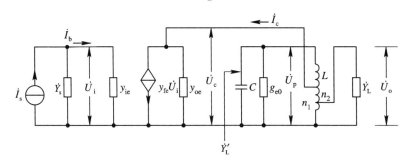

图 2.2.3　单管单调谐放大器的等效电路

如图 2.2.3 所示，单管单调谐放大器的电压增益为

$$\dot{A}_{u} = \frac{\dot{U}_{o}}{\dot{U}_{i}} \tag{2.2.4}$$

我们可以先求 $\dot{U}_{c}$ 与 $\dot{U}_{i}$ 的关系式，然后再求出 $\dot{U}_{c}$ 与 $\dot{U}_{o}$ 的关系式，即可导出 $\dot{U}_{o}$ 与 $\dot{U}_{i}$ 之

比，即电压增益 $\dot{A}_u$。

因为负载的接入系数为 n_2，晶体管的接入系数为 n_1，所以负载等效到回路两端的导纳为 $n_2^2 \dot{Y}_L$。

设从集电极和发射极之间向右看的回路导纳为 $\dot{Y}'_L$，则由第 1 章例 1.2 的分析结果可以得到

$$\dot{Y}'_L = \frac{1}{n_1^2}\Big(g_{e0} + j\omega C + \frac{1}{j\omega L} + n_2^2 \dot{Y}_L\Big) \tag{2.2.5}$$

由于 $\dot{U}_c$ 是 $\dot{Y}'_L$ 上的电压，且 $\dot{U}_c$ 与 $\dot{I}_c$ 相位相反，因此

$$\dot{I}_c = -\dot{U}_c \dot{Y}'_L \tag{2.2.6}$$

由 Y 参数方程(2.2.1)可知

$$\dot{I}_c = y_{fe}\dot{U}_i + y_{oe}\dot{U}_c \tag{2.2.7}$$

代入式(2.2.6)，可得

$$\dot{U}_i = -\frac{y_{oe} + \dot{Y}'_L}{y_{fe}}\dot{U}_c \tag{2.2.8}$$

根据自耦变压器特性 $\frac{\dot{U}_c}{\dot{U}_p} = n_1$，$\frac{\dot{U}_o}{\dot{U}_p} = n_2$，有

$$\dot{U}_o = \frac{n_2}{n_1}\dot{U}_c \tag{2.2.9}$$

将式(2.2.8)和式(2.2.9)代入式(2.2.4)，可得

$$\dot{A}_u = \frac{\dot{U}_o}{\dot{U}_i} = -\frac{n_1 n_2 y_{fe}}{n_1^2 y_{oe} + \dot{Y}_\Sigma} \tag{2.2.10}$$

其中，$\dot{Y}_\Sigma = n_1^2 \dot{Y}'_L$ 是 $\dot{Y}'_L$ 等效到谐振回路两端的导纳，它包括回路本身元件 L、C、g_{e0} 和负载导纳总的等效值，即

$$\dot{Y}_\Sigma = \Big(g_{e0} + j\omega C + \frac{1}{j\omega L}\Big) + n_2^2 \dot{Y}_L \tag{2.2.11}$$

根据式(2.2.2)，将式(2.2.11)代入式(2.2.10)中，则

$$\dot{A}_u = -\frac{n_1 n_2 y_{fe}}{g_\Sigma + j\omega C_\Sigma + \frac{1}{j\omega L}} \tag{2.2.12}$$

其中 g_Σ 与 C_Σ 分别为谐振回路总电导和总电容：

$$\left.\begin{array}{l} g_\Sigma = n_1^2 g_{oe} + n_2^2 g_L + g_{e0} \\ C_\Sigma = n_1^2 C_{oe} + n_2^2 C_L + C \end{array}\right\} \tag{2.2.13}$$

谐振频率为

$$f_0 = \frac{1}{2\pi\sqrt{LC_\Sigma}}$$

或

$$\omega_0 = \frac{1}{\sqrt{LC_\Sigma}}$$

回路有载 Q 值为

$$Q_e = \frac{\omega_0 C_\Sigma}{g_\Sigma} = \frac{1}{\omega_0 L g_\Sigma} \tag{2.2.14}$$

回路通频带即放大器带宽为

$$BW = \frac{f_0}{Q_e} = \frac{g_\Sigma}{2\pi C_\Sigma} \qquad (2.2.15)$$

以上几个公式说明,考虑了晶体管和负载的影响之后,放大器谐振频率和回路 Q 值均有所变化。

谐振频率处放大器的电压增益为

$$\dot{A}_{u0} = \frac{\dot{U}_{00}}{\dot{U}_i} = -\frac{n_1 n_2 y_{fe}}{g_\Sigma} \qquad (2.2.16)$$

其中电压增益振幅为

$$A_{u0} = \frac{U_{00}}{U_i} = \frac{n_1 n_2 \mid y_{fe} \mid}{g_\Sigma} \qquad (2.2.17)$$

根据 $N(f)$ 定义和式(2.2.10),可写出放大器电压增益振幅的另一种表达式,即

$$A_u = \frac{U_o}{U_i} = \frac{U_o}{U_{00}} \frac{U_{00}}{U_i} = N(f) A_{u0} = \frac{n_1 n_2 \mid y_{fe} \mid}{g_\Sigma \sqrt{1 + \left(\frac{2\Delta f Q_e}{f_0}\right)^2}} \qquad (2.2.18)$$

由式(2.2.18)可知,单管单调谐放大器的单位谐振函数 $N(f)$ 与其并联谐振回路的归一化谐振函数相同,且都可以写成

$$N(f) = \frac{U_o}{U_{00}} = \frac{U_i A_u}{U_i A_{u0}} = \frac{A_u}{A_{u0}} = \frac{1}{\sqrt{1 + \left(\frac{2\Delta f Q_e}{f_0}\right)^2}} \qquad (2.2.19)$$

由于 y_{fe} 是复数,有一个相角 $\angle \varphi_{fe}$,因此一般来说,图 2.2.2 所示放大器输出电压与输入电压之间的相位并非正好相差 $180°$。

另外,由上述公式可知,电压增益振幅与晶体管参数、负载电导、回路谐振电导和接入系数有关。

(1) 为了增大 A_{u0},应选取 $\mid y_{fe} \mid$ 大、g_{oe} 小的晶体管。

(2) 为了增大 A_{u0},要求负载电导 g_L 小,如果负载是下一级放大器,则要求其 g_{ie} 小。

(3) 回路谐振电导 g_{e0} 越小,A_{u0} 越大。而 g_{e0} 取决于回路空载 Q 值 Q_0,与 Q_0 成反比。

(4) A_{u0} 与接入系数 n_1、n_2 有关,但不是单调递增或单调递减关系。由于 n_1 和 n_2 还会影响回路有载 Q 值 Q_e,而 Q_e 又将影响通频带,因此 n_1 与 n_2 的选择应全面考虑,选取最佳值。

实际放大器的设计是要在满足通频带和选择性的前提下,尽可能提高电压增益。

在单管单调谐放大器中,选频功能由单个并联谐振回路完成,所以单管单调谐放大器的矩形系数与单个并联谐振回路的矩形系数相同,其通频带则由于受晶体管输出阻抗和负载的影响,比单个并联谐振回路要宽(因为有载 Q 值小于空载 Q 值)。

【例 2.1】 在图 2.2.2 中,已知工作频率 $f_0 = 30$ MHz,$U_{CC} = 6$ V,$I_e = 2$ mA。晶体管采用 3DG47 型高频管。其 Y 参数在上述工作条件和工作频率处的数值如下:$g_{ie} = 1.2$ mS,$C_{ie} = 12$ pF;$g_{oe} = 400$ μS,$C_{oe} = 9.5$ pF;$\mid y_{fe} \mid = 58.3$ mS,$\angle \varphi_{fe} = -22°$;$\mid y_{re} \mid = 310$ μS,$\angle \varphi_{re} = -88.8°$,回路电感 $L = 1.4$ μH,接入系数 $n_1 = 0.5$,$n_2 = 0.3$,$Q_0 = 100$。负载是另一级相同的放大器,即 $Y_L = y_{ie}$。求谐振电压增益振幅 A_{u0} 和通频带 $BW_{0.7}$。并问回路电容 C 是多少时,才能使回路谐振?

解： 因为

$$C_{\Sigma} = \frac{1}{\omega_0^2 L} = \frac{1}{(2\pi \times 30 \times 10^6)^2 \times 1.4 \times 10^{-6}} \approx 20 \text{ pF}$$

又

$$C_{\Sigma} = C + n_1^2 C_{oe} + n_2^2 C_{ie}$$

所以

$$C = C_{\Sigma} - n_1^2 C_{oe} - n_2^2 C_{ie} = 20 - 2.375 - 1.08 \approx 16.5 \text{ pF}$$

因为空载谐振角频率 $\omega_0' = \dfrac{1}{\sqrt{LC}}$

故

$$g_{e0} = \frac{1}{Q_0 \omega_0' L} = \frac{1}{Q_0} \sqrt{\frac{C}{L}} = \frac{1}{100} \sqrt{\frac{16.5 \times 10^{-12}}{1.4 \times 10^{-6}}} \approx 34.3 \times 10^{-6} \text{S}$$

所以

$$g_{\Sigma} = g_{e0} + n_1^2 g_{oe} + n_2^2 g_{ie}$$
$$= 34.3 \times 10^{-6} + 0.5^2 \times 400 \times 10^{-6} + 0.3^2 \times 1.2 \times 10^{-3}$$
$$\approx 0.24 \times 10^{-3} \text{ S}$$

从而

$$A_{u0} = \frac{n_1 n_2 \mid y_{fe} \mid}{g_{\Sigma}} = \frac{0.5 \times 0.3 \times 58.3 \times 10^{-3}}{0.24 \times 10^{-3}} \approx 36$$

$$\text{BW} = \frac{g_{\Sigma}}{2\pi C_{\Sigma}} = \frac{0.24 \times 10^{-3}}{2 \times 3.14 \times 20 \times 10^{-12}} \approx 1.91 \text{ MHz}$$

从对单管单调谐放大器的分析可知，其电压增益取决于晶体管参数、回路与负载特性及接入系数等，所以受到一定的限制。如果要进一步增大电压增益，可采用多级放大器。

2.2.2　多级单调谐放大器

如果多级放大器中的每一级都调谐在同一频率上，则称为多级单调谐放大器。

设放大器有 n 级，各级电压增益振幅分别为 A_{u1}，A_{u2}，$\cdots$，A_{un}，则总电压增益振幅是各级电压增益振幅的乘积，即

$$A_n = A_{u1} A_{u2} \cdots A_{un} \tag{2.2.20}$$

如果每一级放大器的参数结构均相同，根据式(2.2.18)，则总电压增益振幅为

$$A_n = (A_{u1})^n = \frac{(n_1 n_2)^n \mid y_{fe} \mid^n}{\left[g_{\Sigma} \sqrt{1 + \left(\dfrac{2\Delta f Q_e}{f_0} \right)^2} \right]^n} \tag{2.2.21}$$

谐振频率处电压增益振幅为

$$A_{n0} = \left(\frac{n_1 n_2}{g_{\Sigma}} \right)^n \mid y_{fe} \mid^n \tag{2.2.22}$$

单位谐振函数为

$$N(f) = \frac{A_n}{A_{n0}} = \frac{1}{\left[1 + \left(\dfrac{2\Delta f Q_e}{f_0} \right)^2 \right]^{n/2}} \tag{2.2.23}$$

n 级放大器通频带为

$$\text{BW}_n = 2\Delta f_{0.7} = \sqrt{2^{1/n} - 1}\, \frac{f_0}{Q_e} = \sqrt{2^{1/n} - 1} \cdot \text{BW}_{0.7} \tag{2.2.24}$$

由上述公式可知，n 级相同的单调谐放大器的总增益比单级放大器的增益提高了，而通频带比单级放大器的通频带缩小了，且级数越多，频带越窄。换句话说，如多级放大器的频带确定以后，级数越多，则要求其中每一级放大器的频带越宽。因此，增益和通频带的矛盾是一个严重的问题，特别是对于要求高增益宽频带的放大器来说，这个问题更为突出。这一特性与低频多级放大器相同。

【例 2.2】 某中频放大器的通频带为 6 MHz，现采用两级或三级相同的单调谐放大器，两种情况下对每一级放大器的通频带要求各是多少？

解： 根据式(2.2.24)，当 $n=2$ 时，因为

$$\mathrm{BW}_2 = \sqrt{2^{1/2}-1} \cdot \mathrm{BW}_{0.7} = 6 \times 10^6 \text{ Hz}$$

所以，要求每一级带宽

$$\mathrm{BW}_{0.7} = \frac{6 \times 10^6}{\sqrt{2^{1/2}-1}} \approx 9.3 \times 10^6 \text{ Hz} = 9.3 \text{ MHz}$$

同理，当 $n=3$ 时，要求每一级带宽

$$\mathrm{BW}_{0.7} = \frac{6 \times 10^6}{\sqrt{2^{1/3}-1}} \approx 11.8 \times 10^6 \text{ Hz} = 11.8 \text{ MHz}$$

根据矩形系数定义，当 $\Delta f = \Delta f_{0.1}$ 时，$A_n/A_{n0}=0.1$，由式(2.2.23)可求得

$$\mathrm{BW}_{n0.1} = 2\Delta f_{0.1} = \sqrt{100^{1/n}-1}\,\frac{f_0}{Q_\mathrm{e}}$$

所以，n 级单调谐放大器的矩形系数为

$$K_{n0.1} = \frac{\mathrm{BW}_{n0.1}}{\mathrm{BW}_n} = \frac{\sqrt{100^{1/n}-1}}{\sqrt{2^{1/n}-1}} \tag{2.2.25}$$

表 2.2.1 列出了 $K_{n0.1}$ 与 n 的关系。

表 2.2.1 单调谐放大器矩形系数与级数的关系

级数 n	1	2	3	4	5	6	7	8	9	10	∞
矩形系数 $K_{n0.1}$	9.95	4.90	3.74	3.40	3.20	3.10	3.00	2.93	2.89	2.85	2.56

从表中可以看出，当级数 n 增加时，放大器矩形系数有所改善，但这种改善是有一定限度的，最小不会低于 2.56。

单级单调谐放大器的矩形系数较大，多级单调谐放大器的频带较窄。采用双调谐放大器可以同时改善矩形系数和频带宽度这两个性能参数。双调谐放大器是指采用互感耦合或电容耦合的两个 LC 并联回路作为集电极负载，两个回路调谐在同一频率上。以临界互感耦合双调谐放大器为例，在回路有载 Q 值相同的情况下，它的矩形系数为 3.16，通频带为单级单调谐放大器的 $\sqrt{2}$ 倍。双调谐放大器的主要缺点是调试比较困难，因而限制了它的应用。

2.2.3 谐振放大器的稳定性

共射电路由于电压增益和电流增益都较大，因而是谐振放大器的常用形式。

以上我们在讨论谐振放大器时，都假定了反向传输导纳 $y_{re}=0$，即晶体管单向工作，输入电压可以控制输出电流，而输出电压不影响输入。实际上，$y_{re}\neq0$，即输出电压可以反馈到输入端，引起输入电流的变化，从而可能引起放大器工作不稳定。如果这个反馈足够大，且在相位上满足正反馈条件，则会出现自激振荡。

为了提高放大器的稳定性，通常从以下两个方面着手。

一是从晶体管本身想办法，减小其反向传输导纳 y_{re} 值。y_{re} 的大小主要取决于集电极与基极间的结电容 $C_{b'c}$（由混合 π 型等效电路图可知，$C_{b'c}$ 跨接在输入、输出端之间），所以制作晶体管时应尽量使其 $C_{b'c}$ 减小，使反馈容抗增大，反馈作用减弱。

二是从电路上设法消除晶体管的反向作用，使它单向化。具体方法有中和法与失配法。

中和法是在晶体管的输出端与输入端之间引入一个附加的外部反馈电路（中和电路），以抵消晶体管内部参数 y_{re} 的反馈作用。由于 y_{re} 的实部（反馈电导）通常很小，可以忽略，因此常常只用一个电容 C_N 来抵消 y_{re} 的虚部（反馈电容）的影响，就可达到中和的目的。为了使通过 C_N 的外部电流和通过 $C_{b'c}$ 的内部反馈电流相位相差 $180°$，从而能互相抵消，通常在晶体管输出端添加一个反相的耦合变压器。图 2.2.4(a) 所示为收音机中常用的中和电路，(b) 图是其交流等效电路。为了直观，将晶体管内部电容 $C_{b'c}$ 画在了晶体管外部。

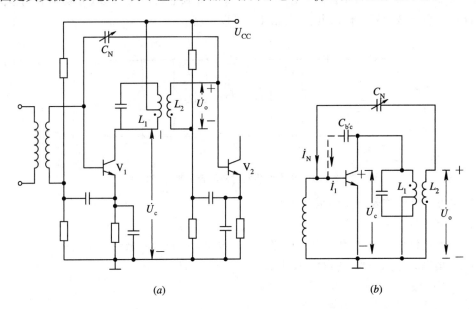

(a)　　　　　　　　　　　　　　　　(b)

图 2.2.4　放大器的中和电路

由于 y_{re} 是随频率而变化的，因此固定的中和电容 C_N 只能在某一个频率点起到完全中和的作用，对其他频率只能有部分中和作用，又因为 y_{re} 是一个复数，中和电路应该是一个由电阻和电容组成的电路，所以这给调试增加了困难。另外，如果再考虑到分布参数的作用和温度变化等因素的影响，中和电路的效果是很有限的。

失配法通过增大负载导纳 $\dot{Y}_L$，使输出电路严重失配，回路总电导 g_Σ 增大，输出电压相应减小，从而反馈到输入端的电流减小，这样对输入端的影响也就减小了。可见，失配法是用牺牲增益来换取电路稳定的。

从式(2.2.3)可知，当负载导纳 $\dot{Y}_{\mathrm{L}}$ 很大时，晶体管输入导纳 $\dot{Y}_{\mathrm{i}} \approx y_{\mathrm{ie}}$，其中的反馈分量可以忽略，晶体管可以看成是单向工作，所以又称失配法为单向化方法。

用两只晶体管按共射—共基方式连接成一个复合管是经常采用的一种失配法。图 2.2.5 是其结构原理图。

由于共基电路的输入导纳较大，因此当它和输出导纳较小的共射电路连接时，相当于使

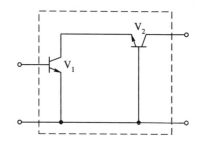

图 2.2.5　共射—共基电路

共射电路的负载导纳增大而失配，从而使共射晶体管内部反馈减弱，稳定性大大提高。

2.3　宽频带放大器

在通信系统中，处于前端的前置低噪声放大器 LNA 和混频器之后的中频放大器需要采用宽频带放大器进行小信号放大，采用集中选频滤波器进行选频。

宽频带放大器中的晶体管特性宜采用混合 π 型等效电路。图 2.3.1 是晶体管高频共发射极混合 π 型等效电路。输出电容 C_{ce} 很小，可以忽略。

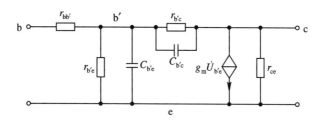

图 2.3.1　晶体管共发射极混合 π 型等效电路

图中各元件名称及典型值范围如下：

$r_{\mathrm{bb'}}$：基区体电阻，约 $15 \sim 50\ \Omega$。

$r_{\mathrm{b'e}}$：发射结电阻 r_{e} 折合到基极回路的等效电阻，约几十欧姆到几千欧姆。

$r_{\mathrm{b'c}}$：集电结电阻，约 $10\ \mathrm{k}\Omega \sim 10\ \mathrm{M}\Omega$。

r_{ce}：集电极—发射极电阻，几十千欧姆以上。

$C_{\mathrm{b'e}}$：发射结电容，约十皮法到几百皮法。

$C_{\mathrm{b'c}}$：集电结电容，约几皮法。

g_{m}：晶体管跨导，几十毫西门子以下。

由于集电结电容 $C_{\mathrm{b'c}}$ 跨接在输入、输出端之间，是双向传输元件，因此使电路的分析更加复杂。为了简化电路，可以把 $C_{\mathrm{b'c}}$ 折合到输入端 b'、e 之间，与电容 $C_{\mathrm{b'e}}$ 并联，其等效电容为

$$C_{\mathrm{M}} = (1 + g_{\mathrm{m}} R'_{\mathrm{L}}) C_{\mathrm{b'c}} \tag{2.3.1}$$

即把 $C_{\mathrm{b'c}}$ 的作用等效到输入端，这就是密勒效应。式(2.3.1)中 g_{m} 是晶体管跨导，R'_{L} 是考虑负载后的输出端总电阻，C_{M} 称为密勒电容。另外，由于 r_{ce} 和 $r_{\mathrm{b'c}}$ 较大，一般可以将其开路，这样，利用密勒效应后的简化高频混合 π 型等效电路如图 2.3.2 所示。

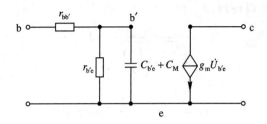

图 2.3.2　简化高频混合 π 型等效电路

与各参数有关的公式如下：

$$\left.\begin{aligned}
g_{\mathrm{m}} &= \frac{1}{r_{\mathrm{e}}} \\
r_{\mathrm{e}} &= \frac{kT}{qI_{\mathrm{EQ}}} \approx \frac{26(\mathrm{mV})}{I_{\mathrm{EQ}}(\mathrm{mA})}(\Omega) \quad (在室温下) \\
r_{\mathrm{b'e}} &= (1+\beta_0)r_{\mathrm{e}} \\
C_{\mathrm{b'e}} + C_{\mathrm{b'c}} &= \frac{1}{2\pi f_{\mathrm{T}} r_{\mathrm{e}}}
\end{aligned}\right\} \tag{2.3.2}$$

其中，k 为玻尔兹曼常数，T 是电阻温度（以绝对温度 K 计量），r_{e} 是发射结电阻，I_{EQ} 是发射极静态电流，β_0 是晶体管低频短路电流放大系数，f_{T} 是晶体管特征频率。

确定晶体管混合 π 型参数可以先查阅手册。晶体管手册中一般给出 $r_{\mathrm{bb'}}$、$C_{\mathrm{b'c}}$、β_0 和 f_{T} 等参数，然后根据式（2.3.2）可以计算出其他参数。注意，各参数均与静态工作点有关。

考虑电容效应后，晶体管的电流增益是工作频率的函数。下面介绍三个与电流增益有关的晶体管高频参数。

1. 共射晶体管截止频率 f_{β}

共射短路电流放大系数 $\dot{\beta}$ 是指混合 π 型等效电路输出交流短路时，集电极电流 $\dot{I}_{\mathrm{c}}$ 与基极电流 $\dot{I}_{\mathrm{b}}$ 的比值。从图 2.3.1 可以看到，当输出端短路后，若忽略 $r_{\mathrm{b'c}}$，$r_{\mathrm{b'e}}$、$C_{\mathrm{b'e}}$ 和 $C_{\mathrm{b'c}}$ 三者并联。

$$\dot{\beta} = \frac{\dot{I}_{\mathrm{c}}}{\dot{I}_{\mathrm{b}}}\bigg|_{\dot{U}_{\mathrm{c}}=0} = \frac{g_{\mathrm{m}} r_{\mathrm{b'e}}}{1+\mathrm{j}\omega r_{\mathrm{b'e}}(C_{\mathrm{b'e}}+C_{\mathrm{b'c}})} = \frac{\beta_0}{1+\mathrm{j}\dfrac{f}{f_{\beta}}} \tag{2.3.3}$$

其中

$$\beta_0 = g_{\mathrm{m}} r_{\mathrm{b'e}}$$

$$f_{\beta} = \frac{1}{2\pi r_{\mathrm{b'e}}(C_{\mathrm{b'e}}+C_{\mathrm{b'c}})}$$

由式（2.3.3）可知，$\dot{\beta}$ 的幅值随频率的增高而下降。当下降到 β_0 的 $1/\sqrt{2}$ 时，对应的频率定义为共射晶体管截止频率 f_{β}。

2. 特征频率 f_{T}

当 $\dot{\beta}$ 的幅值下降到 1 时，对应的频率定义为特征频率 f_{T}。

由式（2.3.3）可知

$$|\dot{\beta}| = \frac{\beta_0}{\sqrt{1+\left(\dfrac{f}{f_{\beta}}\right)^2}}$$

根据 f_T 的定义，可以得到

$$\frac{\beta_0}{\sqrt{1 + \left(\frac{f_T}{f_\beta}\right)^2}} = 1$$

所以

$$f_T = \sqrt{\beta_0^2 - 1} \cdot f_\beta \approx \beta_0 f_\beta \qquad (2.3.4)$$

3. 共基晶体管截止频率 f_α

共基短路电流放大系数 $\dot{\alpha}$ 是晶体管用作共基组态时的输出交流短路参数，即

$$\dot{\alpha} = \frac{\dot{I}_c}{\dot{I}_e}\bigg|_{\dot{U}_c = 0}$$

$\dot{\alpha}$ 的幅值也是随频率的增高而下降，f_α 定义为 $\dot{\alpha}$ 的幅值下降到低频放大系数 α_0 的 $1/\sqrt{2}$ 时的频率。

因为

$$\dot{\alpha} = \frac{\dot{\beta}}{1 + \dot{\beta}} = \frac{\dfrac{\beta_0}{1 + j\dfrac{f}{f_\beta}}}{1 + \dfrac{\beta_0}{1 + j\dfrac{f}{f_\beta}}} = \frac{\alpha_0}{1 + j\dfrac{f}{(1 + \beta_0) \cdot f_\beta}}$$

故根据 f_α 的定义，可以得到

$$\frac{\alpha_0}{\sqrt{1 + \left[\dfrac{f_\alpha}{(1 + \beta_0) \cdot f_\beta}\right]^2}} = \frac{\alpha_0}{\sqrt{2}}$$

从而推出

$$f_\alpha = (1 + \beta_0) \cdot f_\beta \qquad (2.3.5)$$

综上所述，三个高频参数之间满足关系式：

$$f_\alpha > f_T \gg f_\beta \qquad (2.3.6)$$

2.3.1 展宽放大器频带的方法

在宽频带放大电路中，要展宽通频带，也就是要提高上限截止频率，主要有组合电路法、负反馈法和电感串并联补偿法等几种方法。

1. 组合电路法

在集成宽频带放大器中广泛采用共射－共基组合电路。

共射电路的电流增益和电压增益都较大，是放大器中最常用的一种组态。但它的上限截止频率较低，使得带宽受到限制，这主要是由于密勒效应的缘故。

从式(2.3.1)可以看到，集电结电容 $C_{b'c}$ 等效到输入端以后，电容值增加为原来的 $(1 + g_m R'_L)$ 倍。虽然 $C_{b'c}$ 数值很小，一般仅几皮法，但 C_M 一般却很大。密勒效应使共射电路输入电容增大，容抗减小，且随频率的增大容抗更加减小，导致高频性能降低。

因为在共基电路和共集电路中，$C_{b'c}$ 处于输出端，或者处于输入端，无密勒效应，所以上限截止频率远高于共射电路。

利用共基电路输入阻抗小的特点，可将它作为共射电路的负载，使共射电路输出总电阻 R'_L 大大减小，进而使密勒电容 C_M 也减小，这样会使高频性能有所改善，从而有效地扩展了共射电路亦即整个组合电路的上限截止频率。由于共射电路负载减小，故电压增益减小，但这可以由电压增益较大的共基电路进行补偿，而共射电路的电流增益不会减小，因此整个组合电路的电流增益和电压增益都较大。

在集成电路中，可以采用共射—共基差分对电路。图 2.3.3 所示的国产宽带放大集成电路 ER4803（与国外产品 U2350、U2450 相当）中采用了这种电路，它的带宽可达到 1 GHz。

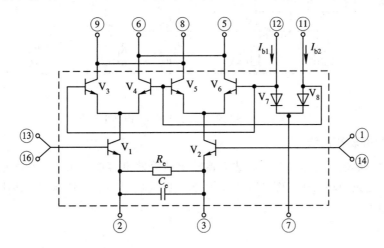

图 2.3.3　宽带集成电路 ER4803 内部电路图

图 2.3.3 所示电路由 V_1、V_3（或 V_4）与 V_2、V_6（或 V_5）组成共射—共基差分对，输出电压特性由外电路控制。如外电路使 $I_{b2}=0$，$I_{b1}\neq0$ 时，V_8 和 V_4、V_5 截止，信号电流由 V_1、V_2 流入 V_3、V_6 后输出。如外电路使 $I_{b1}=0$，$I_{b2}\neq0$ 时，V_7 和 V_3、V_6 截止，信号电流由 V_1、V_2 流入 V_4、V_5 后输出，输出极性与第一种情况相反。如外电路使 $I_{b1}=I_{b2}$ 时，通过负载的电流则互相抵消，输出为零。C_e 用于高频补偿，因高频时容抗减小，发射极反馈深度减小，使频带展宽。这种集成电路常用作 350 MHz 以上宽带示波器中的高频、中频和视频放大。

2. 负反馈法

调节负反馈电路中的某些元件参数，可以改变反馈深度，从而调节负反馈放大器的增益和频带宽度。如果以牺牲增益为代价，可以扩展放大器的频带，其类型可以是单级负反馈，也可以是多级负反馈。

图 2.3.4 所示 LM733 集成宽带放大电路中，V_1、V_2 组成了电流串联负反馈差分放大器，$V_3 \sim V_6$ 组成了电压并联负反馈差分放大器（其中 V_5 和 V_6 兼作输出级），$V_7 \sim V_{11}$ 为恒流源电路。改变第一级差放的负反馈电阻，可调节整个电路的电压增益。分别把引出端⑪和④短接，或者把引出端⑫和③短接，或者各引出端均不短接，将会使电压增益依次减小（典型值分别是 400、100 和 10），使上限截止频率依次增高（典型值分别是 40 MHz、90 MHz 和 120 MHz）。也可在引出端⑪和④之间外接可调电阻进行增益和带宽的调节。

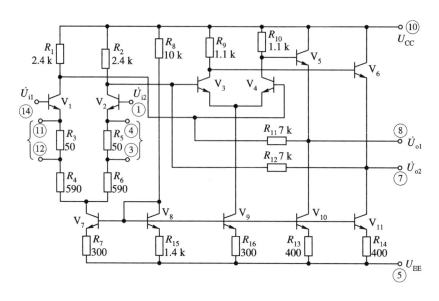

图 2.3.4 集成宽带放大器 LM733 内部电路图

3. 电感串并联补偿法

在晶体管集电极上接入电感，和放大器输出端等效电容组成 LC 并联回路，可以提高放大器的上限截止频率。现以图 2.3.5(a)所示电路为例说明其工作原理，(b)图是(a)图的高频等效电路。

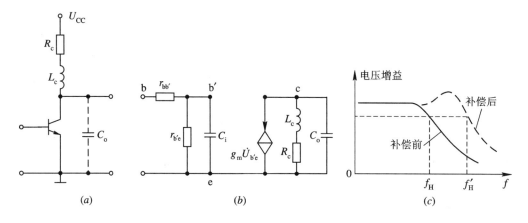

图 2.3.5 集电极电感并联补偿电路

图中 C_o 是包括晶体管输出电容、负载电容等在内的总等效电容，L_c 是外加补偿电感。未接入 L_c 前，放大器输入端等效电容和输出端等效电容的容抗值随信号频率的增高而逐渐下降，从而使放大器的电压增益也逐渐减小，上限截止频率受到限制。接入 L_c 后，L_c 和 C_o 组成并联谐振回路。如果使回路谐振频率位于放大器原幅频特性曲线高频段的下降处，且谐振曲线不很尖锐(可以通过适当增大电阻 R_c 使回路 Q 值减小而做到)，可以使放大器的幅频特性在高频端得到提升，上限截止频率增高。补偿前后的幅频特性和上限截止频率 f_H、f_H' 见(c)图。

也可以采用多个电感串联或并联接入方式进行补偿，展宽频带。

电视接收机中的视频放大电路常常采用这种方法。目前，由于在 CMOS 集成工艺上已经可以制作低 Q 值电感，因此这种方法可用于设计带宽高达几吉赫兹的集成宽带放大器。

近年来，随着 Si 双极型集成工艺的飞速发展和 GaAs 集成工艺的逐渐成熟，低噪声、宽频带、高速、大动态范围的放大器大量推出。研究资料显示，Si 双极型（包括 Bipolar、BiCMOS 和 SiGe 等几种工艺）器件的特征频率 f_T 可达到 10 GHz 以上，而现正处于发展阶段的 GaAs 器件的工作频率可以做到 50 GHz 以上。原因在于用这些新的集成工艺制作的射频器件大大减小了结电容和寄生电容，而且具有更高的电子迁移率和饱和漂移电子速度，这就使其高频特性得到极大改善，响应速度大大提高。

图 2.3.6 是 Motorola 公司生产的 MBC13916 内部功能电路图。MBC13916 是采用先进的 SiGe：C 和 BiCMOS 工艺制成的通用射频宽带放大器。从图中可见，它由一级共射—共基电路组成。MBC13916 的工作频率范围为 100 MHz～2.5 GHz，电源电压为 2.7～5.0 V。当电源电压为 2.7 V，工作频率为 900 MHz 时的性能指标典型值如下：电压增益为

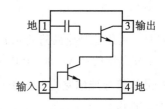

图 2.3.6　MBC13916 内部功能电路图

19 dB，噪声系数为 1.25 dB，1 dB 压缩点输出功率 $P_{1\mathrm{dB}}$ 为 2.5 dBm，三阶互调截点输出功率 OIP3 为 13 dBm。其中 $P_{1\mathrm{dB}}$ 和 OIP3 是衡量高频放大器（包括小信号放大器和功率放大器）和混频器等器件非线性失真的两个重要性能指标，具体解释见第 6 章 6.5.3 节。

2.3.2　可控增益放大器

在通信系统中，常常要求放大器不仅具有较宽频带、较高增益和良好的线性性能，而且要求其增益可控。

控制放大器增益的方法主要有两种：一种方法是通过改变放大器本身的某些参数，如发射极电流、负载、电流分配比、电流源电流、负反馈大小等等来控制其增益；另一种方法是插入可控衰减器来改变整个放大器的增益。

下面介绍集成电路中的两种常用电路。

1. 发射极负反馈增益控制电路

图 2.3.7 是集成电路中常用的发射极负反馈增益控制电路。V_1 和 V_2 组成差分放大器。信号从 V_1、V_2 的两个基极双端输入，从两个集电极双端输出（也可以单端输入或输出），控制信号 u_c 从 V_3 管基极注入。两个二极管 V_4、V_5 和电阻 R_{e1}、R_{e2} 构成发射极负反馈，且有 $R_{e1}=R_{e2}=R_e$，$R_{c1}=R_{c2}=R_c$。二极管 V_4、V_5 导通与否取决于 R_{e1} 和 R_{e2} 上的压降。

当控制电压 u_c 很小时，I_{c3} 很小，流经 R_{e1} 和 R_{e2} 上的平均电流各为 $I_{c3}/2$。如果 $I_{c3}R_e/2$ 小于二极管导通电压，则二极管 V_4、V_5 截止，这时差分

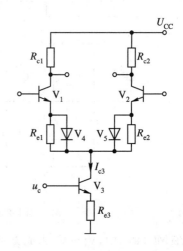

图 2.3.7　发射极负反馈增益控制电路

放大器增益最小，在满足深度负反馈条件时，双端输出增益可写成

$$A_{\mathrm{gmin}} \approx -\frac{R_{\mathrm{c}}}{R_{\mathrm{e}}} \qquad (2.3.7)$$

当控制电压 u_{c} 逐渐增大，I_{c3} 增加，使 $I_{\mathrm{c3}}R_{\mathrm{e}}/2$ 大于二极管导通电压时，则 V_4、V_5 导通，导通电阻 r_{d} 将随着导通电流 I_{D} 的增加而减小。

若 R_{e} 取值较大，随着 I_{c3} 的增加，二极管的分流作用越来越大，r_{d} 越来越小，发射极等效电阻 $R'_{\mathrm{e}} = r_{\mathrm{d}} \parallel R_{\mathrm{e}}$ 也越来越小，负反馈作用越来越弱，差分放大器增益越来越大，控制过程为 $u_{\mathrm{c}} \uparrow \to I_{\mathrm{c3}} \uparrow \to I_{\mathrm{D}} \uparrow \to r_{\mathrm{d}} \downarrow \to R'_{\mathrm{e}} \downarrow \to A_{\mathrm{g}} \uparrow$。这时的增益表达式为

$$A_{\mathrm{g}} \approx -\frac{R_{\mathrm{c}}}{R'_{\mathrm{e}}} \qquad (2.3.8)$$

可见，利用这种电路进行增益控制时，控制电压 u_{c} 应随着输入信号增大而减小。

2.4 节介绍的 TA7680AP 内部三级放大器均采用了发射极负反馈增益控制电路。

2. 晶体管分流增益控制电路

利用晶体管集电极电流受 b、e 极电压控制的原理，可以将晶体管作为一个可控分流器件接入放大器中，对放大器的增益进行控制。图 2.3.8 所示的 MC1490 放大器采用了这种 AGC 方式。

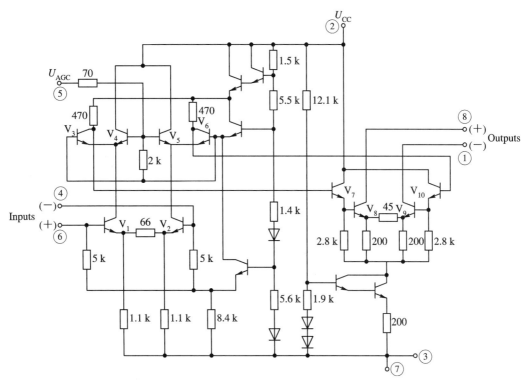

图 2.3.8 MC1490 内部电路图

在 MC1490 中，$V_1 \sim V_6$ 组成类似于 ER4803 内部 $V_1 \sim V_6$ 那样的共射—共基差分对，不同之处在于利用 V_4、V_5 实现 AGC 功能。若⑤脚输入 AGC 控制电压 U_{AGC} 较低时，V_4 与 V_5 截止，由 V_1、V_2 基极输入的信号经 $V_1 \sim V_3$ 和 V_6 组成的共射—共基差分对电路放大，

从 V_3、V_6 的集电极输出，分别送往 V_7、V_{10} 的基极，经 $V_7 \sim V_{10}$ 组成的共集—共射差分对电路再放大，最后从⑧脚和①脚双端输出。当 U_{AGC} 增大后，V_4 和 V_5 逐渐导通，对 V_1、V_2 的集电极电流进行分流，使进入 V_3、V_6 的发射极电流减小，从而使 V_3、V_6 的输出电压减小，放大器增益也就减小。显然，U_{AGC} 越大，增益越小。与发射极负反馈方式相比，这种增益控制方式具有不影响放大器输入输出阻抗的优点。

MC1490 的最高工作频率可达 100 MHz。当电源电压为 12 V，工作频率为 60 MHz，输入信号源电阻与输出负载均为 50 Ω 时，最大功率增益为 45 dB，功率 AGC 动态范围为 60 dB。

2.4　集成高频小信号放大电路实例介绍

日本东芝公司的单片集成电路 TA7680AP 是两片式集成电路彩色电视机中的图像、伴音通道芯片。该芯片包括中频放大、视频检波、伴音鉴频等部分。下面先介绍其中的中频放大电路部分，AGC 检波和伴音鉴频两部分电路将分别在第 6 章和第 7 章介绍。

图 2.4.1 给出了外接前置中放、SAWF 和 TA7680AP 内部中频放大部分的电路图。

从电视机高频调谐器送来的图像、伴音中频信号（载频为 38 MHz，带宽为 8 MHz），由分立元器件组成的前置宽带放大器进行预放大后，进入声表面波滤波器 SAWF（SAWF 作为一个带通滤波器），然后由 TA7680AP 的⑦、⑧脚双端输入，经三级相同的具有 AGC 特性的高增益宽频带放大器之后，送入 TA7680AP 内的检波电路。放大器采用发射极负反馈增益控制电路。所以，这是一个集中选频放大电路。

TA7680AP 内每一级放大器均为双端输入双端输出，且由带有射随器的差分电路组成。如第一级的射随器 V_1 和 V_3 起级间隔离和阻抗变换作用，提高差分放大器 V_2、V_4 的输入阻抗。第三级的输出通过 V_{18}、V_{19} 射极跟随后，经 R_{43}、R_{44} 送往检波电路。从检波之后的视频信号中可以检测出一个随信号平均电平而缓慢变化的低频信号，作为 AGC 信号反馈回来控制此三级放大器的增益。这部分电路将在第 6 章 6.7 节中介绍。

为了提高三级放大电路的稳定性，引入了一条直流负反馈。从 V_{18}、V_{19} 的发射极输出经 R_{45}、R_{46}、C_1 和 C_2 组成的低通网络滤波后，滤除图像中频信号，再经 R_{47}、R_{48} 及⑥、⑨脚外接 1000 pF 电容进一步滤除残余中频信号，然后通过 R_1 和 R_2 加到第一级 V_1 和 V_3 的基极。

三级放大器中均采用了发射极负反馈增益控制电路。在第一级放大器中，中放 AGC 控制电压加在 V_5 的基极。当天线接收到的电视信号较强时，AGC 电压较低，则 V_5 的集电极电流减小，二极管 V_{D_1}、V_{D_2} 的导通电阻增大，负反馈作用增强，放大器的增益下降，从而使输出信号幅度减小。反之亦然。其余两级放大器的情况类似。

为了降低整个放大电路的噪声系数，并保证增益控制特性平稳，中放 AGC 控制采用逐级延迟方式，即首先使输出幅度最大的第三级增益下降，这样前两级放大器的增益保持不变，总噪声系数几乎不会增大。若输出电压仍然很大，再陆续使第二级、第一级的增益下降。

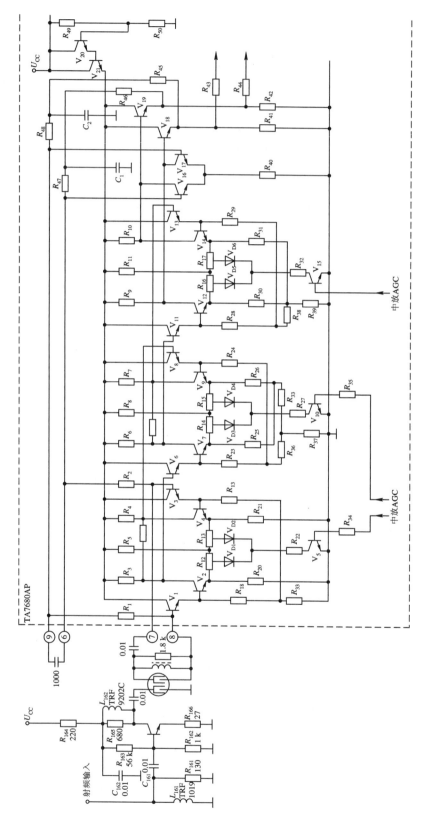

图 2.4.1 彩电图像中频放大电路与外接前置电路

2.5　章　末　小　结

（1）在分析高频小信号谐振放大器时，Y 参数等效电路是描述晶体管工作状况的重要模型。使用时必须注意，Y 参数不仅与静态工作点有关，而且是工作频率的函数。在分析小信号宽频带放大器时，混合 π 型等效电路是描述晶体管工作状况的重要模型，混合 π 型参数同样与静态工作点有关。

（2）单管单调谐放大电路是谐振放大器的基本电路。为了增大回路的有载 Q 值，提高电压增益，减小对回路谐振频率特性的影响，谐振回路与信号源和负载的连接大都采用部分接入方式，即采用 LC 阻抗变换电路。

（3）集中选频放大器由集中选频滤波器和集成宽带放大器组成，其性能指标优于分立元器件组成的多级谐振放大器，且调试简单。展宽放大器工作频带的主要方法有组合电路法、负反馈法和电感串并联补偿法等。采用新的集成工艺可以使半导体器件本身的高频特性得到极大改善，上限截止频率大大提高。

（4）具有 AGC 功能的小信号放大电路是通信电路中常见的一种电路形式，其中的关键部分是可控增益放大器。发射极负反馈增益控制电路和晶体管分流增益控制电路是集成电路中常见的可控增益放大器。有关 AGC 电路的整体介绍和电路实例将在 6.7 节中介绍。

习　　题

2.1　已知高频晶体管 3CG322A，当 $I_{EQ}=2$ mA，$f_0=30$ MHz 时测得 Y 参数如下：
$$y_{ie}=(2.8+j3.5)\text{ mS}，\quad y_{re}=(-0.08-j0.3)\text{ mS}$$
$$y_{fe}=(36-j27)\text{ mS}，\quad y_{oe}=(0.2+j2)\text{ mS}$$
试求 g_{ie}、C_{ie}、g_{oe}、C_{oe}、$|y_{fe}|$、φ_{fe}、$|y_{re}|$、φ_{re} 的值。

2.2　在题图 2.2 所示调谐放大器中，工作频率 $f_0=10.7$ MHz，$L_{1\sim3}=4$ μH，$Q_0=100$，$N_{1\sim3}=20$ 匝，$N_{2\sim3}=5$ 匝，$N_{4\sim5}=5$ 匝。晶体管 3DG39 在 $I_{EQ}=2$ mA，$f_0=10.7$ MHz 时测得：$g_{ie}=2860$ μS，$C_{ie}=18$ pF，$g_{oe}=200$ μS，$C_{oe}=7$ pF，$|y_{fe}|=45$ mS，$|y_{re}|\approx0$。试求放大器电压增益 A_{u0} 和通频带 $BW_{0.7}$。

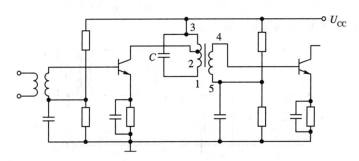

题图 2.2

2.3　题图 2.3 是中频放大器单级电路图。已知工作频率 $f_0=30$ MHz，回路电感 $L=1.5$ μH，$Q_0=100$，$N_1/N_2=4$，$C_1\sim C_4$ 均为耦合电容或旁路电容。晶体管采用 3CG322A，

在工作条件下测得 Y 参数与题 2.1 的相同。

(1) 画出用 Y 参数表示的放大器等效电路。

(2) 求回路谐振电导 g_Σ。

(3) 求回路电容 C_Σ 的表达式。

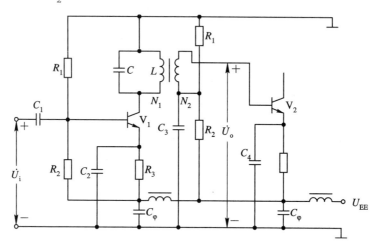

题图 2.3

(4) 求放大器电压增益 A_{u0}。

(5) 当要求该放大器通频带为 10 MHz 时,应在回路两端并联多大的电阻 R_p?

2.4 在三级单调谐放大器中,工作频率为 465 kHz,每级 LC 回路的 $Q_e = 40$,试问总的通频带是多少?如果要使总的通频带为 10 kHz,则允许最大 Q_e 为多少?

2.5 已知单调谐放大器谐振电压增益 $A_{u0} = 10$,通频带 $BW_{0.7} = 4$ MHz,如果再用一级完全相同的放大器与之级联,这时两级放大器总增益和通频带各为多少?若要求级联后总通频带仍为 4 MHz,则每级放大器应怎样改动?改动后总谐振电压增益是多少?

2.6 在题图 2.6 所示共基极调谐放大器中,已知工作频率 $f_0 = 30$ MHz,$C = 23$ pF,$Q_0 = 60$,变压器阻抗变换电路接入系数 $n = 0.1$,$R_L = 50\ \Omega$,晶体管在工作点上的共基极 Y 参数为

$$y_{ib} = (50.5 + j4)\ \text{mS}, \qquad\qquad y_{rb} = 0$$
$$y_{fb} = -(50 + j0.94)\ \text{mS}, \qquad y_{ob} = j0.94\ \text{mS}$$

试求放大器电压增益 A_{u0} 和通频带 $BW_{0.7}$。

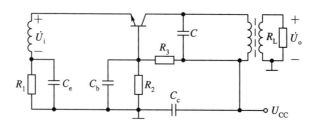

题图 2.6

(提示:可先参照图 2.2.1 画出晶体管共基极 Y 参数等效电路,然后再画出放大器等效电路。C_b、C_e、C_c 均为高频旁路电容。)

第 3 章　高频功率放大电路

3.1　概　述

与低频功率放大电路一样，输出功率、效率和非线性失真同样是高频功率放大电路的三个最主要的技术指标。不言而喻，安全工作仍然是首先必须考虑的问题。

在通信系统中，高频功率放大电路作为发射机的重要组成部分，用于对高频已调波信号进行功率放大，然后经天线将其辐射到空间，所以要求输出功率很大。天线的阻值通常为 50 Ω，高频大功率管的输入输出阻抗值很小，而且是频率的函数，所以，为了获得最大的输出功率，高频功放的输入端和输出端以及多级高频功放的级间耦合都要采用 L 型、T 型或 π 型匹配网络。功率放大电路是一种能量转换电路，即将直流电源能量转换为输出信号的能量，同时必然有一部分能量损耗。从节省能量的角度考虑，效率显得更加重要。因此，高频功放常采用效率较高的丙类工作状态，即晶体管集电极电流导通时间小于输入信号半个周期的工作状态。同时，为了滤除丙类工作时产生的众多高次谐波分量，常采用 LC 谐振回路作为选频网络，故称为丙类谐振功率放大电路。显然，谐振功放属于窄带功放电路。对于工作频带要求较宽，或要求经常迅速更换选频网络中心频率的情况，可采用宽带功率放大电路。宽带功放一般工作在甲类状态，利用传输线变压器等作为匹配网络，并且可以采用功率合成技术来增大输出功率。

高频功率放大器总是工作在大信号状态，所以非线性失真比较严重。另外，由于现代通信系统采用了频分多路、时分多路等各种多路调制体制，当多路载波一起进入高频功放后，各路载波信号之间会产生互调干扰，使得非线性失真更加严重。与小信号线性放大器一样，工程上也采用 P_{1dB} 和 IP3 这两个参数作为高频功放的线性性能指标。这两个参数的介绍见第 6 章 6.5.3 节。

由于甲类与乙类功放的原理在"模拟电路基础"课程中已有论述，故本章着重讨论丙类谐振功放的工作原理、动态特性和电路组成，对于甲类和乙类谐振功放的性能指标也作了适当介绍，接着再讨论高频宽带功率放大电路，最后给出了集成高频功率放大电路的一些实例。

3.2　丙类谐振功率放大电路

3.2.1　工作原理

图 3.2.1 是谐振功率放大电路原理图。

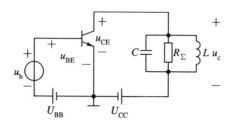

图 3.2.1 谐振功率放大电路原理图

假定输入信号是角频率为 ω_0 的单频正弦波，输出选频回路调谐在输入信号的相同频率上。根据基尔霍夫电压定律，可得到以下表达式：

$$u_{BE} = U_{BB} + u_b = U_{BB} + U_{bm}\cos\omega_0 t \tag{3.2.1}$$

$$u_{CE} = U_{CC} + u_c = U_{CC} - I_{c1m}R_\Sigma \cos\omega_0 t = U_{CC} - U_{cm}\cos\omega_0 t \tag{3.2.2}$$

其中 u_{BE} 和 u_{CE} 分别是晶体管 b、e 极电压和 c、e 极电压，u_b 和 u_c 分别是输入交流信号和输出交流信号，R_Σ 是回路等效总电阻，I_{C0} 和 I_{c1m} 分别是集电极电流 i_C 中的直流分量和基波振幅。U_{BB} 和 U_{CC} 是直流电源。

由此可以得到集电极电源提供的直流功率 P_D、谐振功放输出交流功率 P_o、集电极效率 η_c 和集电极功耗 P_C 如下：

$$P_D = U_{CC}I_{C0} \tag{3.2.3}$$

$$P_o = \frac{1}{2}I_{c1m}U_{cm} = \frac{1}{2}I_{c1m}^2 R_\Sigma = \frac{1}{2}\cdot\frac{U_{cm}^2}{R_\Sigma} \tag{3.2.4}$$

$$\eta_c = \frac{P_o}{P_D} = \frac{1}{2}\cdot\frac{I_{c1m}U_{cm}}{I_{C0}U_{CC}} \tag{3.2.5}$$

$$P_C = P_D - P_o$$

从式(3.2.5)可知，如果要提高效率，需增大 I_{c1m} 或减小 I_{C0}（减小 I_{C0} 即减小集电极平均电流，通过降低静态工作点可以实现）。

图 3.2.2 是三种不同静态工作点情况时晶体管转移特性分析。其中 Q_A、Q_B 和 Q_C 分别是甲类、乙类和丙类工作时的静态工作点。

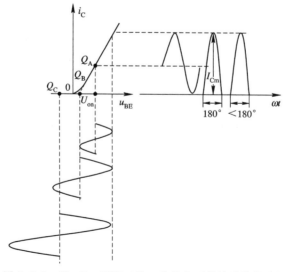

图 3.2.2 甲、乙、丙类三种工作状态下的转移特性分析

工程上通常用 dBm 作为功率的单位，与 mW 的转换式为 $10\lg P$，其中 P 的单位是 mW。例如，$1\text{ mW}=0\text{ dBm}$，$100\text{ mW}=20\text{ dBm}$。

在甲类工作状态时，为保证不失真，必须满足 $I_{c1m}\leqslant I_{C0}$，又 $U_{cm}\leqslant U_{CC}$（忽略晶体管饱和压降），所以由公式（3.2.5）可知，最高效率为 50%。

在乙类工作状态时，集电极电流是在半个周期内导通的尖顶余弦脉冲，可以用傅氏级数展开为

$$i_C = I_{C0} + I_{c1m}\cos\omega_0 t + I_{c2m}\cos2\omega_0 t + \cdots$$
$$= \frac{1}{\pi}I_{Cm} + \frac{1}{2}I_{Cm}\cos\omega_0 t + \frac{2}{3\pi}I_{Cm}\cos2\omega_0 t + \cdots$$

其中 I_{Cm} 是尖顶余弦脉冲的高度，即集电极电流最大值。

由此可求得 $U_{cm}=U_{CC}$ 时的最高效率为

$$\eta_c = \frac{1}{2}\cdot\frac{\dfrac{1}{2}I_{Cm}}{\dfrac{1}{\pi}I_{Cm}} = \frac{\pi}{4} \approx 78.5\%$$

在图 3.2.2 中，随着基极偏置电压 U_{BB} 逐渐左移，静态工作点逐渐降低，晶体管的工作状态由甲类、乙类而进入丙类。由刚才的分析可知，乙类的效率确实高于甲类。

功率放大电路工作在大信号状态，而在大信号工作时必须考虑晶体管的非线性特性，这样将使分析比较复杂。为简化分析，可以将晶体管特性曲线理想化，即用一条或几条直线组成折线来近似代替，然后根据折线化后的晶体管特性来分析电路的性能。这种分析方法称为折线近似分析法。

图 3.2.3 用两段直线组成的折线来近似表示晶体管的转移特性，由此来分析丙类工作状态的有关参数，并且给出了有关电压、电流的波形，包括 i_C 的分解波形。设输入信号角频率为 ω。

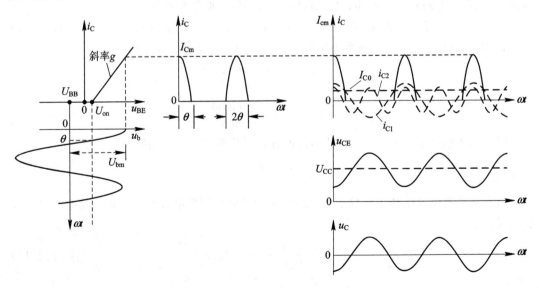

图 3.2.3　丙类状态转移特性分析

由图 3.2.3 可以得到集电极电流 i_C 的分段表达式为

$$i_C = \begin{cases} g(u_{BE} - U_{on}) & u_{BE} \geqslant U_{on} \\ 0 & u_{BE} < U_{on} \end{cases} \tag{3.2.6}$$

其中，U_{on} 是导通电压。如果将输入信号在一个周期内的导通情况用对应的导通角度 2θ 来表示，则称 θ 为导通角。可见，$0° \leqslant \theta \leqslant 180°$。

在放大区，将式(3.2.1)代入式(3.2.6)，可以得到

$$i_C = g(U_{BB} + U_{bm}\cos\omega t - U_{on}) \tag{3.2.7}$$

当 $\omega t = \theta$ 时，$i_C = 0$，由式(3.2.7)可求得

$$\theta = \arccos\frac{U_{on} - U_{BB}}{U_{bm}} \tag{3.2.8}$$

当 $\omega t = 0$ 时，$i_C = I_{Cm}$，由式(3.2.7)和式(3.2.8)可求得

$$gU_{bm} = \frac{I_{Cm}}{1 - \cos\theta} \tag{3.2.9}$$

所以，式(3.2.7)可写成

$$i_C = gU_{bm}\left(\cos\omega t - \frac{U_{on} - U_{BB}}{U_{bm}}\right) = I_{Cm}\frac{\cos\omega t - \cos\theta}{1 - \cos\theta} \tag{3.2.10}$$

从集电极电流 i_C 的表达式可以看出，这是一个周期性的尖顶余弦脉冲函数，因此可以用傅里叶级数展开，即

$$i_C = I_{C0} + I_{c1m}\cos\omega t + I_{c2m}\cos 2\omega t + \cdots + I_{cnm}\cos n\omega t + \cdots$$

其中各个系数可用积分方法求得。例如：

$$I_{C0} = \frac{1}{2\pi}\int_{-\theta}^{\theta} i_C \, d\omega t, \quad I_{c1m} = \frac{1}{\pi}\int_{-\theta}^{\theta} i_C \cos\omega t \, d\omega t, \cdots$$

式中 i_C 用式(3.2.10)代入。由于 i_C 是 I_{Cm} 和 θ 的函数，因此它的直流分量和各次谐波的振幅也是 I_{Cm} 和 θ 的函数，若 I_{Cm} 固定，则只是 θ 的函数，通常表示为

$$I_{C0} = I_{Cm}\alpha_0(\theta), \quad I_{c1m} = I_{Cm}\alpha_1(\theta), \quad I_{c2m} = I_{Cm}\alpha_2(\theta), \cdots \tag{3.2.11}$$

其中 $\alpha_0(\theta), \alpha_1(\theta), \alpha_2(\theta), \cdots$ 被称为尖顶余弦脉冲的分解系数，可计算出

$$\alpha_0(\theta) = \frac{\sin\theta - \theta\cos\theta}{\pi(1 - \cos\theta)}$$

$$\alpha_1(\theta) = \frac{\theta - \sin\theta\cos\theta}{\pi(1 - \cos\theta)}$$

图 3.2.4 给出了 θ 在 $0° \sim 180°$ 范围内的分解系数曲线和波形系数曲线。波形系数为

$$g_1(\theta) = \frac{\alpha_1(\theta)}{\alpha_0(\theta)}$$

若定义集电极电压利用系数 $\xi = U_{cm}/U_{CC}$，则可以得到集电极效率和输出功率的另一种表达式，即

$$\eta_c = \frac{1}{2}\frac{I_{c1m}U_{cm}}{I_{C0}U_{CC}} = \frac{1}{2}\xi g_1(\theta) \tag{3.2.12}$$

$$P_o = \frac{1}{2}I_{Cm}^2\alpha_1^2(\theta)R_\Sigma \tag{3.2.13}$$

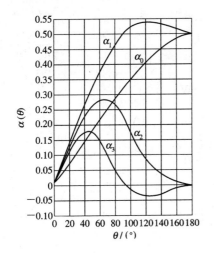 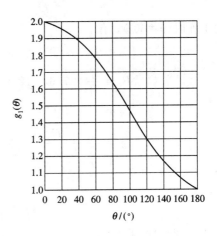

图 3.2.4　尖顶余弦脉冲的分解系数 $\alpha(\theta)$ 与波形系数 $g_1(\theta)$

由图 3.2.4 可以看出，$\alpha_1(90°) = \alpha_1(180°) = 0.5$，这两种情况分别对应于乙类和甲类工作状态，均比丙类（$\theta < 90°$）的数值高，而 α_1 的最大值是 $\alpha_1(120°) = 0.536$，处于甲乙类状态。这意味着当回路等效总电阻 R_Σ 和脉冲高度 I_{Cm} 固定时，丙类的输出功率比甲类、甲乙类和乙类都要小一些，但是丙类的集电极效率比它们都要高。

分析式（3.2.12）和式（3.2.13）可知，增大 ξ 和 g_1 的值是提高效率的两个措施，增大 α_1 是增大输出功率的措施。然而图 3.2.4 告诉我们，增大 g_1 与增大 α_1 是互相矛盾的。在 $\theta < 120°$ 时，导通角 θ 越小，g_1 越大，效率越高，但 α_1 却越小，输出功率也就越小。所以要兼顾效率和输出功率两个方面，选取合适的导通角 θ。若取 $\theta = 70°$，此时的集电极效率可达到 85.9%，而 $\theta = 120°$ 时的集电极效率仅为 64% 左右。因此，一般以 70° 作为最佳导通角，可以兼顾效率和输出功率两个重要指标。

【例 3.1】　在图 3.2.3 中，若 $U_{on} = 0.6$ V，$g = 10$ mA/V，$I_{Cm} = 20$ mA，又 $U_{CC} = 12$ V，求当 θ 分别为 180°、90° 和 60° 时的输出功率和相应的基极偏压 U_{BB}，以及 θ 为 60° 时的集电极效率。（忽略集电极饱和压降）

解：由图 3.2.4 可知

$$\alpha_0(60°) = 0.22, \quad \alpha_1(180°) = \alpha_1(90°) = 0.5, \quad \alpha_1(60°) = 0.38$$

因为

$$U_{cm} = U_{CC} = 12 \text{ V}$$

所以，根据式（3.2.11）和式（3.2.4），在甲类工作时（$\theta = 180°$），有

$$I_{c1m} = I_{Cm}\alpha_1(180°) = 20 \times 0.5 = 10 \text{ mA}$$

$$P_o = \frac{1}{2}I_{c1m}U_{cm} = \frac{1}{2} \times 10 \times 12 = 60 \text{ mW}$$

$$U_{BB} = U_{on} + \frac{I_{Cm}}{2g} = 0.6 + \frac{20}{10 \times 2} = 1.6 \text{ V}$$

在乙类工作时（$\theta = 90°$），有

$$I_{c1m} = I_{Cm}\alpha_1(90°) = 20 \times 0.5 = 10 \text{ mA}$$

$$P_o = \frac{1}{2} \times 10 \times 12 = 60 \text{ mW}$$

$$U_{BB} = U_{on} = 0.6 \text{ V}$$

在丙类工作时($\theta=60°$)，有

$$I_{c1m} = I_{Cm}\alpha_1(60°) = 20 \times 0.38 = 7.6 \text{ mA}$$

$$P_o = \frac{1}{2} \times 7.6 \times 12 = 45.6 \text{ mW}$$

$$I_{C0} = I_{Cm}\alpha_0(60°) = 20 \times 0.22 = 4.4 \text{ mA}$$

$$\eta_c = \frac{1}{2}\frac{I_{c1m}U_{cm}}{I_{C0}U_{CC}} = \frac{1}{2} \times \frac{7.6 \times 12}{4.4 \times 12} = 0.86 = 86\%$$

由式(3.2.9)可知

$$U_{bm} = \frac{I_{Cm}}{g(1-\cos\theta)}$$

所以由式(3.2.8)可求得

$$U_{BB} = U_{on} - U_{bm}\cos\theta = U_{on} - \frac{I_{Cm}\cos\theta}{g(1-\cos\theta)}$$

$$= 0.6 - \frac{20\cos60°}{10(1-\cos60°)} = -1.4 \text{ V}$$

3.2.2 性能分析

若丙类谐振功放的输入是振幅为 U_{bm} 的单频余弦信号，那么输出单频余弦信号的振幅 U_{cm} 与 U_{bm} 有什么关系？U_{cm} 的大小受哪些参数影响？

式(3.2.1)、式(3.2.2)和式(3.2.6)分别给出了谐振功放输入回路、输出回路和晶体管转移特性的表达式。由这些公式可以看出，当晶体管确定以后，U_{cm} 的大小与 U_{BB}、U_{CC}、R_Σ 和 U_{bm} 四个参数有关。利用图 3.2.5 所示折线化转移特性和输出特性曲线，借助以上三个表达式，我们来分析以上两个问题。请注意，在进入饱和区后，转移特性曲线变成了负斜率。在分析之前，让我们先确定动态线的情况。

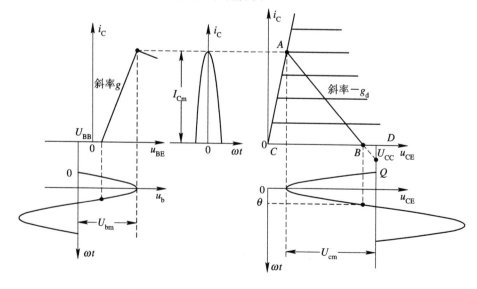

图 3.2.5 折线化转移特性和输出特性分析

当接入负载并有交流信号输入时,在输出特性图中,表示集电极电流 i_C 与输出电压 u_{CE} 之间相互变化关系的轨迹线称为动态线,又称为交流负载线,即图中的 $CABD$ 线(其中 AB 段应该是曲线,此处也近似画成直线)。由于谐振功放的输出端具有选频网络,故输出交流电压 u_c 必然是一个完整的余弦信号。由图 3.2.5 可以看到,截止区和饱和区内的动态线 BD 和 CA 分别和输出特性中的截止线和临界饱和线重合(其中临界饱和线斜率为 g_{cr}),而放大区内的动态线是一条其延长线经过 Q 点的负斜率线段 AB。故整条动态线由 CA、AB 和 BD 三段直线组成,其中关键是放大区内动态线 AB 的位置。

放大区内动态线 AB 的表达式可用以下步骤求出。

由式(3.2.1)和式(3.2.2)可写出

$$u_{BE} = U_{BB} + U_{bm} \frac{U_{CC} - u_{CE}}{U_{cm}} \tag{3.2.14}$$

代入式(3.2.6),经过整理可得到动态线表达式,即

$$i_C = - g_d(u_{CE} - U_0)$$

其中

$$g_d = g \frac{U_{bm}}{U_{cm}}$$

$$U_0 = \frac{U_{CC}U_{bm} + U_{BB}U_{cm} - U_{on}U_{cm}}{U_{bm}}$$

有关 Q 点位置的说明如下。我们知道,在甲类和甲乙类工作时,Q 点位于放大区内的动态线上;在乙类工作时,Q 点下移到放大区与截止区交界处的动态线上。所以,在丙类工作时,Q 点应该沿着动态线继续下移,位于动态线的延长线上,即在第四象限内。另外,由图 3.2.5 中的转移特性和式(3.2.14)可知,在静态工作点,因为 $u_{BE} = U_{BB}$(根据式(3.2.1)可知),故有 $u_{CE} = U_{CC}$,这也是 Q 点应该满足的条件。综上所述,输出特性中的 Q 点位置应该是在动态线 AB 的延长线与 $u_{CE} = U_{CC}$ 的相交处。

Q 点位于第四象限内并非表示此时 i_C 为负值,而是说明此时 $i_C = 0$,因为集电极电流不可能反向流动。Q 点是为了作图的需要而虚设的一个辅助点。

由图 3.2.5 可以写出斜率值 g_d(g_d 为正值)的另一种形式,即

$$g_d = \frac{I_{Cm}}{U_{cm}(1 - \cos\theta)}$$

因为 $I_{c1m} = I_{Cm}\alpha_1(\theta)$,$R_\Sigma = U_{cm}/I_{c1m}$,所以

$$R_d = \frac{1}{g_d} = \alpha_1(\theta)(1 - \cos\theta)R_\Sigma \tag{3.2.15}$$

可见,放大区内动态线的斜率是负的,其数值 g_d(动态电导)与 R_Σ、θ 两个参数都有关系,且动态电阻 R_d 与回路等效总电阻 R_Σ 不相等。

1. 负载特性

若 U_{BB}、U_{CC} 和 U_{bm} 三个参数固定,R_Σ 发生变化,动态线、U_{cm} 以及 P_o、η_c 等性能指标

会有什么变化呢? 这就是谐振功放的负载特性。

由图 3.2.6 可知,U_{BB} 和 U_{CC} 固定意味着 Q 点固定,U_{bm} 固定进一步意味着 θ 也固定。根据式(3.2.15),放大区动态线斜率 $1/R_d$ 将仅随 R_Σ 而变化。图中给出了三种不同斜率情况下的动态线。图中输出特性放大区中与 u_{CE} 近似平行的各条直线分别对应于 u_{BE} 的不同取值。

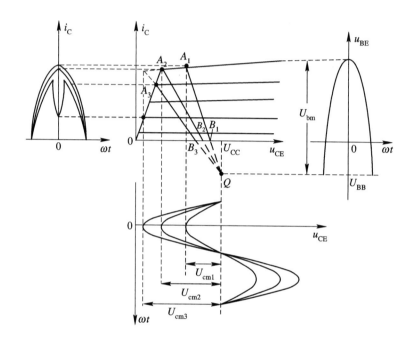

图 3.2.6 三种不同斜率情况下的动态线及波形分析

动态线 A_1B_1 的斜率最大,即对应的负载 R_Σ 最小,相应的输出电压振幅 U_{cm1} 也最小,这时晶体管工作在放大区和截止区。动态线 A_2B_2 的斜率较小,与特性曲线相交于饱和区和放大区的交点处(此点称为临界点),相应的输出电压振幅 U_{cm2} 增大,这时晶体管工作在临界点、放大区和截止区。动态线 A_3B_3 的斜率最小,即对应的负载 R_Σ 最大,相应的输出电压振幅 U_{cm3} 比 U_{cm2} 略为增大,这时晶体管工作在饱和区、放大区和截止区。根据输出电压振幅大小的不同,这三种工作状态分别称为欠压状态、临界状态和过压状态,而放大区和饱和区又可分别称为欠压区和过压区。

注意,在过压状态时,i_C 波形的顶部发生凹陷,这是由于进入过压区后转移特性为负斜率而产生的。

图 3.2.7 给出了负载特性曲线。

参照图 3.2.6、图 3.2.4 和式(3.2.3)~(3.2.5)、式(3.2.11)进行定性分析,对于图 3.2.7 中各参数曲线随 R_Σ 变化的规律将很容易理解。

由图 3.2.7 可以看到,随着 R_Σ 的逐渐增大,动态线的斜率逐渐减小,由欠压状态进入临界状态,再进入过压状态。同时,尖顶余弦脉冲 i_C 与横轴所围成的面积也逐渐减小,使 I_{C0}、I_{c1m} 也逐渐减小。在临界状态时,输出功率 P_o 最大,集电极效率 η_c 接近最大,所以此时是最佳工作状态。

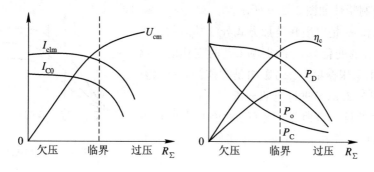

图 3.2.7　谐振功放的负载特性曲线

2. 放大特性

若 U_{BB}、U_{CC}、R_{Σ} 三个参数固定，输入 U_{bm} 变化，此时输出 U_{cm} 以及 P_{o}、η_{c} 等性能指标随之变化的规律被称为放大特性。

图 3.2.8 是利用折线化转移特性分析丙类工作时 i_{C} 波形随 U_{bm} 变化的关系，并给出了 U_{cm}、I_{clm} 和 I_{C0} 与 U_{bm} 的关系曲线。由于 U_{bm} 的变化将导致 θ 的变化，从而使输出特性欠压区内动态线的斜率发生变化，因而利用输出特性分析放大特性不太方便。

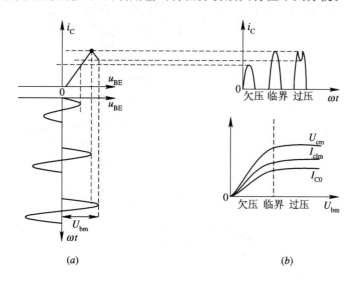

(a)　　　　　　　　　　　　　　　　(b)

图 3.2.8　放大特性分析

由图 3.2.8 可以看到，在欠压状态时，U_{cm} 随 U_{bm} 增大而增大，但不成线性关系，因为 θ 也会随之增大，使 i_{C} 脉冲的宽度和高度都随之增大。仅当处于甲类或乙类工作状态时，θ 固定为 180° 或 90°，不会随 U_{bm} 的变化而变化，此时 U_{cm} 与 U_{bm} 才成正比关系。在过压状态，随着 U_{bm} 增加，U_{cm} 几乎保持不变。

3. 调制特性

1）基极调制特性

若 U_{CC}、R_{Σ} 和 U_{bm} 固定，输出电压振幅 U_{cm} 随基极偏压 U_{BB} 变化的规律被称为基极调制特性。基极调制特性如图 3.2.9 所示。

由于 U_{BB} 和 u_b 是以串联叠加方式处于功放的输入回路,因此 U_{BB} 的变化与 u_b 的振幅 U_{bm} 的变化对输出电流 i_C 和输出电压振幅 U_{cm} 的影响是类似的,可以将图 3.2.9 和图 3.2.8(b)进行对照分析。

基极调制的目的是使 U_{cm} 随 U_{BB} 的变化规律而变化,所以功放应工作在欠压状态,才能使 U_{BB} 对 U_{cm} 有控制作用。

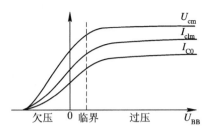

图 3.2.9　基极调制特性

2) 集电极调制特性

若 U_{BB}、R_Σ 和 U_{bm} 固定,那么输出电压振幅 U_{cm} 随集电极电压 U_{CC} 变化的规律被称为集电极调制特性。集电极调制特性如图 3.2.10 所示。

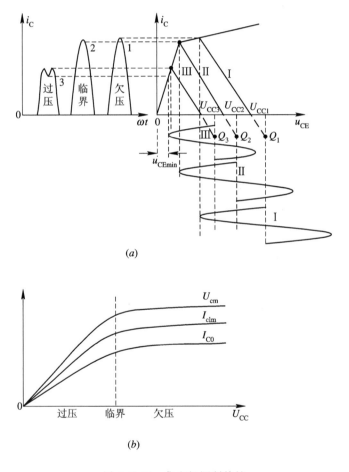

图 3.2.10　集电极调制特性

由图 3.2.10(a)可以看到,U_{CC} 的变化使得静态工作点左右平移,从而使欠压区内的动态线左右平移,动态线的斜率不变。由图 3.2.10(b)可以看到,在欠压状态时,当 U_{CC} 改变时,U_{cm} 几乎不变。在过压状态时,U_{cm} 随 U_{CC} 而单调变化。所以,此时功放应工作在过压状态,才能使 U_{CC} 时对 U_{cm} 有控制作用,即振幅调制作用。

4. 小结

根据以上对丙类谐振功放的性能分析，可得出以下几点结论：

（1）若对等幅信号进行功率放大，根据负载特性，应使功放工作在临界状态，此时输出功率最大，效率也接近最大。比如第 7 章将要介绍的对等幅调频信号进行功率放大。

（2）若对非等幅信号进行功率放大，根据放大特性，应使功放工作在欠压状态，但线性较差。若采用甲类或乙类工作，则线性较好。比如对第 6 章将要介绍的调幅信号进行功率放大。

（3）丙类谐振功放在进行功率放大的同时，也可进行振幅调制。根据调制特性，若调制信号加在基极偏压上，功放应工作在欠压状态；若调制信号加在集电极电压上，功放应工作在过压状态。

（4）回路等效总电阻 R_Σ 直接影响功放在欠压区内的动态线斜率，和功放的各项性能指标关系很大，在分析和设计功放时应重视负载特性。

在实际系统中，为了使功放的输出功率稳定在一个理想的范围之内，通常需要采用自动功率控制电路，简称 APC 电路。APC 电路的原理与 AGC 电路的原理类似，不过经常采用改变集电极电源电压的方法来控制功放管的增益。3.4 节给出了一个应用实例。

【**例 3.2**】　某高频功放工作在临界状态，已知 $U_{CC} = 18$ V，临界饱和线斜率 $g_{cr} = 0.6$ S，$\theta = 60°$，$R_\Sigma = 100\ \Omega$，求输出功率 P_o、直流功率 P_D 和集电极效率 η_c。

解：由式（3.2.15）可求得

$$R_d = \alpha_1(60°)(1 - \cos 60°) \times 100 = 19\ \Omega$$

所以

$$g_d = \frac{1}{19}\ \text{S}$$

由图 3.2.6 可以写出以下关系式：

$$I_{Cm} = g_{cr}(U_{CC} - U_{cm}) = g_d U_{cm}(1 - \cos\theta)$$

故

$$U_{cm} = \frac{g_{cr} U_{CC}}{g_d(1 - \cos\theta) + g_{cr}}$$

所以

$$I_{Cm} = g_{cr}\left[U_{CC} - \frac{g_{cr} U_{CC}}{g_d(1 - \cos\theta) + g_{cr}}\right] = 0.45\ \text{A}$$

$$P_o = \frac{1}{2} I_{Cm}^2 \alpha_1^2(\theta) R_\Sigma = \frac{1}{2} \times 0.45^2 \times 0.38^2 \times 100 = 1.46\ \text{W}$$

$$P_D = I_{Cm} \alpha_0(\theta) U_{CC} = 0.45 \times 0.22 \times 18 = 1.78\ \text{W}$$

$$\eta_c = \frac{P_o}{P_D} = \frac{1.46}{1.78} \approx 82\%$$

【**例 3.3**】　已知一谐振功放工作在欠压状态，如果要将它调整到临界状态，需要改变哪些参数？不同调整方法所得到的输出功率 P_o 是否相同？为什么？

解：可以有四种调整方法。设原输出功率为 P_{o0}，原放大区内动态线及其延长线为 AQ_1，四种方法得到的输出功率分别为 P_{o1}、P_{o2}、P_{o3}、P_{o4}。

（1）增大负载 R_Σ，则放大区内动态线斜率减小，Q 点不变，仍为 Q_1，动态线及其延长线为 BQ_1。根据图 3.2.7 负载特性，U_{cm} 和 P_o 将增大，所以 $P_{o1} > P_{o0}$。

（2）减小 U_{CC}，则动态线平行左移，R_Σ 不变，动态线及其延长线为 BQ_2。根据图 3.2.10 集电极调制特性，U_{cm} 略减小，P_o 略有减小，所以 $P_{o2} \approx P_{o0}$。

（3）增大 U_{BB}，则动态线平行上移，R_Σ 不变，Q 点上移，动态线及其延长线为 CQ_3。根据图 3.2.9 基极调制特性，U_{cm} 增大，P_o 将增大，所以 $P_{o3} > P_{o0}$。

（4）增大 U_{bm}，则动态线从 A 延长到 D，R_Σ 不变，Q 点不变，根据图 3.2.8 放大特性，U_{cm} 和 P_o 均增大，所以 $P_{o4} > P_{o0}$。

从图 3.2.11 可见，（4）的 U_{cm} 略大于（3）的 U_{cm}，而（3）和（4）的 R_Σ 相同，故 $P_{o4} > P_{o3}$。另外，（1）的 U_{cm} 略大于（3）、（4）的 U_{cm}，但（1）的 R_Σ 大于（3）、（4）的 R_Σ，所以，P_{o1} 的功率大小取决于 R_Σ 增大的程度。若采用方法（1）时 R_Σ 增大较多，使 $P_{o1} < P_{o3}$，则有 $P_{o4} > P_{o3} > P_{o1} > P_{o2}$。

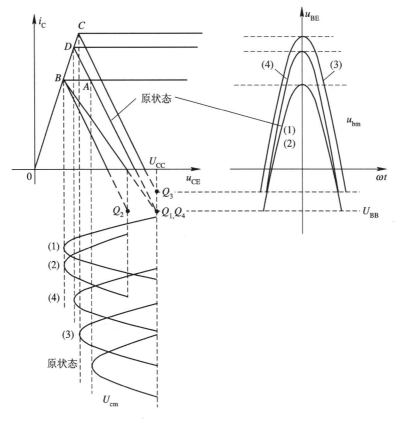

图 3.2.11　例 3.3 图

3.2.3　直流馈电线路与匹配网络

1. 直流馈电线路

在高频功放的输入回路和输出回路中应分别加上合适的直流偏置，有关的直流馈电线路可分为串联馈电和并联馈电两种基本电路形式。前者是指晶体管、直流电源和回路三部分串联，后者是指这三部分并联。但无论哪种电路形式，在晶体管的输入端和输出端，直流偏压与交流电压都应该是串联叠加关系。设交流电压是单频信号，则任何情况下都应满足 $u_{BE}=U_{BB}+U_{bm}\cos\omega t$，$u_{CE}=U_{CC}-U_{cm}\cos\omega t$ 的关系式。

1）集电极馈电线路

图 3.2.12 给出了集电极馈电线路的两种基本形式。

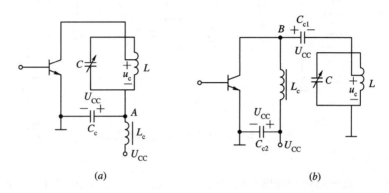

(a) (b)

图 3.2.12　集电极馈电线路

(a) 串联馈电；(b) 并联馈电

由于集电极电流是脉冲形状，包括直流、基频及各次谐波分量，因此集电极馈电线路除了应有效地将直流电压加在晶体管的集电极与发射极之间外，还应使基频分量流过负载回路产生输出功率，同时有效地滤除高次谐波分量。图中的高频扼流圈 L_c 和高频旁路电容 C_c、C_{c2} 的作用在于阻止基波及各次谐波通过直流电源，并为其提供短路到地的通道。这样既可避免高频电流在直流电源内阻上产生能量损耗，也可避免经直流电源耦合对其他各电路产生的谐波干扰。高频耦合电容 C_{c1} 的作用是避免集电极电源通过 L 与地短路。

由于 (a) 图中 A 点在高频等效电路中处于地电位，因此 L_c 和 C_c 处于高频地电位，它们对地的分布电容不会影响回路的谐振频率，这是串联馈电方式的优点，但缺点是电容器 C 的动片不能直接接地，安装调整不方便。而并联馈电方式的优缺点正好相反。由于 (b) 图中 B 点在高频等效电路中处于高电位，因此 L_c 和 C_{c1} 处于高频高电位，它们对地的分布电容与回路并联，故直接影响回路的谐振频率，但回路中一端处于直流地电位，L、C 元件可直接接地，故安装调整方便。

2）基极馈电线路

基极馈电也有串联馈电与并联馈电两种形式，但对于丙类谐振功放，通常采用自给偏压方式。图 3.2.13 给出了几种基极馈电线路，均为自给偏压形式。在无输入信号时，自给偏压电路的偏置为零。随着输入信号振幅的逐渐增大，(a)、(b) 图中加在晶体管 be 结之间的直流偏置电压向负值方向增大，(c) 图中则始终是零偏置。在 (a) 图中，从 C_{b2} 耦合到基极的输入是纯交流信号。当其振幅超过导通电压后，晶体管导通，产生余弦脉冲状电流，其中包含的直流分量从发射极经过 R_b 流向基极，使基极直流电位成负值。由于发射极接地，故 be 结为负偏压。(b) 图的分析类似，不同之处在于，该电路是基极直流接地，发射极在输入信号作用下直流电位是正值，故 be 结仍为负偏压。(a)、(b) 图中的自给偏压电路也是直流负反馈电路，R_b、R_e 分别是负反馈电阻，可以稳定输出电压振幅。因为当输入信号振幅增大时，集电极电流增大，集电极电流中包含的直流分量也增大，使 be 结偏压向负值方向增大，根据转移特性，可以使集电极电流减小。反之亦然。

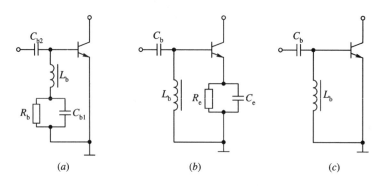

图 3.2.13　谐振功放的基极偏置电路

2. 匹配网络

为了使谐振功放的输入端能够从信号源或前级功放得到较大的有效功率，输出端能够向负载输出不失真的最大功率或满足后级功放的要求，在谐振功放的输入和输出端必须加上匹配网络。

匹配网络的作用是在所要求的信号频带内进行有效的阻抗变换(根据实际需要使功放工作在临界点、过压区或欠压区)，并充分滤除无用的杂散信号。第 1 章已介绍了几种基本 LC 选频匹配网络，具体应用时为了产生良好的选频匹配效果，常采用多节匹配网络级联的方式。

为了衡量输出匹配网络上的功率损耗，可以定义回路效率为

$$\eta_n = \frac{P_L}{P_o} \tag{3.2.16}$$

其中，P_L、P_o 分别是负载上得到的功率和功放的输出功率。

【例 3.4】 分析图 3.2.14 所示工作频率为 175 MHz 的两级谐振功率放大电路的组成及元器件参数。

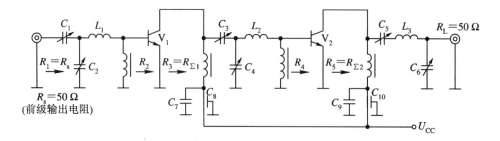

图 3.2.14　例 3.4 图

解： 两级功放的输入馈电方式均为自给零偏压，输出馈电方式均为并馈。

此电路输入功率 $P_i = 1$ W，输出功率 $P_o = 12$ W，信号源阻抗 $R_s = 50$ Ω，负载 $R_L = 50$ Ω。其中第一级输出功率 $P_{o1} = 4$ W，电源电压 $U_{CC} = 13.5$ V。

两级功放管分别采用 3DA21A 和 3DA22A，均工作在临界状态，饱和压降分别为 1 V

和 1.5 V，特征频率 f_T 分别为 400 MHz 和 500 MHz。两管的集电极最大允许电流 I_{CM} 分别为 1 A 和 1.5 A，集电极最大允许功耗 P_{CM} 分别为 7.5 W 和 15 W，$U_{(BR)CBO}$ 分别为 40 V 和 50 V，$U_{(BR)CEO}$ 分别为 30 V 和 35 V，故各项指标满足安全工作条件。可以计算出各级功放等效负载电阻分别为

$$R_{\Sigma 1} = \frac{U_{cm1}^2}{2P_{o1}} = \frac{(13.5-1)^2}{2 \times 4} = 20\ \Omega$$

$$R_{\Sigma 2} = \frac{U_{cm2}^2}{2P_o} = \frac{(13.5-1.5)^2}{2 \times 12} = 6\ \Omega$$

由于 3DA21A 和 3DA22A 的输入阻抗分别为 $R_2 = 7\ \Omega$ 和 $R_4 = 5\ \Omega$，因此 $R_s \neq R_2$，$R_{\Sigma 1} \neq R_4$，$R_{\Sigma 2} \neq R_L$，即不满足匹配条件，所以在信号源与第一级放大器之间、第一级放大器与第二级放大器之间分别加入 T 型选频匹配网络（C_1、C_2、L_1 和 C_3、C_4、L_2），在第二级放大器与负载之间加入倒 L 型选频匹配网络（C_5、L_3、C_6）。三个选频匹配网络在 175 MHz 工作频率点的输入阻抗分别是 R_1、R_3 和 R_5，且有 $R_1 = R_s = 50\ \Omega$，$R_3 = R_{\Sigma 1} = 20\ \Omega$，$R_5 = R_{\Sigma 2} = 6\ \Omega$。

高频大功率晶体管的等效电路与用作小信号放大的高频小功率晶体管的等效电路不一样，比较复杂。工作在高频段时，功放管的输入电容可以忽略，仅考虑输入电阻即可；而输出电阻很大，可以忽略，只需要考虑输出电容。在设计匹配网络时应注意这一点。

其中第一级输入匹配网络是 T 型，可直接采用第 1 章例 1.4 所得结果确定其中三个电抗元件值。

设 $Q_2 = 5$，由式（1.1.39）、式（1.1.40）和式（1.1.41）可以求得

$$R_e = 182\ \Omega, \quad Q_1 = 1.625$$

$$C_1 = \frac{1}{2\pi f_0 Q_1 R_1} = \frac{1}{2\pi \times 175 \times 10^6 \times 1.625 \times 50} \approx 11.2\ pF$$

$$L_1 = \frac{Q_2 R_2}{2\pi f_0} = \frac{5 \times 7}{2\pi \times 175 \times 10^6} \approx 0.032\ \mu H$$

$$C_2 = \frac{Q_2 - Q_1}{2\pi f_0 R_e} = \frac{5 - 1.625}{2\pi \times 175 \times 10^6 \times 182} \approx 16.9\ pF$$

第一级与第二级之间的级间匹配网络虽然也采用 T 型网络，但由于要考虑第一级放大器输出电容的影响，因此不能直接采用例 1.4 所得结果。第二级输出匹配网络同样要考虑第二级放大器输出电容的影响，所以也不能直接采用倒 L 型匹配网络的公式。

有关级间和输出匹配网络的公式推导较复杂，故此处不再讨论。3DA21A 与 3DA22A 的输出电容分别是 36 pF 和 80 pF。根据相应公式可计算出本电路中另外两个匹配网络的电抗元件值分别为 $C_3 \approx 23.3\ pF$，$C_4 \approx 20.7\ pF$，$L_2 \approx 0.023\ \mu H$，$C_5 \approx 18.2\ pF$，$L_3 \approx 0.071\ \mu H$，$C_6 \approx 23.9\ pF$。

以上计算未考虑晶体管参数的分散性和分布参数的影响。$C_1 \sim C_6$ 均采用可变电容器，其最大容量应为计算值的 2～3 倍。通过实验调整，最后确定匹配网络元件的精确值。

电路中四个高扼圈的电感量为 1 μH 左右，其中两个作为基极直流偏置的组成元件，另外两个在集电极并馈电路中对 i_C 中的各次谐波分量起阻挡作用，并为集电极直流电源提供通路。高频旁路电容 C_7 和 C_9 的值均为 0.05 μF，穿心电容 C_8 和 C_{10} 为 1500 pF，它们使高次谐波分量短路接地。

一般来说，在 400 MHz 以下的甚高频(VHF)段，匹配网络通常采用第 1 章介绍的集总参数 LC 元件组成，而在 400 MHz 以上的超高频(UHF)段，则需使用分布参数的微带线组成匹配网络，或使用微带线和 LC 元件混合组成。

微带线又称微带传输线，是用介质材料把单根带状导体与接地金属板隔离而构成的，图 3.2.15 给出了结构示意图和符号。

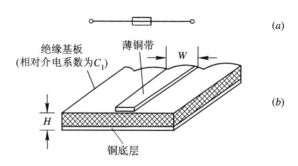

图 3.2.15　微带线符号(a)和结构(b)

微带线的电性能，如特性阻抗、带内波长、损耗和功率容量等，与绝缘基板的介电系数、基板厚度 H 和带状导体宽度 W 有关。实际使用时，微带线是采用双面敷铜板，在上面作出各种图形，构成电感、电容等各种微带元件，从而组成谐振电路、滤波器以及阻抗变换器等等。

＊3.3　宽带高频功率放大电路与功率合成电路

宽带高频功率放大电路采用非调谐宽带网络作为匹配网络，能在很宽的频带范围内获得线性放大。常用的宽带匹配网络是传输线变压器，它可使功放的最高频率扩展到几百兆赫兹甚至上千兆赫兹，并能同时覆盖几个倍频程的频带宽度。由于无选频滤波性能，因此宽带高频功放一般工作在甲类状态，不能工作在丙类状态，且为了减小非线性失真，应避免让功放管工作时接近截止或饱和状态，即输出电压幅度不能太大，因而效率较低。可见，宽带高频功放是以牺牲效率来换取工作频带的加宽的。

3.3.1　传输线变压器的特性及其应用

1. 宽频带特性

普通变压器上、下限频率的扩展方法是相互制约，相互矛盾的。为了扩展下限频率，就需要增大初级线圈电感量，使其在低频段也能取得较大的输入阻抗，例如采用高导磁率的高频磁芯和增加初级线圈的匝数，但这样做将使变压器的漏感和分布电容增大，降低了上限频率；为了扩展上限频率，就需要减小漏感和分布电容，减小高频功耗，例如采用低导磁率的高频磁芯和减少线圈的匝数，但这样做又会使下限频率提高。

传输线变压器是基于传输线原理和变压器原理二者相结合而产生的一种耦合元件。它是将传输线(双绞线、带状线或同轴线等)绕在高导磁率的高频磁芯上构成的，以传输线方式与变压器方式同时进行能量传输。

利用图 3.3.1 所示一种简单的 1∶1 传输线变压器，可以说明这种特殊变压器能同时扩展上、下限频率的原理。

在图 3.3.1 中，(a)图是结构示意图，(b)图和(c)图分别是传输线方式和变压器方式的工作原理图，(d)图是用分布电感和分布电容表示的传输线分布参数等效电路。

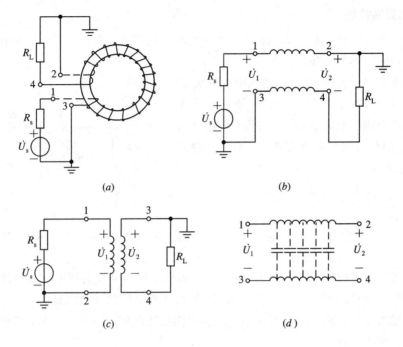

图 3.3.1　1∶1 传输线变压器结构示意图及等效电路
(a) 结构图；(b)、(c) 工作原理图；(d) 等效电路

在以传输线方式工作时，信号从 1、3 端输入，2、4 端输出。如果信号的波长与传输线的长度可以相比拟，两根导线固有的分布电感和相互间的分布电容就构成了传输线的分布参数等效电路。若传输线是无损耗的，则传输线的特性阻抗为

$$Z_c = \sqrt{\frac{\Delta L}{\Delta C}}$$

其中，ΔL、ΔC 分别是单位线长的分布电感和分布电容。

若 Z_c 与负载电阻 R_L 相等，则称为传输线终端匹配。

在此无耗、匹配情况下，若传输线长度 l 与工作波长 λ 相比足够小($l < \lambda_{\min}/8$)，则可以认为传输线上任何位置处的电压或电流的振幅均相等，且输入阻抗 $Z_i = Z_c = R_L$，故为 1∶1 变压器。可见，此时负载上得到的功率与输入功率相等且不因频率的变化而变化。

在以变压器方式工作时，信号从 1、2 端输入，3、4 端输出。由于输入、输出线圈长度相同，从(c)图可见，这是一个 1∶1 反相变压器。

当工作在低频段时，由于信号波长远大于传输线长度，分布参数很小，可以忽略，因此变压器方式起主要作用。由于磁芯的导磁率高，因此虽传输线较短也能获得足够大的初级电感量，保证了传输线变压器的低频特性较好。

当工作在高频段时，传输线方式起主要作用，在无耗匹配的情况下，上限频率将不受漏感、分布电容、高导磁率磁芯的限制。而在实际情况下，虽然要做到严格无耗和匹配是很困难的，但上限频率仍可以达到很高。

由以上分析可以看到，传输线变压器具有良好的宽频带特性。

2. 阻抗变换特性

与普通变压器一样，传输线变压器也可以实现阻抗变换，但由于受结构的限制，只能实现某些特定阻抗比的变换。

图 3.3.2 给出了一种 4∶1 传输线阻抗变换器的原理图。

在无耗且传输线长度很短的情况下，传输线变压器输入端与输出端电压相同，均为 U，流过的电流均为 I。由此可得到特性阻抗 Z_c 和输入端输入阻抗 Z_i 分别为

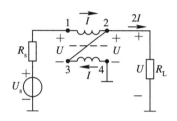

$$Z_c = \frac{U}{I} = \frac{2IR_L}{I} = 2R_L$$

$$Z_i = \frac{2U}{I} = 2Z_c = 4R_L$$

图 3.3.2　4∶1 阻抗变换器

所以，当负载 R_L 为特性阻抗 Z_c 的 1/2 时，此传输线变压器可以实现 4∶1 的阻抗变换。故此时的终端匹配条件是 $R_L = Z_c/2$。其中 Z_i 是指 1、4 端之间的等效阻抗。

利用传输线变压器还可以实现其他一些特定阻抗比的阻抗变换。注意，不同阻抗比时的终端匹配条件不一样。

图 3.3.3 给出了一个两级宽带高频功率放大电路，其匹配网络采用了三个传输线变压器。

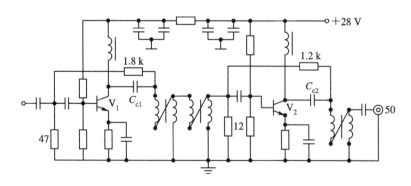

图 3.3.3　宽带高频功率放大电路

由图可见，两级功放都工作在甲类状态，并采用本级交直流负反馈方式展宽频带，改善非线性失真。三个传输线变压器均为 4∶1 阻抗变换器。前两个级联后作为第一级功放的输出匹配网络，总阻抗比为 16∶1，使第二级功放的低输入阻抗与第一级功放的高输出阻抗实现匹配。第三个使第二级功放的高输出阻抗与 50 Ω 的负载电阻实现匹配。

3.3.2 功率合成

利用多个功率放大电路同时对输入信号进行放大,然后设法将各个功放的输出信号相加,这样得到的总输出功率可以远远大于单个功放电路的输出功率,这就是功率合成技术。利用功率合成技术可以获得几百瓦甚至上千瓦的高频输出功率。

理想的功率合成器不但应具有功率合成的功能,还必须在输入端使与其相接的前级各功率放大器互相隔离,即当其中某一个功率放大器损坏时,相邻的其他功率放大器的工作状态不受影响,仅仅是功率合成器输出总功率减小一些。

图 3.3.4 给出了一个功率合成器原理方框图。

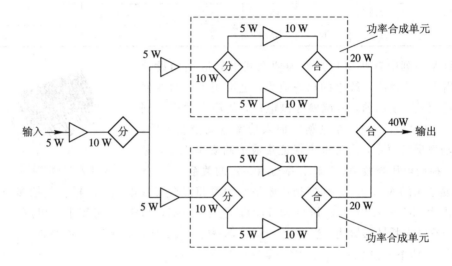

图 3.3.4 功率合成器原理图

由图可见,采用 7 个功率增益为 2,最大输出功率为 10 W 的高频功放,利用功率合成技术,可以获得 40 W 的功率输出。其中采用了三个一分为二的功率分配器和三个二合一的功率合成器。功率分配器的作用在于将前级功放的输出功率平分为若干份,然后分别提供给后级若干个功放电路。

利用传输线变压器可以组成各种类型的功率分配器和功率合成器,且具有频带宽、结构简单、插入损耗小等优点,然后可进一步组成宽频带大功率高频功放电路。

3.4 集成高频功率放大电路及应用简介

在 VHF 和 UHF 频段,已经出现了一些集成高频功率放大器件。这些功放器件体积小,可靠性高,外接元件少,输出功率一般在几瓦至十几瓦之间。日本三菱公司的 M57704 系列、美国 Motorola 公司的 MHW 系列便是其中的代表产品。

表 3.4.1 列出了 Motorola 公司集成高频功率放大器 MHW 系列中部分型号的电特性参数。图 3.4.1 给出了其中一种型号的外形图。

表 3.4.1　Motorola 公司 MHW 系列部分功放器件电特性　　　　(T=25 ℃)

型　号	电源电压 典型值/V	输出功率 /W	最小功率 增益/dB	效率/%	最大控制 电压/V	频率范围 /MHz	内部放大器 级数	输入/输出 阻抗/Ω
MHW105	7.5	5.0	37	40	7.0	68～88	3	50
MHW607-1	7.5	7.0	38.5	40	7.0	136～150	3	50
MHW704	6.0	3.0	34.8	38	6.0	440～470	4	50
MHW707-1	7.5	7.0	38.5	40	7.0	403～440	4	50
MHW803-1	7.5	2.0	33	37	4.0	820～850	4	50
MHW804-1	7.5	4.0	36	32	3.75	800～870	5	50
MHW903	7.2	3.5	35.4	40	3	890～915	4	50
MHW914	12.5	14	41.5	35	3	890～915	5	50

　　MHW 系列中有些型号是专为便携式射频应用而设计的,可用于移动通信系统中的功率放大,也可用于工商业便携式射频仪器。使用前,需调整控制电压,使输出功率达到规定值。在使用时,需在外电路中加入功率自动控制电路,使输出功率保持恒定,同时也可保证集成电路安全工作,避免损坏。控制电压与效率、工作频率也有一定的关系。

图 3.4.1　MHW105 外形图

　　三菱公司的 M57704 系列高频功放是一种厚膜混合集成电路,同样也包括多个型号,频率范围为 335～512 MHz(其中 M57704H 为 450～470 MHz),可用于频率调制移动通信系统。它的电特性参数为:当 $U_{CC}=12.5$ V, $P_{in}=0.2$ W, $Z_o=Z_L=50$ Ω 时,输出功率 $P_o=13$ W,功率增益 $G_p=18.1$ dB,效率为 35%～40%。

　　图 3.4.2 是 M57704 系列功放的等效电路图。由图可见,它包括三级放大电路,匹配网络由微带线和 LC 元件混合组成。

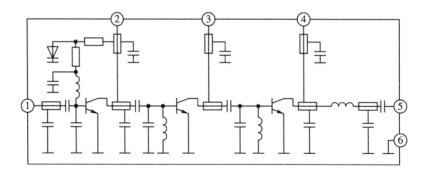

图 3.4.2　M57704 系列功放等效电路图

　　图 3.4.3 是 TW-42 超短波电台中发信机高频功放部分电路图。此电路采用了日本三菱公司的高频集成功放电路 M57704H。

　　TW-42 电台采用频率调制,工作频率为 457.7～458 MHz,发射功率为 5 W。由图 3.4.3 可见,输入等幅调频信号经 M57704H 功率放大后,一路经微带线匹配滤波后,再经过 V_{115} 送多节 LC π 型网络,然后由天线发射出去;另一路作为自动功率控制信号去控制

M57704H 内第一级功放的增益。自动功率控制电路由 V_{113}、10 kΩ 可调电阻和 2200 pF 电容组成的二极管检波器，V_{104}、V_{105} 组成的差分放大器和调整管 V_{103} 几部分构成。二极管检波器的原理将在第 6 章 6.4 节介绍。在这里，检波器的作用是取出与 M57704H 输出平均功率大小成正比的低频电压分量。当 M57704H 输出功率增大时，检波器取出的低频电压分量增大，V_{105} 的基极电位升高，V_{104} 的集电极电位（即 V_{103} 的基极电位）也升高。由于 V_{103} 的发射极恒定为 13.8 V，因此 V_{103} 的集电极电流减小，u_{EC} 增大，集电极电位下降。由图 3.2.10 可知，集电极电源电压减小，会使功放从欠压区逐渐进入过压区，从而使输出电压减小，若负载不变，则输出功率减小。因为 V_{103} 的集电极电位就是 M57704H 中第一级功放的集电极电源电压（参见图 3.4.2），所以第一级功放增益下降，M57704H 的输出功率减小，从而稳定了输出功率。第二、三级功放的集电极电源是固定的 13.8 V。

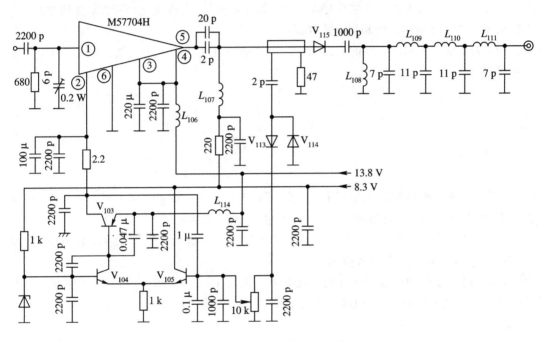

图 3.4.3　TW - 42 超短波电台发信机高频功放部分电路图

3.5　章　末　小　结

（1）高频谐振功率放大电路可以工作在甲类、乙类或丙类状态。相比之下，丙类谐振功放的输出功率虽不及甲类和乙类大，但效率高，节约能源，所以是高频功放中经常选用的一种电路形式。

（2）丙类谐振功放效率高的原因在于导通角 θ 小，也就是晶体管导通时间短，集电极功耗减小。但导通角 θ 越小，将导致输出功率越小。所以，选择合适的 θ 角，是丙类谐振功放在兼顾效率和输出功率两个指标时的一个重要考虑。

（3）折线分析法是工程上常用的一种近似方法。利用折线分析法可以对丙类谐振功放进行性能分析，得出它的负载特性、放大特性和调制特性。若丙类谐振功放用来放大等幅信号(如调频信号)时,应该工作在临界状态;若用来放大非等幅信号(如调幅信号)时,应该工作在欠压状态;若用来进行基极调幅,应该工作在欠压状态;若用来进行集电极调幅,应该工作在过压状态。折线化的动态线在性能分析中起了非常重要的作用。

(4) 丙类谐振功放的输入回路常采用自给偏压方式,输出回路有串馈和并馈两种直流馈电方式。为了实现和前后级电路的阻抗匹配,可以采用 LC 分立元件、微带线或传输线变压器等几种不同形式的匹配网络,分别适用于不同频段和不同工作状态。

(5) 谐振功放属于窄带功放。宽带高频功放采用非调谐方式,一般工作在甲类状态,采用具有宽频带特性的传输线变压器进行阻抗匹配,并可利用功率合成技术增大输出功率。

(6) 目前出现的一些集成高频功放器件如 M57704 系列和 MHW 系列等,属窄带谐振功放,输出功率不很大,效率也不太高,但功率增益较大,需外接元件不多,使用方便,可广泛用于一些移动通信系统和便携式仪器中。

(7) 为了稳定功率放大器的输出功率,需要采用自动功率控制电路。3.4 节给出的实例可供参考。

习　题

3.1　已知谐振功率放大电路 $U_{CC} = 24$ V, $P_o = 5$ W。当 $\eta_c = 60\%$ 时,试计算 P_C 和 I_{C0}。若 P_o 保持不变, η_c 提高到 80%,则 P_C 和 I_{C0} 减小为多少?

3.2　已知谐振功率放大电路工作在乙类状态, $U_{CC} = 24$ V, $R_\Sigma = 53$ Ω, $P_o = 5$ W,试求 P_D、η_c 和集电极电压利用系数 ξ。

3.3　已知谐振功率放大电路的导通角 θ 分别为 $180°$、$90°$ 和 $60°$ 时,都工作在临界状态,且三种情况下的 U_{CC}、I_{Cm} 也都相同。试计算三种情况下效率 η_c 的比值和输出功率 P_o 的比值。

3.4　已知晶体管输出特性中饱和临界线跨导 $g_{cr} = 0.8$ A/V,用此晶体管做成的谐振功放电路 $U_{CC} = 24$ V, $\theta = 70°$, $I_{Cm} = 2.2$ A,并工作在临界状态,试计算 P_o、P_D、η_c 和 R_Σ。(已知 $\alpha_0(70°) = 0.253$, $\alpha_1(70°) = 0.436$。)

3.5　已知一谐振功放工作在过压状态,现欲将它调整到临界状态,可以改变哪些参数? 不同调整方法所得到的输出功率是否相同? 为什么?(提示:参考例 3.3 的分析方法)

3.6　实测一谐振功放,发现 P_o 仅为设计值的 20%, I_{C0} 却略大于设计值。试问该功放工作在什么状态? 如何调整才能使 P_o 和 I_{C0} 接近设计值?

3.7　已知两个谐振功放具有相同的回路元件参数,它们的输出功率分别是 1 W 和 0.6 W。若增大两功放的 U_{CC},发现前者的输出功率增加不明显,后者的输出功率增加明显,试分析其原因。若要明显增大前者的输出功率,还应同时采取什么措施(不考虑功率管的安全工作问题)?

3.8　已知一谐振功放原来工作在临界状态,后来其性能发生了变化: P_o 明显下降, η_c 反而增加,但 U_{CC}、U_{cm} 和 $u_{BE\,max}$ 不变。试问此时功放工作在什么状态? 导通时间是增大还是减小？分析其性能变化的原因。

3.9 已知谐振功率放大器 $U_{CC}=24$ V，$\theta=60°$，$U_{bm}=1.6$ V，$P_o=1$ W，$R_\Sigma=50$ Ω，临界饱和线斜率 $g_{cr}=0.4$ S。试计算 I_{Cm}、U_{cm} 和 η_c，并判断放大器工作在什么状态。

3.10 指出题图 3.10 所示高频功率放大电路中的错误并加以改正。

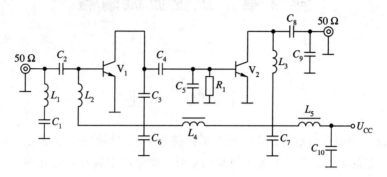

题图 3.10

第4章 正弦波振荡器

4.1 概　　述

振荡器是一种能自动地将直流电源能量转换为一定波形的交变振荡信号能量的转换电路。它与放大器的区别在于,无需外加激励信号,就能产生具有一定频率、一定波形和一定振幅的交流信号。

根据所产生的波形不同,可将振荡器分成正弦波振荡器和非正弦波振荡器两大类。前者能产生正弦波,后者能产生矩形波、三角波、锯齿波等。本章仅介绍正弦波振荡器。

正弦波振荡器在无线电技术领域应用广泛。在通信系统中,正弦波振荡器可用来产生发射机中运载信息的载波和接收机中混频、变频或解调时所需的本地振荡信号。在电子测量仪器中,正弦波振荡器是必不可少的基准信号源。

常用正弦波振荡器主要由决定振荡频率的选频网络和维持振荡的正反馈放大器组成,这就是反馈振荡器。按照选频网络所采用元件的不同,正弦波振荡器可分为 LC 振荡器、RC 振荡器和晶体振荡器等类型。其中 LC 振荡器和晶体振荡器用于产生高频正弦波,用于产生低频正弦波的 RC 振荡器已在"模拟电路基础"课程中讨论过,故本章不再介绍。正反馈放大器既可以由晶体管、场效应管等分立器件组成,也可以由集成电路组成,但前者的性能可以比后者做得好些,且工作频率也可以做得更高些。

另外,还有一类负阻振荡器,它是利用负阻器件组成的电路来产生正弦波的,主要用在微波波段,本书不作介绍。

正弦波振荡器的主要性能指标是频率稳定度。随着现代电子技术的发展,对频率稳定度提出了越来越高的要求。因此,具有较高频率稳定度的晶体振荡器的应用日益广泛。在第8章,我们还将介绍一种新型正弦波振荡电路——锁相频率合成振荡器。

4.2　反馈振荡原理

4.2.1　并联谐振回路中的自由振荡现象

在反馈振荡器中,LC 并联谐振回路是最基本的选频网络,所以先讨论 LC 并联回路的自由振荡现象,并以此为基础分析反馈振荡器的工作原理。

图 4.2.1 是一个并联谐振回路与一个直流电压源 U_s 的连接图。R_{e0} 是并联回路的谐振电阻。在 $t=0$ 以前开关 S 接通 1,使 $u_c(0)=U_s$。在 $t=0$ 时,开关 S 很快断开 1,接通 2。

根据电路分析基础知识,可以求出在 $R_{e0} >$ $\dfrac{1}{2}\sqrt{\dfrac{L}{C}}$ 的情况下, $t > 0$ 以后,并联回路两端电压的表达式,即回路在欠阻尼情况下的零输入响应为

$$u_c(t) = U_s e^{-\alpha t}\cos\omega_0 t \qquad (4.2.1)$$

其中,振荡角频率 $\omega_0 = 1/\sqrt{LC}$,衰减系数 $\alpha = 1/(2R_{e0}C)$。

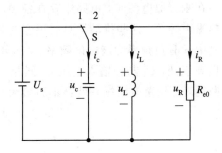

图 4.2.1　RLC 电路与电压源的连接

可见,当谐振电阻较大时,并联谐振回路两端的电压变化是一个振幅按指数规律衰减的正弦振荡。其振荡波形如图 4.2.2 所示。

并联谐振回路中自由振荡衰减的原因在于损耗电阻的存在。若回路无损耗,即 $R_{e0} \to \infty$,则衰减系数 $\alpha \to 0$,由式(4.2.1)可知,回路两端电压变化将是一个等幅正弦振荡。由此可以产生一个设想,如果采用正反馈的方法,不断地适时给回路补充能量,使之刚好与 R_{e0} 上损耗的能量相等,那么就可以获得等幅的正弦振荡了。

4.2.2　反馈振荡过程及其中的三个条件

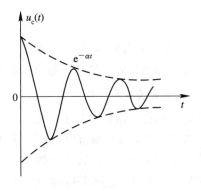

图 4.2.2　RLC 欠阻尼振荡波形

利用正反馈方法来获得等幅的正弦振荡,这就是反馈振荡器的基本原理。反馈振荡器是由主网络和反馈网络组成的一个闭合环路,如图 4.2.3 所示。其中主网络一般由放大器组成,反馈网络一般由无源器件组成,而选频网络或位于主网络中,或位于反馈网络中。

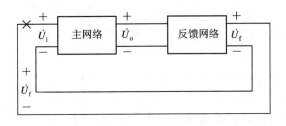

图 4.2.3　反馈振荡器的组成

一个反馈振荡器必须满足三个条件:起振条件(保证接通电源后能逐步建立起振荡)、平衡条件(保证进入维持等幅持续振荡的平衡状态)和稳定条件(保证平衡状态不因外界不稳定因素影响而受到破坏)。

1. 起振过程与起振条件

在图 4.2.3 所示闭合环路中,在"×"处断开,并定义环路增益

$$\dot{T}(\omega) = \frac{\dot{U}_f}{\dot{U}_i} = \dot{A}\dot{F},\ \text{其中}\ \dot{A} = \frac{\dot{U}_o}{\dot{U}_i},\ \dot{F} = \frac{\dot{U}_f}{\dot{U}_o} \qquad (4.2.2)$$

其中 $\dot{U}_f$、$\dot{U}_i$、$\dot{A}$、$\dot{F}$ 分别是反馈电压、输入电压、主网络增益和反馈系数,均为复数。

在刚接通电源时，电路中存在各种电扰动，如接通电源瞬间引起的电流突变，电路中的热噪声等等，这些扰动均具有很宽的频谱。如果选频网络是由 LC 并联谐振回路组成的，则其中只有角频率为谐振角频率 ω_0 的分量才能通过反馈产生较大的反馈电压 $\dot{U}_f$。如果在谐振频率处，$\dot{U}_f$ 与原输入电压 $\dot{U}_i$ 同相，并且具有更大的振幅，则经过线性放大和反馈的不断循环，振荡电压振幅就会不断增大。所以，要使振幅不断增长的条件是

$$\dot{U}_f(\omega_0) = \dot{T}(\omega_0)\dot{U}_i(\omega_0) > \dot{U}_i(\omega_0)$$

即

$$\dot{T}(\omega_0) > 1 \qquad\qquad (4.2.3)$$

也可分别写成

$$T(\omega_0) > 1 \qquad\qquad (4.2.4)$$

$$\varphi_{\mathrm{T}}(\omega_0) = 2n\pi \qquad n = 0, 1, 2, \cdots \qquad (4.2.5)$$

式(4.2.4)和式(4.2.5)分别称为振幅起振条件和相位起振条件。在起振过程中，直流电源补充的能量大于整个环路消耗的能量。

2. 平衡过程与平衡条件

振荡幅值的增长过程不可能无止境地延续下去，因为放大器的线性范围是有限的。随着振幅的增大，放大器逐渐由放大区进入饱和区或截止区，工作于非线性的甲乙类状态，其增益逐渐下降。当放大器增益下降而导致环路增益下降到1时，振幅的增长过程将停止，振荡器达到平衡，进入等幅振荡状态。振荡器进入平衡状态以后，直流电源补充的能量刚好抵消整个环路消耗的能量。

所以，反馈振荡器的平衡条件为

$$\dot{T}(\omega_0) = 1 \qquad\qquad (4.2.6)$$

又可分别写成

$$T(\omega_0) = 1 \qquad\qquad (4.2.7)$$

$$\varphi_{\mathrm{T}}(\omega_0) = 2n\pi \qquad n = 0, 1, 2, \cdots \qquad (4.2.8)$$

式(4.2.7)和式(4.2.8)分别称为振幅平衡条件和相位平衡条件。

根据振幅的起振条件和平衡条件，环路增益的模值应该具有随振幅 U_i 增大而下降的特性，如图4.2.4所示。由于一般放大器的增益特性曲线均具有如图4.2.4所示的形状，因此这一条件很容易满足，只要保证起振时环路增益幅值大于1即可。而环路增益的相位 $\varphi_{\mathrm{T}}(\omega_0)$ 则必须维持在 $2n\pi$ 上，保证是正反馈。

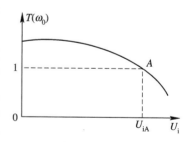

图 4.2.4　满足起振和平衡条件的环路增益特性

3. 平衡状态的稳定性和稳定条件

振荡器在工作过程中，不可避免地要受到各种外界因素变化的影响，如电源电压波动、温度变化、噪声干扰等。这些不稳定因素将引起放大器和回路的参数发生变化，结果使 $T(\omega_0)$ 或 $\varphi_{\mathrm{T}}(\omega_0)$ 变化，破坏原来的平衡条件。这时，如果通过放大和反馈的不断循环，振荡器越来越偏离原来的平衡状态，从而导致振荡器停振或突变到新的平衡状态，则表明原来的平衡状态是不稳定的。反之，如果通过放大和反馈的不断循环，振荡器能够产生回

到原平衡点的趋势，并且在原平衡点附近建立新的平衡状态，则表明原平衡状态是稳定的。

要使振幅稳定，振荡器在其平衡点必须具有阻止振幅变化的能力。具体来说，在平衡点 $U_i = U_{iA}$ 附近，当不稳定因素使输入振幅 U_i 增大时，环路增益幅值 $T(\omega_0)$ 应该减小，使反馈电压振幅 U_f 减小，从而阻止 U_i 增大；当不稳定因素使 U_i 减小时，$T(\omega_0)$ 应该增大，使 U_f 增大，从而阻止 U_i 减小。这就要求在平衡点附近，$T(\omega_0)$ 随 U_i 的变化率为负值，即

$$\left. \frac{\partial T(\omega_0)}{\partial U_i} \right|_{U_i = U_{iA}} < 0 \tag{4.2.9}$$

式(4.2.9)就是振幅稳定条件。对照图 4.2.4 可以看到，满足这个条件的环路增益特性与满足起振和平衡条件所要求的环路增益特性是一致的。

振荡器的相位平衡条件是 $\varphi_T(\omega_0) = 2n\pi$。在振荡器工作时，某些不稳定因素可能破坏这一平衡条件。例如，电源电压的波动或工作点的变化可能使晶体管内部电容参数发生变化，从而造成相位的变化，产生一个偏移量 $\Delta\varphi$。由于瞬时角频率是瞬时相位的导数，因此瞬时角频率也将随着发生变化。为了保证相位稳定，要求振荡器的相频特性 $\varphi_T(\omega)$ 在振荡频率点应具有阻止相位变化的能力。具体来说，在平衡点 $\omega = \omega_0$ 附近，当不稳定因素使瞬时角频率 ω 增大时，相频特性 $\varphi_T(\omega_0)$ 应产生一个 $-\Delta\varphi$，从而产生一个 $-\Delta\omega$，使瞬时角频率 ω 减小；当不稳定因素使 ω 减小时，相频特性 $\varphi_T(\omega_0)$ 应产生一个 $\Delta\varphi$，从而产生一个 $\Delta\omega$，使 ω 增大，即 $\varphi_T(\omega)$ 曲线在 ω_0 附近应为负斜率，如图 4.2.5 所示。数学上可表示为

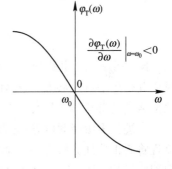

图 4.2.5　满足相位稳定条件的相频特性

$$\left. \frac{\partial \varphi_T(\omega)}{\partial \omega} \right|_{\omega = \omega_0} < 0 \tag{4.2.10}$$

式(4.2.10)就是相位的稳定条件。

4.2.3　反馈振荡电路的判断方法

根据上述反馈振荡电路的基本原理和应当满足的起振、平衡和稳定三个条件，判断一个反馈振荡电路能否正常工作，需考虑以下几点：

(1) 可变增益放大器件(晶体管、场效应管或集成电路)应有正确的直流偏置，开始时应工作在甲类状态，便于起振。

(2) 开始起振时，环路增益幅值 $AF(\omega_0)$ 应大于 1。由于反馈网络通常由无源器件组成，反馈系数 F 小于 1，因此 $A(\omega_0)$ 必须大于 1。共射、共基电路都可以满足这一点。为了增大 $A(\omega_0)$，负载电阻不能太小。

(3) 环路增益相位在振荡频率点应为 2π 的整数倍，即环路应是正反馈。

(4) 选频网络应具有负斜率的相频特性。因为工作频率范围仅在振荡频率点附近，可以认为放大器件本身的相频特性为常数，而反馈网络的组成部分通常有变压器、电阻分压器或电容分压器，它们的相频特性也可视为常数，所以相位稳定条件应该由选频网络实现。注意，LC 并联回路阻抗的相频特性和 LC 串联回路导纳的相频特性是负斜率，而 LC

并联回路导纳的相频特性和 LC 串联回路阻抗的相频特性是正斜率。

以上第(1)点可根据直流通路进行判断，其余三点可根据交流等效电路进行判断。

【例 4.1】 判断图 4.2.6 所示各反馈振荡电路能否正常工作。其中(a)、(b)图是交流等效电路，(c)图是实用电路。

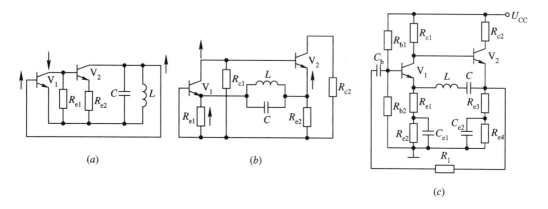

图 4.2.6 例 4.1 图

解：图示三个电路均为两级反馈，且两级中至少有一级是共射电路或共基电路，所以只要其电压增益足够大，振荡的振幅条件容易满足。而相位条件一是要求正反馈，二是选频网络应具有负斜率特性。

在进行多级级联电路(尤其是带有反馈的多级级联电路)的分析时，首先应该根据信号流程将其正确地分解为若干个单级双口网络，然后分别分析每个双口网络的输入输出参数和网络函数，最后得出整体电路的参数和工作状况。注意在分析每个双口网络时，不仅要明确其组成元器件，还要根据其输入输出参数(电压或电流)弄清楚网络函数(输出参数与输入参数的比值)的类型和量纲(电压比、电流比、阻抗或导纳)，特别是在分析 LC 选频网络的相频特性时，究竟是应该采用其阻抗特性(输入是电流，输出是电压，网络函数量纲是欧姆)还是导纳特性(输入是电压，输出是电流，网络函数量纲是西门子)，更要先明确这一点。对于晶体管来说，通常将其看成是电压控制电流源，采用其转移特性，即输入是电压，输出是电流；对于电阻或 LC 回路(谐振时等效为纯电阻)来说，根据其伏安特性，若输入是电流，则输出是电压；反之，若输入是电压，则输出是电流。另外，前一个双口网络的输出必然是后一个双口网络的输入。借助本题(b)图的电路，现将有关的分析步骤和方法讲述如下。

(b)图可分解为带有反馈的由 V_1、R_{c1}、V_2、R_{e2}、LC 回路和 R_{e1} 六个双口网络组成的闭环级联电路。其中 V_1 和 V_2 组成共基—共集两级同相放大器，连同两者之间的 R_{c1} 一起构成主网络，R_{e2}、LC 选频回路和 R_{e1} 构成反馈网络。若从 V_1 输入端断开进行分析，则主网络的输入即是 V_1 管 eb 口之间的电压，V_1 管输出是从 c 极流出的电流。R_{c1} 单独构成一个双口电阻网络，输入是 V_1 管从 c 极流出的电流，而输出电压加在 V_2 管的 bc 口之间。V_2 管的输出是从 e 极流出的电流。R_{e2} 也单独构成一个双口电阻网络，输入是 V_2 管从 e 极流出的电流，而输出电压加在 LC 回路上。LC 回路谐振时等效为纯电阻，其输出电流又作为 R_{e1} 电阻网络的输入，而 R_{e1} 电阻网络的输出电压则是 V_1 管 eb 口之间的输入电压。由上述分析可知，主网络增益和反馈系数的量纲分别是西门子和欧姆。

从(b)图标注的瞬时极性变化可知,在 LC 回路谐振频率点该电路满足正反馈条件,但是,由于谐振时 LC 并联回路的阻抗很大,近似于开路,正反馈支路断开,所以这个电路不会起振。另外,由于图中 LC 并联回路的输入是电压,输出是电流,所以这里应该采用其导纳相位特性。并联回路导纳的相频特性是正斜率,因此也不满足相位稳定条件。综上所述,(b)图电路不能正常工作。

(a)图由两级共射电路组成主网络,其瞬时极性如图中所标注,所以是正反馈。LC 并联回路同时担负选频和反馈作用,且在谐振频率点阻抗最大,反馈电压最强。LC 并联回路输入是 V_2 管输出集电极电流 i_{c2},输出是反馈到 V_1 管 be 口的电压 u_{be1},对应的网络函数是阻抗(输出电压与输入电流的比值),所以这里应采用其阻抗特性。由于并联回路阻抗的相频特性是负斜率,因此(a)图电路也满足相位条件,故能够正常工作。

(c)图与(b)图不同之处在于用串联回路置换了并联回路。由于 LC 串联回路在谐振频率点阻抗趋于零,正反馈最强,且 LC 串联回路导纳的相频特性是负斜率,满足相位稳定条件,因此(c)图电路能正常工作。(c)图中在 V_2 的发射极与 V_1 的基极之间增加了一条负反馈支路,可避免正反馈太强,使电路的输出波形更加理想。

4.2.4 振荡器的频率稳定度

1. 频率稳定度定义

反馈振荡器若满足起振、平衡、稳定三个条件,就能够产生等幅持续的振荡波形。当受到外界不稳定因素影响时,振荡器的相位或振荡频率可能发生些微变化,虽然能自动回到平衡状态,但振荡频率在平衡点附近随机变化这一现象却是不可避免的。为了衡量实际振荡频率 f 相对于标称振荡频率 f_0 变化的程度,提出了频率稳定度这一性能指标。

频率稳定度是将振荡器的实测数据代入规定的公式中计算后得到的。根据测试时间的长短,将频率稳定度分成长期频稳度、短期频稳度和瞬时频稳度三种,测试时间分别为一天以上、一天以内和一秒以内。时间划分并无严格的界限,它是按照引起频率不稳定的因素来区别的。长期频稳度主要取决于元器件的老化特性,短期频稳度主要取决于电源电压和环境温度的变化以及电路参数的变化等等,而瞬时频稳度则与元器件的内部噪声有关。

通常所讲的频率稳定度一般指短期频稳度,定义为

$$\frac{\Delta f_0}{f_0} = \lim_{n \to \infty} \sqrt{\frac{1}{n} \sum_{i=1}^{n} \left[\frac{(\Delta f_0)_i}{f_0} - \overline{\frac{\Delta f_0}{f_0}} \right]^2} \tag{4.2.11}$$

其中,$(\Delta f_0)_i = |f_i - f_0|$ 是第 i 次测试时的绝对频率偏差;$\overline{\Delta f_0} = \lim_{n \to \infty} \frac{1}{n} \sum_{i=1}^{n} |f_i - f_0|$ 是绝对频率偏差的平均值,也就是绝对频率准确度。

可见,频率稳定度是用均方误差值来表示的相对频率偏差程度。

2. 提高 LC 振荡器频率稳定度的措施

反馈振荡器的振荡频率通常主要由选频网络中元件的参数决定,同时也和放大器件的参数有关。各种环境因素如温度、湿度、大气压力等的变化会引起回路元件、晶体管输入输出阻抗以及负载的微小变化,从而对回路 Q 值和振荡频率产生影响,造成频率不稳定。针对这些原因,主要可采取两类措施来提高 LC 振荡器的频率稳定度。

（1）减小外界因素变化的影响。可以采用稳压或振荡器单独供电的方法来稳定电源电压，或采用恒温或温度补偿的方法来抵消温度变化的影响，还可以预先将元器件进行老化处理，采取屏蔽、密封、抽真空方法减弱外界磁场、湿度、压力变化等等的影响。

（2）提高电路抗外界因素变化影响的能力。这类措施包括两个方面：一是提高回路的标准性，二是选取合理的电路形式。

回路的标准性是指外界因素变化时，振荡回路保持其谐振频率不变的能力。回路标准性越高，则频率稳定度越高。采用温度系数小或温度系数相反的电抗元件组成回路，注意选择回路与器件、负载之间的接入系数，实现元器件合理排队以尽可能减小不稳定的分布电容和引线电感的影响，这些措施都有助于提高回路的标准性。如果采用回路 Q 值很高的石英晶体谐振器，则可组成频率稳定度很高的晶体振荡器。

选取合理的电路形式或采用自动调整电路来提高频率稳度是一项很重要的技术措施，如 4.3 节中介绍的改进型电容三点式电路和第 7、8 章将要介绍的自动频率控制和锁相环技术都是普遍应用的例子。

4.3 LC 振荡器

采用 LC 谐振回路作为选频网络的反馈振荡器统称为 LC 振荡器。LC 振荡器可以用来产生几十千赫兹到几百兆赫兹的正弦波信号。实际上，高频正弦波振荡器几乎都是采用 LC 回路进行选频，不过有些高频正弦波振荡器，如晶体振荡器、压控振荡器、集成电路振荡器等，分别在结构和工作原理上具有自己的特点，所以另外各分一节予以介绍。本节介绍以单个晶体管作为放大器，以 LC 分立元件作为选频网络的 LC 振荡器。其中晶体管也可以改用场效应管，工作原理基本相同。

LC 振荡器按其反馈网络的不同，可分为互感耦合、电容耦合和自耦变压器耦合三种类型，其中后两种通常统称为三点式振荡器。

4.3.1 互感耦合振荡器

图 4.3.1 是常用的一种集电极调谐型互感耦合振荡器电路。此电路采用共发射极组态，LC 回路接在集电极上。注意耦合电容 C_b 的作用。如果将 C_b 短路，则基极将通过变压器次级直流接地，振荡电路不能起振。根据瞬时极性判断法，此电路可以看成是一个共射电路与起倒相作用的互感耦合线圈级联而成，是正反馈。读者可以画出其高频等效电路。

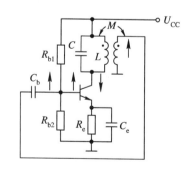

图 4.3.1 集电极调谐型互感耦合振荡器电路

互感耦合振荡器是依靠线圈之间的互感耦合实现正反馈，所以，应注意耦合线圈同名端的正确位置。同时，耦合系数 M 要选择合适，使之满足振幅起振条件。

互感耦合振荡器的频率稳定度不高，且由于互感耦合元件分布电容的存在，限制了振荡频率的提高，因此只适用于较低频段。另外，因高次谐波的感抗大，故取自变压器次级的反馈电压中高次谐波振幅较大，所以导致输出振荡信号中高次谐波分量较大，波形不理想。

【例 4.2】 判断图 4.3.2 所示两级互感耦合振荡电路能否正常工作。

解： 在 V_1 的发射极与 V_2 的发射极之间断开。从断开处向左看，将 V_1 的 eb 结作为输入端，V_2 的 ec 结作为输出端，可知这是一个共基—共集反馈电路，振幅条件是可以满足的，所以只要相位条件满足，就可起振。

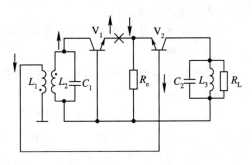

图 4.3.2　例 4.2 图

利用瞬时极性判断法，根据同名端位置，有 $u_{e1} \uparrow \to u_{c1} \uparrow \to u_{b2} \downarrow \to u_{e2}(u_{e1}) \downarrow$，可见是负反馈，不能起振。

如果把变压器次级同名端位置换一下，则可改为正反馈。而变压器初级回路是并联 LC 回路，作为 V_1 的负载，此处应考虑其阻抗特性，由于满足相位稳定条件，因此可以正常工作。

4.3.2　三点式振荡器

1. 电路组成法则

三点式振荡器是指 LC 回路的三个端点与晶体管的三个电极分别连接而组成的一种振荡器。三点式振荡器电路用电容耦合或自耦变压器耦合代替互感耦合，可以克服互感耦合振荡器振荡频率低的缺点，是一种广泛应用的振荡电路，其工作频率可达到几百兆赫兹。

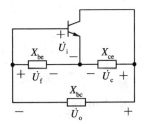

图 4.3.3　三点式振荡器的原理电路

图 4.3.3 是三点式振荡器的原理图。先分析在满足正反馈相位条件时，LC 回路中三个电抗元件应具有的性质。

假定 LC 回路由纯电抗元件组成，其电抗值分别为 X_{ce}、X_{be} 和 X_{bc}，如果不考虑晶体管的电抗效应，则当回路谐振($\omega = \omega_0$)时，回路呈纯阻性，有 $X_{ce} + X_{be} + X_{bc} = 0$，因此

$$-X_{ce} = X_{be} + X_{bc}$$

由于 $\dot{U}_f$ 是 $\dot{U}_c$ 在 $X_{be}X_{bc}$ 支路分配在 X_{be} 上的电压，故有

$$\dot{U}_f + \dot{U}_o = \dot{U}_c, \quad \dot{U}_f = \frac{jX_{be}\dot{U}_c}{j(X_{be} + X_{bc})} = -\frac{X_{be}}{X_{ce}}\dot{U}_c$$

因为这是一个可看成由反相放大器组成的正反馈电路，$\dot{U}_i$ 与 $\dot{U}_f$ 同相，$\dot{U}_c$ 与 $\dot{U}_i$ 反相，$\dot{U}_f$ 与 $\dot{U}_c$ 反相，所以

$$\frac{X_{be}}{X_{ce}} > 0$$

即 X_{be} 与 X_{ce} 必须是同性质电抗，因而 X_{bc} 必须是异性质电抗。

由上面的分析可知，在三点式电路中，LC 回路中与发射极相连接的两个电抗元件必须为同性质，另外一个电抗元件必须为异性质。这就是三点式电路组成的相位判据，或称为三点式电路的组成法则。

与发射极相连接的两个电抗元件同为电容时的三点式电路，称为电容三点式电路，也称为考毕兹电路。

与发射极相连接的两个电抗元件同为电感时的三点式电路，称为电感三点式电路，也称为哈特莱电路。

从图 4.3.3 中可以看到，无论是电容三点式电路还是电感三点式电路，晶体管 c、b 极之间的三个电抗元件均组成了一个并联 LC 回路，其输入是晶体管集电极电流，输出是回路两端电压在 X_{be} 上的分压(这部分电压又反馈到晶体管的输入端)，故分析时应该考虑其阻抗特性。由于并联 LC 回路的阻抗特性是负斜率，因此三点式电路组成法则也满足相位稳定条件。

2. 电容三点式电路(又称考毕兹(Coplitts)电路)

图 4.3.4(a) 是电容三点式电路的一种常见形式，(b) 图是其高频等效电路。图中 C_1、C_2 是回路电容，L 是回路电感，C_b 和 C_c 分别是高频旁路电容和耦合电容。一般来说，旁路电容和耦合电容的电容值至少要比回路电容值大一个数量级以上。有些电路里还接有高频扼流圈，其作用是为直流提供通路而又不影响谐振回路工作特性。对于高频振荡信号，旁路电容和耦合电容可近似为短路，高频扼流圈可近似为开路。

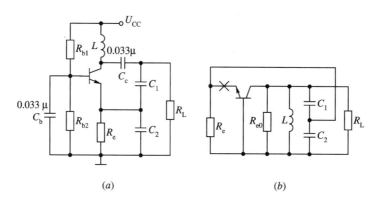

图 4.3.4 电容三点式振荡电路

电容三点式电路已满足反馈振荡器的相位条件，只要再满足振幅起振条件就可以正常工作。因为晶体管放大器的增益随输入信号振幅变化的特性与振荡的三个振幅条件一致，所以只要能起振，必定满足平衡和稳定条件。

分析三点式电路性能时，可以将其看成共基电路，也可以看成共射电路，不过一般情况下采用共基电路形式进行分析比较方便。由图 4.3.4(b) 可见，这是一个共基电路形式。利用晶体管共基组态简化等效电路可以将电容三点式电路画成如图 4.3.5(a) 所示的形式，其中虚线框内是晶体管共基组态简化等效电路。$R'_L = R_{e0} \parallel R_L$。晶体管输出电容未考虑。

在图 4.3.5(a) 所示的双电容耦合电路中，可把次级电路元件 r_e、R_e、$C_{b'e}$ 等效到初级

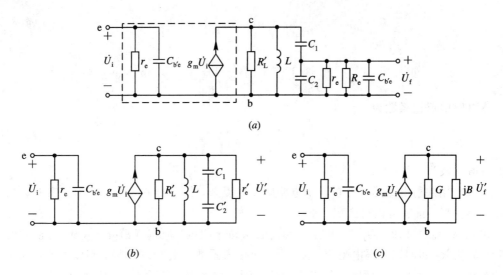

图 4.3.5 电容三点式振荡器的交流等效电路

中，如图 4.3.5(b)所示。其中

$$n(接入系数) = \frac{C_1}{C_1 + C_2'}$$

$$C_2' = C_2 + C_{b'e}$$

$$r_e' = \frac{1}{n^2}(r_e \mathbin{/\mkern-5mu/} R_e) \approx \frac{1}{n^2}r_e \qquad (因为 r_e \ll R_e)$$

$$\dot{U}_f' = \frac{1}{n}\dot{U}_f$$

图 4.3.5(b)又可以进一步等效为图 4.3.5(c)。其中

$$G(等效电导) = g_L' + g_e' \qquad g_L' = \frac{1}{R_L'}, \; g_e' = \frac{1}{r_e'}$$

$$B(等效电纳) = \omega C - \frac{1}{\omega L}$$

$$C = \frac{C_1 C_2'}{C_1 + C_2'} \approx \frac{C_1 C_2}{C_1 + C_2}$$

因为

$$\dot{U}_f' = \frac{g_m \dot{U}_i}{G + jB}, \qquad \dot{U}_f = n\dot{U}_f'$$

所以环路增益为

$$\dot{T} = \frac{\dot{U}_f}{\dot{U}_i} = \frac{ng_m}{G + jB} = \frac{ng_m}{g_L' + g_e' + j\left(\omega C - \dfrac{1}{\omega L}\right)}$$

振荡角频率为

$$\omega_0 = \frac{1}{\sqrt{LC}}$$

由此可求得振幅起振条件为

$$\frac{ng_m}{g_L' + g_e'} > 1$$

即
$$g_{\mathrm{m}} > \frac{1}{n}(g'_{\mathrm{L}} + g'_{\mathrm{e}}) = \frac{1}{n}g'_{\mathrm{L}} + ng_{\mathrm{e}} \qquad (4.3.1)$$

其中
$$g'_{\mathrm{L}} = \frac{1}{R_{\mathrm{L}} \mathbin{/\mkern-6mu/} R_{\mathrm{e0}}}, \; g_{\mathrm{e}} = \frac{1+\beta}{r_{\mathrm{b'e}}} = \frac{1}{r_{\mathrm{e}}}$$

本电路的反馈系数为
$$F = \frac{\dot{U}_{\mathrm{f}}}{\dot{U}'_{\mathrm{f}}} = \frac{C_1}{C_1 + C'_2} \qquad (4.3.2)$$

F 的取值一般为 $1/8 \sim 1/2$。

如果采用共射电路形式分析这个电路则比较复杂,相应的主网络增益和反馈系数的数值也会不一样。读者可以自己试一试。

由式(4.3.1)可知,为了使电容三点式电路易于起振,应选择跨导 g_{m} 及 $r_{\mathrm{b'e}}$ 较大的晶体管,负载 R_{L} 和回路谐振电阻 R_{e0} 也要大,而接入系数 n 要合理选择。实践表明,如果选用特征频率 f_{T} 大于振荡频率 5 倍以上的晶体管作放大器,负载 R_{L} 不要太小(几千欧姆以上),接入系数 n 取值合适,一般都能满足起振条件。

3. 电感三点式电路(又称哈特莱(Hartley)电路)

图 4.3.6(a)为电感三点式振荡器电路。其中 L_1、L_2 是回路电感,C 是回路电容,C_{c} 和 C_{e} 是耦合电容,C_{b} 是旁路电容,L_3 是高频扼流圈。(b)为其共基组态交流等效电路。

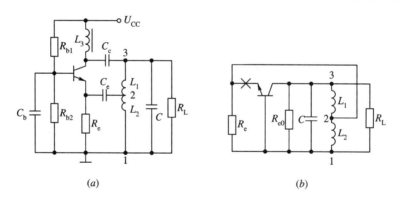

图 4.3.6 电感三点式振荡电路

利用类似于电容三点式振荡器的分析方法,也可以求得电感三点式振荡器振幅起振条件和振荡频率,区别在于这里以自耦变压器耦合代替了电容耦合。

振荡角频率为
$$\omega_0 = \frac{1}{\sqrt{LC}} \qquad (4.3.3)$$

其中,$L = L_1 + L_2 + 2M$,M 为互感系数。起振条件为
$$g_{\mathrm{m}} > \frac{1}{n}g'_{\mathrm{L}} + ng_{\mathrm{e}} \qquad (4.3.4)$$

式中
$$n(接入系数) = \frac{N_{12}}{N_{13}} = \frac{L_2 + M}{L_1 + L_2 + 2M}$$

$$g'_{L} = \frac{1}{R'_{L}}$$

$$g_{e} = \frac{1}{r_{e}}$$

本电路反馈系数为

$$F = \frac{L_2 + M}{L_1 + L_2 + 2M} \tag{4.3.5}$$

F 的取值一般为 $1/10 \sim 1/2$。

电容三点式振荡器和电感三点式振荡器各有其优缺点。

电容三点式振荡器的优点是反馈电压取自 C_2，而电容对晶体管非线性特性产生的高次谐波呈现低阻抗，所以反馈电压中高次谐波分量很小，因而输出波形好，接近于正弦波。缺点是反馈系数与回路电容有关，如果用改变回路电容的方法来调整振荡频率，必将改变反馈系数，从而有可能影响起振。

电感三点式振荡器的优点是便于用改变电容的方法来调整振荡频率，而不会影响反馈系数。缺点是反馈电压取自 L_2，而电感线圈对高次谐波呈现高阻抗，所以反馈电压中高次谐波分量较大，输出波形较差。

两种振荡器共同的缺点是：晶体管输入输出电容分别和两个回路电抗元件并联，影响回路的等效电抗元件参数，从而影响振荡频率。由于晶体管输入输出电容值随环境温度、电源电压等因素而变化，因此三点式电路的频率稳定度不高，一般在 10^{-3} 数量级。

【例 4.3】　在图 4.3.7(a)所示振荡器交流等效电路中，三个 LC 并联回路的谐振频率分别是：$f_1 = \dfrac{1}{2\pi\sqrt{L_1 C_1}}$，$f_2 = \dfrac{1}{2\pi\sqrt{L_2 C_2}}$，$f_3 = \dfrac{1}{2\pi\sqrt{L_3 C_3}}$。试问 f_1、f_2、f_3 满足什么条件时该振荡器能正常工作？

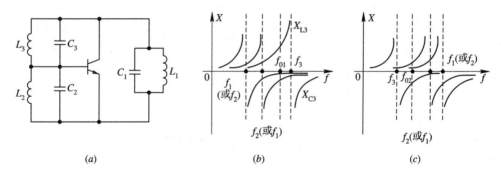

(a) 　　　　　　　　　　(b) 　　　　　　　　　　(c)

图 4.3.7　例 4.3 图

解：由图可知，只要满足三点式组成法则，该振荡器就能正常工作。

由式(1.1.12)可知，在并联 LC 回路的电抗频率曲线中，感抗 $X_{L} = \omega L$ 为正值，且感性区频率低于谐振频率，容抗 $X_{C} = \dfrac{-1}{\omega C}$ 为负值，且容性区频率高于谐振频率。由此可以确定 f_1、f_2、f_3 与振荡器振荡频率之间的关系。例如，$L_3 C_3$ 回路的谐振频率为 f_3，相应的感抗频率曲线 X_{L3} 和容抗频率曲线 X_{C3} 分别如(b)图所示，即感性区频率低于 f_3，容性区频率高于 f_3。

若组成电容三点式，则在振荡频率 f_{01} 处，$L_1 C_1$ 回路与 $L_2 C_2$ 回路应呈现容性，f_{01} 位于

L_1C_1 回路与 L_2C_2 回路的容性区，即 f_{01} 应大于 f_1 和 f_2；L_3C_3 回路应呈现感性，f_{01} 位于 L_3C_3 回路的感性区，即 f_{01} 应小于 f_3。所以应满足 $f_1 \leqslant f_2 < f_{01} < f_3$ 或 $f_2 < f_1 < f_{01} < f_3$，如图 4.3.7(b) 所示。

若组成电感三点式，则在振荡频率 f_{02} 处，L_1C_1 回路与 L_2C_2 回路应呈现感性，f_{02} 位于 L_1C_1 回路与 L_2C_2 回路的感性区，即 f_{02} 应小于 f_1 和 f_2；L_3C_3 回路应呈现容性，f_{02} 位于 L_3C_3 回路的容性区，即 f_{02} 应大于 f_3。所以应满足 $f_1 \geqslant f_2 > f_{02} > f_3$ 或 $f_2 > f_1 > f_{02} > f_3$，如图 4.3.7(c) 所示。

【例 4.4】 在图 4.3.8 所示电容三点式振荡电路中，已知 $L = 0.5~\mu\mathrm{H}$，$C_1 = 51~\mathrm{pF}$，$C_2 = 3300~\mathrm{pF}$，$C_3 = 12 \sim 250~\mathrm{pF}$，$R_L = 5~\mathrm{k\Omega}$，$g_m = 30~\mathrm{mS}$，$C_{b'e} = 20~\mathrm{pF}$，$Q_0 = 80$，试求能够起振的频率范围。

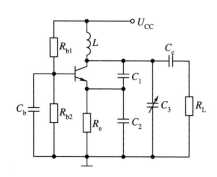

图 4.3.8 例 4.4 图

解： 参照图 4.3.5 所示交流等效电路，可先画出图 4.3.8 所示电容三点式电路的交流等效电路，然后求出有关参数。若 C_3 变化，会使 C_Σ 变化，导致 g_{e0} 和 f_0 变化，从而使 g_L' 发生变化。在本题中，n 和 g_e 是固定的，所以可根据式(4.3.1)判断能否起振。

$$n = \frac{C_1}{C_1 + C_2 + C_{b'e}} = \frac{51}{51 + 3300 + 20} \approx 0.015$$

$$g_e = \frac{1}{r_e} \approx g_m = 30~\mathrm{mS}$$

(1) 当 $C_3 = 12~\mathrm{pF}$ 时：

$$C_\Sigma = \frac{C_1(C_2 + C_{b'e})}{C_1 + C_2 + C_{b'e}} + C_3 \approx 62.23~\mathrm{pF}$$

$$g_{e0} = \frac{1}{Q_0}\sqrt{\frac{C_\Sigma}{L}} = \frac{1}{80}\sqrt{\frac{62.23 \times 10^{-12}}{0.5 \times 10^{-6}}} \approx 0.14~\mathrm{mS}$$

又

$$g_L = \frac{1}{R_L} = \frac{1}{5 \times 10^3} = 0.2~\mathrm{mS}$$

所以

$$\frac{1}{n}g_L' + ng_e = \frac{1}{n}(g_L + g_{e0}) + ng_e$$

$$= \frac{1}{0.015}(0.2 \times 10^{-3} + 0.14 \times 10^{-3}) + 0.015 \times 30 \times 10^{-3}$$

$$\approx 23~\mathrm{mS}$$

根据振幅起振条件式(4.3.1)，有

$$g_m > \frac{1}{n}g_L' + ng_e$$

可见，当 $C_3 = 12~\mathrm{pF}$ 时，电路满足起振条件，相应的振荡频率为

$$f_0 = \frac{1}{2\pi \sqrt{LC_\Sigma}} = \frac{1}{2\pi \sqrt{0.5 \times 10^{-6} \times 62.23 \times 10^{-12}}} \approx 28.53 \text{ MHz}$$

（2）当 $C_3 = 250$ pF 时，可求出相应参数，

$$\frac{1}{n} g_L' + n g_e \approx 34 \text{ mS} > g_m = 30 \text{ mS}$$

可见，这时电路不满足振幅起振条件。

（3）低频段满足起振条件的临界值为

$$g_m = \frac{1}{n} g_L' + n g_e = \frac{1}{n}(g_{e0} + g_L) + n g_e$$

所以

$$\begin{aligned}
g_{e0} &= n(g_m - n g_e) - g_L \\
&= 0.015 \times (30 \times 10^{-3} - 0.015 \times 30 \times 10^{-3}) - 0.2 \times 10^{-3} \\
&\approx 0.24 \text{ mS}
\end{aligned}$$

对应的总等效电容为

$$C_\Sigma = L(Q_0 g_{e0})^2 = 0.5 \times 10^{-6} \times (80 \times 0.24 \times 10^{-3})^2 \approx 184 \text{ pF}$$

对应可变电容值为

$$C_3 = C_\Sigma - \frac{C_1(C_2 + C_{b'e})}{C_1 + C_2 + C_{b'e}} = 184 - \frac{51 \times (3300 + 20)}{51 + 3300 + 20} \approx 184 - 50 = 134 \text{ pF}$$

对应的振荡频率为

$$f_0 = \frac{1}{2\pi \sqrt{LC_\Sigma}} = \frac{1}{2\pi \sqrt{0.5 \times 10^{-6} \times 184 \times 10^{-12}}} \approx 16.59 \text{ MHz}$$

所以，振荡频率范围为 $16.59 \sim 28.53$ MHz，对应的 C_3 为 $134 \sim 12$ pF。

4. 克拉泼(Clapp)电路

从上面分析可知，电容三点式电路比电感三点式电路性能要好些，但如何减小晶体管输入输出电容对频率稳定度的影响仍是一个必须解决的问题，于是出现了改进型的电容三点式电路——克拉泼电路。

图 4.3.9(a)是克拉泼电路的实用电路，(b)是其高频等效电路。与电容三点式电路比较，克拉泼电路的特点是在回路中增加了一个与 L 串联的电容 C_3。各电容取值必须满足：$C_3 \ll C_1$，$C_3 \ll C_2$，这样可使电路的振荡频率近似只与 C_3、L 有关。

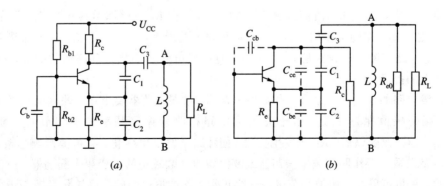

(a) $\qquad\qquad\qquad\qquad\qquad$ (b)

图 4.3.9　克拉泼振荡电路

克拉泼电路仍然可看成是一个共基电路。先不考虑晶体管输入输出电容的影响。因为 C_3 远远小于 C_1 或 C_2，所以 C_1、C_2、C_3 三个电容串联后的等效电容为

$$C = \frac{C_1 C_2 C_3}{C_1 C_2 + C_2 C_3 + C_1 C_3} = \frac{C_3}{1 + \frac{C_3}{C_1} + \frac{C_3}{C_2}} \approx C_3$$

于是，振荡角频率为

$$\omega_0 = \frac{1}{\sqrt{LC}} \approx \frac{1}{\sqrt{LC_3}} \tag{4.3.6}$$

由此可见，克拉泼电路的振荡频率几乎与 C_1、C_2 无关。

现在分析晶体管结电容 C_{ce}、C_{be} 对振荡频率的影响。由图 4.3.9(b) 可以看到，C_{ce} 与谐振回路的接入系数为

$$n' = \frac{C_2 \text{ 串 } C_3}{C_1 + (C_2 \text{ 串 } C_3)} = \frac{\frac{C_2 C_3}{C_2 + C_3}}{C_1 + \frac{C_2 C_3}{C_2 + C_3}} = \frac{C_2 C_3}{C_1 C_2 + C_1 C_3 + C_2 C_3} = \frac{C_2}{\frac{C_1 C_2}{C_3} + C_1 + C_2}$$

与电容三点式电路中 C_{ce} 与谐振回路的接入系数 $n = C_2/(C_1 + C_2)$ 比较，由于 $C_3 \ll C_1$，$C_3 \ll C_2$，因此 $n' \ll n$。

由于 C_{ce} 的接入系数大大减小，因此它等效到回路两端的电容值也大大减小，对振荡频率的影响也大大减小。

同理，C_{be} 对振荡频率的影响也极小。

因此，克拉泼电路的频率稳定度比电容三点式电路要好。

在实际电路中，根据所需的振荡频率决定 L、C_3 的值，然后取 C_1、C_2 远大于 C_3 即可。但是 C_3 不能取得太小，C_1、C_2 也不能取得太大，否则将影响振荡器的起振。

由图 4.3.9(b) 可以看到，晶体管 c、b 两端与回路 A、B 两端之间的接入系数为

$$n_1 = \frac{C_3}{\frac{C_1 C_2}{C_1 + C_2} + C_3} = \frac{1}{\frac{C_1 C_2}{C_3(C_1 + C_2)} + 1}$$

所以，A、B 两端的等效电阻 $R'_L = R_L \,/\!/\, R_{e0}$，折算到 c、b 两端后为

$$R''_L = n_1^2 R'_L = \left[\frac{1}{\frac{C_1 C_2}{C_3(C_1 + C_2)} + 1} \right]^2 R'_L < R'_L \tag{4.3.7}$$

C_3 越小，或 C_1、C_2 取值越大，则 R''_L 越小于 R'_L。而 R''_L 就是图示共基电路的等效负载，R''_L 越小，则共基电路的电压增益越小，从而环路增益越小，越不易起振。对于考毕兹电路而言，共基电路的等效负载就是 R'_L。所以，克拉泼电路是用牺牲环路增益的方法来换取回路标准性的提高的。

克拉泼电路的缺陷是不适合于作波段振荡器。波段振荡器要求在一段区间内振荡频率可变，且振荡幅值保持不变。由于克拉泼电路在改变振荡频率时需调节 C_3，根据式 (4.3.7)，当 C_3 改变以后，R''_L 将发生变化，使环路增益发生变化，有可能影响起振。所以克拉泼电路只适宜于作固定频率振荡器或波段覆盖系数较小的可变频率振荡器。所谓波段覆盖系数，是指可以在一定波段范围内连续正常工作的振荡器的最高工作频率与最低工作频率之比。一般克拉泼电路的波段覆盖系数为 1.2～1.3。

5. 西勒(Seiler)电路

针对克拉泼电路的缺陷,出现了另一种改进型电容三点式电路——西勒电路。图 4.3.10(a)是实用电路,(b)是其高频等效电路。

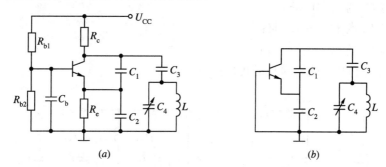

图 4.3.10   西勒振荡电路

西勒电路是在克拉泼电路的基础上,在电感 L 两端并联了一个小电容 C_4,且满足 C_1、C_2 远大于 C_3,C_1、C_2 远大于 C_4,所以其回路等效电容为

$$C = \frac{C_1 C_2 C_3}{C_1 C_2 + C_1 C_3 + C_2 C_3} + C_4 \approx C_3 + C_4$$

所以,振荡频率为

$$f_0 = \frac{1}{2\pi\sqrt{LC}} \approx \frac{1}{2\pi\sqrt{L(C_3 + C_4)}} \tag{4.3.8}$$

在西勒电路中,由于 C_4 与 L 并联,因此 C_4 的大小不影响回路的接入系数,其共基电路等效负载 R''_L 仍同式(4.3.7)所示。如果使 C_3 固定,通过变化 C_4 来改变振荡频率,则 R''_L 在振荡频率变化时基本保持不变,从而使输出振幅稳定。因此,西勒电路可用作波段振荡器,其波段覆盖系数为 1.6~1.8 左右。

6. 小结

以上所介绍的五种 LC 振荡器均是采用 LC 元件作为选频网络。由于 LC 元件的标准性较差,因而谐振回路的 Q 值较低,空载 Q 值一般不超过 300,有载 Q 值就更低,所以 LC 振荡器的频率稳定度不高,一般为 10^{-3} 数量级,即使是克拉泼电路和西勒电路也只能达到 $10^{-5} \sim 10^{-4}$ 数量级。如果需要频率稳定度更高的振荡器,可以采用晶体振荡器。

4.4   晶 体 振 荡 器

4.4.1   石英晶振的阻抗频率特性

利用石英晶体的压电效应可以做成晶体谐振器(简称石英晶振)。

石英晶振的固有频率十分稳定,它的温度系数(温度变化 1 ℃所引起的固有频率相对变化量)在 10^{-6} 以下。另外,石英晶振的振动具有多谐性,即除了基频振动外,还有奇次谐波泛音振动。对于石英晶振,既可利用其基频振动,也可利用其泛音振动。前者称为基频晶体,后者称为泛音晶体。晶片厚度与振动频率成反比,工作频率越高,要求晶片越薄,因而机械强度越差,加工越困难,使用中也易损坏。由此可见,在同样的工作频率上,泛音晶体的切片可以做得比基频晶体的切片厚一些。所以在工作频率较高时，常采用泛音晶体。通常在工作频率小于 20 MHz 时采用基频晶体，大于 20 MHz 时采用泛音晶体。

图 4.4.1 是石英晶振的符号和等效电路。其中：

安装电容 C_0 约 $1\sim10$ pF；

动态电感 L_q 约 $10^{-3}\sim10^2$ H；

动态电容 C_q 约 $10^{-4}\sim10^{-1}$ pF；

动态电阻 r_q 约几十欧姆到几百欧姆。

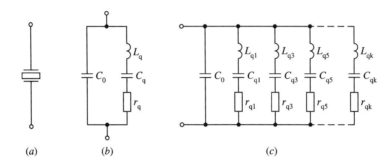

图 4.4.1　石英晶体谐振器

(a) 符号；(b) 基频等效电路；(c) 完整等效电路

由以上参数可以看到：

(1) 石英晶振的 Q 值和特性阻抗 ρ 都非常高。Q 值可达几万到几百万，因为

$$Q_q = \frac{1}{r_q}\sqrt{\frac{L_q}{C_q}}$$

而 L_q 较大，C_q 与 r_q 很小的缘故。其中 $\rho = \sqrt{L_q/C_q}$。

(2) 由于石英晶振的接入系数 $n = C_q/(C_0+C_q)$ 很小，因而外接元器件参数对石英晶振的影响很小。

综合以上两点，不难理解石英晶振的频率稳定度是非常高的。

由图 4.4.1(b) 可以看到，石英晶振可以等效为一个串联谐振回路和一个并联谐振回路。若忽略 r_q，则晶振两端呈现纯电抗，其电抗频率特性曲线如图 4.4.2 中两条实线所示。

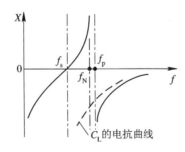

图 4.4.2　石英晶振的电抗频率特性

串联谐振频率为

$$f_s = \frac{1}{2\pi\ \sqrt{L_qC_q}}$$

并联谐振频率为

$$f_p = \frac{1}{2\pi \sqrt{L_q \dfrac{C_0 C_q}{C_0 + C_q}}} = \frac{f_s}{\sqrt{\dfrac{C_0}{C_0 + C_q}}} = f_s \sqrt{1 + \frac{C_q}{C_0}}$$

由于 C_q/C_0 很小，因此 f_p 与 f_s 间隔很小，因而在 $f_s \sim f_p$ 感性区间石英晶振具有陡峭的电抗频率特性，曲线斜率大，利于稳频。若外部因素使谐振频率增大，则根据晶振电抗特性，必然使等效电感 L 增大，但由于振荡频率与 L 的平方根成反比，因而又促使谐振频率下降，趋近于原来的值。

石英晶振产品还有一个标称频率 f_N。f_N 的值位于 f_s 与 f_p 之间，这是指石英晶振两端并接某一规定负载电容 C_L 时石英晶振的振荡频率。C_L 的电抗频率曲线如图 4.4.2 中虚线所示。负载电容 C_L 的值载于生产厂家的产品说明书中，通常为 30 pF(高频晶体)或 100 pF(低频晶体)，或标示为 ∞(指无需外接负载电容，常用于串联型晶体振荡器)。

4.4.2　晶体振荡器电路

将石英晶振作为高 Q 值谐振回路元件接入正反馈电路中，就组成了晶体振荡器。根据石英晶振在振荡器中的作用原理，晶体振荡器可分成两类。一类是将其作为等效电感元件用在三点式电路中，工作在感性区，称为并联型晶体振荡器；另一类是将其作为一个短路元件串接于正反馈支路上，工作在它的串联谐振频率上，称为串联型晶体振荡器。

1. 皮尔斯(Pierce)振荡电路

并联型晶体振荡器的工作原理和三点式振荡器相同，只是将其中一个电感元件换成石英晶振。石英晶振可接在晶体管 c、b 极之间或 b、e 极之间，所组成的电路分别称为皮尔斯振荡电路和密勒振荡电路。

皮尔斯电路是最常用的振荡电路之一。图 4.4.3(a)是皮尔斯电路，(b)是其高频等效电路，其中虚线框内是石英晶振的等效电路。

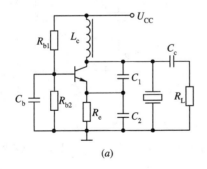 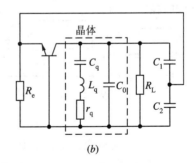

$$(a) \qquad\qquad\qquad\qquad (b)$$

图 4.4.3　皮尔斯振荡电路

由图 4.4.3(b)可以看出，皮尔斯电路类似于克拉泼电路，但由于石英晶振中 C_q 极小，Q_q 极高，因而皮尔斯电路具有以下一些特点：

(1) 振荡回路(此处指等效到 L_q 两端的 LC 并联回路)与晶体管、负载之间的耦合很弱。晶体管 c、b 端，c、e 端和 e、b 端的接入系数分别是

$$n_{cb} = \frac{C_q}{C_q + C_0 + C_L} \qquad \left(C_L = \frac{C_1 C_2}{C_1 + C_2}\right)$$

$$n_{ce} = \frac{C_2}{C_1 + C_2} \cdot n_{cb}$$

$$n_{eb} = \frac{C_1}{C_1 + C_2} \cdot n_{cb}$$

以上三个接入系数一般均小于 $10^{-4} \sim 10^{-3}$,所以外电路中的不稳定参数对振荡回路影响很小,提高了回路的标准性。

(2) 振荡频率几乎由石英晶振的参数决定,而石英晶振本身的参数具有高度的稳定性。振荡频率的表达式为

$$f_0 = \frac{1}{2\pi \sqrt{L_q \dfrac{C_q(C_0 + C_L)}{C_q + C_0 + C_L}}} = f_s \sqrt{1 + \frac{C_q}{C_0 + C_L}}$$

其中,C_L 是和晶振两端并联的外电路各电容的等效值,即根据产品要求的负载电容。在使用时,一般需加入微调电容,用以微调回路的谐振频率,保证电路工作在晶振外壳上所注明的标称频率 f_N 上。

(3) 由于振荡频率 f_0 一般调谐在标称频率 f_N 上,位于晶振的感性区内,电抗曲线陡峭,因而稳频性能极好。

(4) 由于晶振的 Q 值和特性阻抗 $\rho = \sqrt{L_q/C_q}$ 都很高,因此晶振的谐振电阻也很高,一般可达 10^{10} Ω 以上。这样即使外电路接入系数很小,此谐振电阻等效到晶体管输出端的阻抗仍很大,使晶体管的电压增益能满足振幅起振条件的要求。

【例 4.5】 图 4.4.4(a)是一个数字频率计晶振电路,试分析其工作情况。

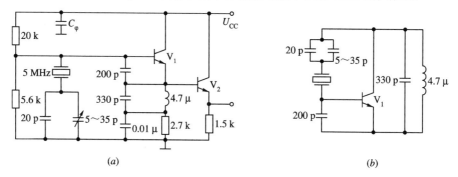

图 4.4.4 例 4.5 图

解: 先画出 V_1 管高频交流等效电路,如图 4.4.4(b)所示,0.01 μF 电容较大,作为高频旁路电路,V_2 管作射随器。

由高频交流等效电路可以看到,V_1 管的 c、e 极之间有一个 LC 回路,其谐振频率为

$$f_0 = \frac{1}{2\pi \sqrt{4.7 \times 10^{-6} \times 330 \times 10^{-12}}} \approx 4.0 \text{ MHz}$$

所以在晶振工作频率 5 MHz 处,此 LC 回路等效为一个电容。可见,这是一个皮尔斯振荡电路,晶振等效为电感,容量为 5~35 pF 的可变电容起微调作用,使振荡器工作在晶振的标称频率 5 MHz 上。

2. 密勒(Miller)振荡电路

图 4.4.5 是场效应管密勒振荡电路。石英晶体
作为电感元件连接在栅极和源极之间，LC 并联回
路在振荡频率点等效为电感，作为另一电感元件连
接在漏极和源极之间，极间电容 C_{gd} 作为构成电感
三点式电路中的电容元件。由于 C_{gd} 又称为密勒电
容，因而此电路有密勒振荡电路之称。

密勒振荡电路通常不采用晶体管，原因是正向
偏置时高频晶体管发射结电阻太小，虽然晶振与发射
结的耦合很弱，但也会在一定程度上降低回路的标准
性和频率的稳定性，所以采用输入阻抗高的场效应管。

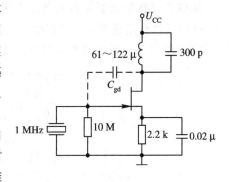

图 4.4.5　密勒振荡电路

3. 泛音晶振电路

从图 4.4.1(c)中可以看到，在石英晶振的完整等效电路中，不仅包含了基频串联谐振
支路，还包括了其他奇次谐波的串联谐振支路，这就是前面所说的石英晶振的多谐性。但
泛音晶体所工作的奇次谐波频率越高，可能获得的机械振荡和相应的电振荡越弱。

在工作频率较高的晶体振荡器中，多采用泛音晶体振荡电路。泛音晶振电路与基频晶
振电路有些不同。在泛音晶振电路中，为了保证振荡器能准确地振荡在所需要的奇次泛音
上，不但必须有效地抑制掉基频和低次泛音上的寄生振荡，而且必须正确地调节电路的环
路增益，使其在工作泛音频率上略大于 1，满足起振条件，而在更高的泛音频率上都小于
1，不满足起振条件。在实际应用时，可在三点式振荡电路中用一选频回路来代替某一支路
上的电抗元件，使这一支路在基频和低次泛音上呈现的电抗性质不满足三点式振荡器的组成
法则，不能起振；而在所需要的泛音频率上呈现的电抗性质恰好满足组成法则，达到起振。

图 4.4.6(a)给出了一种并联型泛音晶体振荡电路。假设泛音晶振为五次泛音，标称频
率为 5 MHz，基频为 1 MHz，则 LC_1 回路必须调谐在三次和五次泛音频率之间。这样，在
5 MHz 频率上，LC_1 回路呈容性，振荡电路满足组成法则。对于基频和三次泛音频率来
说，LC_1 回路呈感性，电路不符合组成法则，不能起振。而在七次及其以上泛音频率，LC_1
回路虽呈现容性，但等效容抗减小，从而使电路的电压放大倍数减小，环路增益小于 1，不
满足振幅起振条件。LC_1 回路的电抗频率特性如(b)图所示。

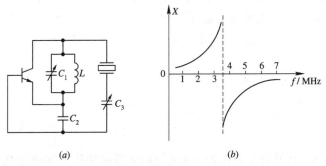

(a)　　　　　　　　　　　　　(b)

图 4.4.6　并联型泛音晶体振荡电路及 LC_1 回路的电抗特性

(a) 并联型泛音晶体振荡电路；(b) LC_1 回路的电抗特性

4. 串联型晶体振荡器

串联型晶体振荡器是将石英晶振用于正反馈支路中,利用其串联谐振时等效为短路元件,电路反馈作用最强,满足振幅起振条件,使振荡器在晶振串联谐振频率 f_s 上起振。图 4.4.7(a)给出了一种串联型单管晶体振荡器电路,(b)是其高频等效电路。

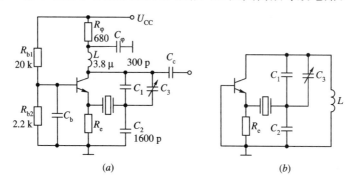

图 4.4.7　串联型晶体振荡电路

这种振荡器与三点式振荡器基本类似,只不过在正反馈支路上增加了一个晶振。L、C_1、C_2 和 C_3 组成并联谐振回路而且调谐在振荡频率上。如振荡频率与晶振的串联谐振频率相同,这时晶振呈现为一个小电阻,相移为零。可见,这种电路的振荡频率受晶振控制,具有很高的频率稳定度。

4.5　压 控 振 荡 器

有些可变电抗元件的等效电抗值能随外加电压变化,将这种电抗元件接在正弦波振荡器中,可使其振荡频率随外加控制电压而变化,这种振荡器称为压控正弦波振荡器。其中最常用的压控电抗元件是变容二极管。

压控振荡器(Voltage Controlled Oscillator)简称 VCO,在频率调制、频率合成、锁相环电路、电视调谐器、频谱分析仪等方面有着广泛的应用。

4.5.1　变容二极管

变容二极管是利用 pn 结的结电容随反向电压变化这一特性制成的一种压控电抗元件。变容二极管的符号和结电容变化曲线如图 4.5.1 所示。例如,可用于调幅波频段的变容二极管 ISV－149,当外加电压变化范围在 $-8 \sim -1$ V 之间时,它的电容值变化范围为 $30 \sim 540$ pF。

变容二极管结电容可表示为

$$C_j = \frac{C_j(0)}{\left(1 - \dfrac{u}{U_B}\right)^n} \tag{4.5.1}$$

其中,n 为变容指数,其值随半导体掺杂浓度和 pn 结的结构不同而变化;$C_j(0)$ 为外加电压 $u=0$ 时的结电容值;U_B 为 pn 结的内建电位差。

变容二极管必须工作在反向偏压状态,所以工作时需加负的静态直流偏压 $-U_Q$。若交

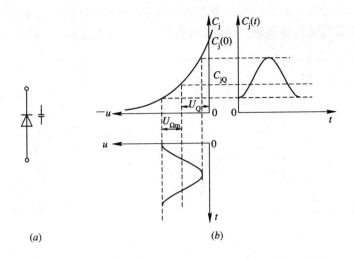

图 4.5.1　变容二极管

(a) 符号；(b) 结电容－电压曲线

流控制电压 u_Ω 为正弦信号，变容管上的电压为

$$u = -(U_Q + u_\Omega) = -(U_Q + U_{\Omega m}\cos\Omega t)$$

代入式(4.5.1)，则有

$$C_j = \frac{C_{jQ}}{\left(1 + \dfrac{u_\Omega}{U_B + U_Q}\right)^n} = \frac{C_{jQ}}{(1 + m\cos\Omega t)^n} \tag{4.5.2}$$

其中静态结电容为

$$C_{jQ} = \frac{C_j(0)}{\left(1 + \dfrac{U_Q}{U_B}\right)^n}$$

结电容调制度为

$$m = \frac{U_{\Omega m}}{U_B + U_Q} < 1$$

4.5.2　变容二极管压控振荡器

　　将变容二极管作为压控电容接入 LC 振荡器中，就组成了 LC 压控振荡器。一般可采用各种形式的三点式电路。

　　需要注意的是，为了使变容二极管能正常工作，必须正确地给其提供静态负偏压和交流控制电压，而且要抑制高频振荡信号对直流偏压和低频控制电压的干扰，所以，在电路设计时要适当采用高频扼流圈、旁路电容、隔直流电容等。

　　无论是分析振荡器还是压控振荡器都必须正确画出晶体管的直流通路和高频振荡回路。对于后者，还需画出变容二极管的直流偏置电路与低频控制回路。根据晶体管直流通路可以了解晶体管的静态参数，根据高频振荡回路可以判断振荡器的类型并研究其能否正常工作，根据变容二极管直流通路和低频控制回路可以分别知道加在变容二极管上的直流偏压和交流控制信号的情况。

— 94 —通信电路(第四版)

【例 4.6】 画出图 4.5.2(a)所示中心频率为 100 MHz 的变容二极管压控振荡器中晶体管的直流通路和高频振荡回路,变容二极管的直流偏置电路和低频控制回路。

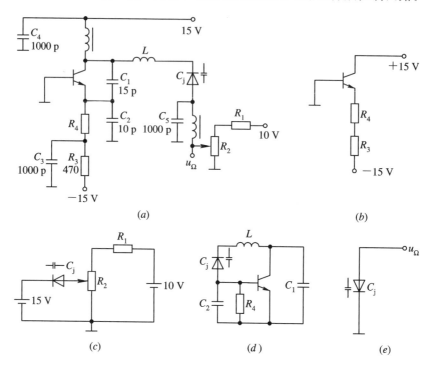

图 4.5.2 例 4.6 图

解:画晶体管直流通路,只需将所有电容开路、电感短路即可,变容二极管也应开路,因为它工作在反偏状态,如(b)图所示。

画变容二极管直流偏置电路,需将与变容二极管有关的电容开路,电感短路。由于变容二极管的反向电阻很大,因而可以将和它串联的小电阻作近似短路处理。(c)图即为所画结果。

画高频振荡回路与低频控制回路前,应仔细分析每个电容与电感的作用。对于高频振荡回路,小电容是工作电容,大电容是耦合电容或旁路电容,小电感是工作电感,大电感是高扼圈。当然,变容二极管也是工作电容。保留工作电容与工作电感,将耦合电容与旁路电容短路,高扼圈开路,直流电源与地短路,即可得到高频振荡回路,如(d)图所示。

判断工作电容和工作电感,一是根据参数值大小,二是根据所处的位置。电路中数值最小的电容(电感)和与其处于同一数量级的电容(电感)均被视为工作电容(电感),耦合电容与旁路电容的值往往要大于工作电容几十倍以上,高扼圈的值也远远大于工作电感。另外,工作电容与工作电感是按照振荡器组成法则设置的,耦合电容起隔直流和交流耦合作用,旁路电容对电阻起交流旁路作用,高扼圈对直流和低频信号提供通路,对高频信号起阻挡作用,因此它们在电路中所处位置不同。据此也可以进行正确判断。

对于低频控制回路,只需将与变容二极管有关的电感和高扼圈短路(由于低频时其感抗相对较小),除了数值较大的低频耦合和低频旁路电容短路外,其他电容开路,直流电源与地短路即可。由于此时变容二极管的等效容抗和反向电阻均很大,因而对于其他与其串联的电阻可作近似短路处理。本例中 1000 pF 电容是高频旁路电容，但对于低频信号却相当于开路。(e)图即为低频控制回路。

显然，若不加低频控制电压 u_Ω，则此压控振荡器的振荡频率将随可调电阻 R_2 的变化而变化。

压控振荡器的主要性能指标是压控灵敏度和线性度。其中压控灵敏度定义为单位控制电压引起的振荡频率的增量，用 S 表示，即

$$S = \frac{\Delta f}{\Delta u} \tag{4.5.3}$$

图 4.5.3 是变容二极管压控振荡器的频率—电压特性。一般情况下，这一特性是非线性的，其非线性程度与变容指数 n 和电路结构有关。在中心频率附近较小区域内线性较好，灵敏度也较高。

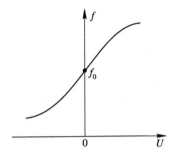

图 4.5.3　变容二极管压控振荡器的频率—电压特性

【例 4.7】　在图 4.5.2(a)所示电路中，若调整 R_2 使变容二极管静态偏置电压为 -6 V，对应的变容二极管静态电容 $C_{jQ}=15$ pF，内建电位差 $U_B=0.6$ V，变容指数 $n=3$。求振荡回路的电感 L 和交流控制信号 u_Ω 为振幅 $U_{\Omega m}=1$ V 的正弦波时对应的压控灵敏度。

解：由图 4.5.2(d)可知，谐振回路总等效电容由三个电容串联而成，所以静态时总电容为

$$C_{\Sigma Q} = \frac{1}{1/C_1 + 1/C_2 + 1/C_{jQ}} = \frac{1}{1/15 + 1/10 + 1/15} \approx 4.286 \text{ pF}$$

因为中心振荡频率为

$$f_0 = \frac{1}{2\pi \sqrt{LC_{\Sigma Q}}} = 100 \text{ MHz}$$

所以

$$L = \frac{1}{(2\pi f_0)^2 C_{\Sigma Q}} = \frac{1}{(2\pi \times 100 \times 10^6)^2 \times 4.286 \times 10^{-12}} \approx 0.592 \ \mu\text{H}$$

又

$$C_j = \frac{C_{jQ}}{\left(1 + \dfrac{U_{\Omega m}}{U_B + U_Q} \cos\Omega t\right)^n} = \frac{15 \times 10^{-12}}{\left(1 + \dfrac{1}{6.6} \cos\Omega t\right)^3}$$

$$C_{j\max} = \frac{15 \times 10^{-12}}{\left(1 - \dfrac{1}{6.6}\right)^3} \approx 24.56 \text{ pF}$$

$$C_{jmin} = \frac{15 \times 10^{-12}}{\left(1 + \frac{1}{6.6}\right)^3} \approx 9.83 \text{ pF}$$

$$C_{\Sigma max} = \frac{1}{1/C_1 + 1/C_2 + 1/C_{jmax}} \approx 4.822 \text{ pF}$$

$$C_{\Sigma min} = \frac{1}{1/C_1 + 1/C_2 + 1/C_{jmin}} \approx 3.726 \text{ pF}$$

所以

$$f_{0min} = \frac{1}{2\pi \sqrt{LC_{\Sigma max}}} \approx 94.25 \text{ MHz}$$

$$f_{0max} = \frac{1}{2\pi \sqrt{LC_{\Sigma min}}} \approx 107.22 \text{ MHz}$$

由

$$\Delta f_1 = f_{0max} - f_0 = 7.22 \text{ MHz}$$
$$\Delta f_2 = f_0 - f_{0min} = 5.75 \text{ MHz}$$

可求得压控灵敏度为

$$S_1 = \frac{\Delta f_1}{U_{\Omega m}} = 7.22 \text{ MHz/V}$$

$$S_2 = \frac{\Delta f_2}{U_{\Omega m}} = 5.75 \text{ MHz/V}$$

可见,正向和负向压控灵敏度有差别,说明压控特性是非线性的。

* 4.5.3　晶体压控振荡器

　　为了提高压控振荡器中心频率稳定度,可采用晶体压控振荡器。在晶体压控振荡器中,晶振或者在振荡器频率点等效为一个短路元件,起选频作用;或者等效为一个高 Q 值的电感元件,作为振荡回路元件之一。通常仍采用变容二极管作压控元件。

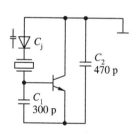

图 4.5.4　晶体压控振荡高频
等效电路

　　在图 4.5.4 所示的晶体压控振荡器高频等效电路中,晶振作为一个电感元件。控制电压调节变容二极管的电容值,使其与晶振串联后的总等效电感发生变化,从而改变振荡器的振荡频率。

　　晶体压控振荡器的缺点是频率控制范围很窄。图 4.5.4 所示电路的频率控制范围仅在晶振的串联谐振频率 f_s 与并联谐振频率 f_p 之间。为了增大频率控制范围,可在晶振支路中增加一个电感 L。L 越大,频率控制范围越大,但频率稳定度相应下降。因为增加一个电感 L 与晶振串联或并联,分别相当于使晶振本身的串联谐振频率 f_s 左移或使并联谐振频率 f_p 右移,所以可控频率范围 $f_s \sim f_p$ 增大,但电抗曲线斜率变小。图 4.5.5 可以很清楚地说明这一点。

　　在图 4.5.5 中,(a)图是串联电感扩展法原理。其中左图为等效电路,右图中两条虚曲线是晶振的电抗频率曲线,一条斜直虚线 $X_L = \omega L$ 表示加入的电感 L 的电抗特性。由于晶

振与 L 串联，因此，在各个频率点两者的电抗频率曲线值相加，就可以得到扩展后的总电抗频率曲线，如两条实线所示。f_s' 是扩展后的串联谐振频率。并联谐振频率 f_p 不变。

(b) 图是并联电感扩展法原理。其中左图为等效电路，右图中两条虚曲线是晶振的电抗频率曲线，三条实线是扩展后的电抗频率曲线，f_p' 是扩展后的并联谐振频率。串联谐振频率 f_s 不变。由于分析并联关系采用电纳特性更加方便和清楚，故 (c) 图给出了 (b) 图对应的电纳频率曲线。图中两条虚线 B_1 和 B_2 是晶振的电纳频率曲线，另一条虚线 $B_L = -1/(\omega L)$ 表示加入的电感 L 的电纳特性。由于晶振与 L 并联，因此，在各个频率点两者的电纳频率曲线值相加，就可以得到扩展后的总电纳频率曲线，如两条实线所示。这两条实线变换到 (b) 右图，即为扩展后的总电抗频率曲线。

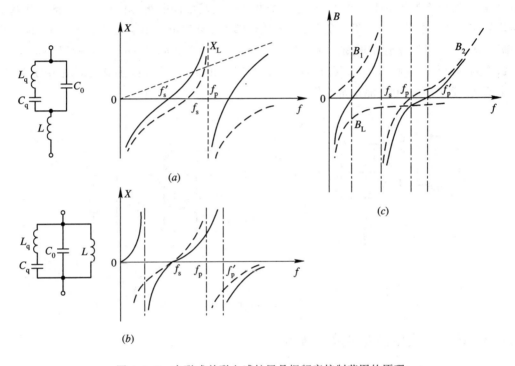

图 4.5.5　串联或并联电感扩展晶振频率控制范围的原理

图 4.5.6 是应用串联电感扩展法原理的晶体压控振荡器实用电路，图中 U_{EE} 为负电源。该电路中心频率约为 20 MHz，频偏（瞬时频率偏离中心频率的最大值）约为 10 kHz。

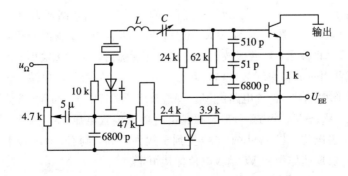

图 4.5.6　晶体压控振荡器

4.6 集成电路振荡器

以上介绍的均为分立元件振荡器。利用集成电路也可以做成正弦波振荡器,包括压控正弦波振荡器。当然,集成电路振荡器需外接 LC 元件。

4.6.1 差分对管振荡电路

在集成电路振荡器中,广泛采用如图 4.6.1(a)所示的差分对管振荡电路,其中 V_2 管集电极外接的 LC 回路调谐在振荡频率上。图 4.6.1(b)为其交流等效电路。(b)图中 R_{ee} 为恒流源 I_0 的交流等效电阻。可见,这是一个共集—共基反馈电路。由于共集电路与共基电路均为同相放大电路,因此只要负载 R_L 的值足够大,环路电压增益可调至大于 1。根据瞬时极性法判断,在 V_1 管基极断开时,有 $u_{b1} \uparrow \rightarrow u_{e1}(u_{e2}) \uparrow \rightarrow u_{c2} \uparrow \rightarrow u_{b1} \uparrow$,所以是正反馈。在振荡频率点处,并联 LC 回路阻抗最大,正反馈电压 $u_f(u_o)$ 最强,且满足相位稳定条件。综上所述,此振荡器电路能正常工作。

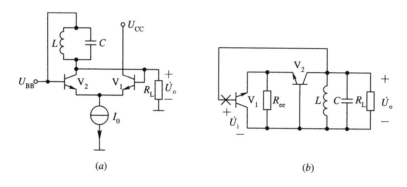

图 4.6.1 差分对管振荡电路

4.6.2 单片集成振荡器电路 E1648

现以常用电路 E1648 为例介绍集成电路振荡器的组成。

单片集成振荡器 E1648 是 ECL 中规模集成电路,其内部电路图如图 4.6.2 所示。

E1648 采用典型的差分对管振荡电路。该电路由三部分组成:差分对管振荡电路、放大电路和偏置电路。V_7、V_8、V_9 管与⑩脚、⑫脚之间外接 LC 回路组成差分对管振荡电路,其中 V_9 管为可控电流源。⑤脚输入的 AGC 电压信号可以控制 V_9 管的集电极电流发生变化。振荡信号由 V_7 管基极取出,经两级放大电路和一级射随后,从③脚输出。第一级放大电路由 V_5 和 V_4 管组成共射—共基级联放大器,第二级由 V_3 和 V_2 管组成单端输入、单端输出的差分放大器,V_1 管作射随器。偏置电路由 $V_{10} \sim V_{14}$ 管组成,其中 V_{11} 与 V_{10} 管分别为两级放大电路提供偏置电压,$V_{12} \sim V_{14}$ 管为差分对管振荡电路提供偏置电压。V_{12} 与 V_{13} 管组成互补稳定电路,稳定 V_8 基极电位。若 V_8 基极电位受到干扰而升高,则有 $u_{b8}(u_{b13}) \uparrow \rightarrow u_{c13}(u_{b12}) \downarrow \rightarrow u_{e12}(u_{b8}) \downarrow$,这一负反馈作用使 V_8 基极电位保持恒定。

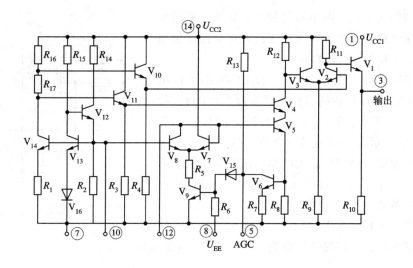

图 4.6.2　单片集成振荡器 E1648 内部电路图

图 4.6.3 是利用 E1648 组成的正弦波振荡器。振荡频率为

$$f_g = \frac{1}{2\pi \sqrt{L_1(C_1 + C_i)}}$$

其中 $C_i \approx 6$ pF，是⑩脚和⑫脚之间的输入电容。E1648 的最高振荡频率可达 225 MHz。E1648 有①脚与③脚两个输出端。由于①脚和③脚分别是片内 V_1 管的集电极和发射极，因此①脚输出电压的幅度可大于③脚的输出。当然，L_2C_2 回路应调谐在振荡频率 f_g 上。

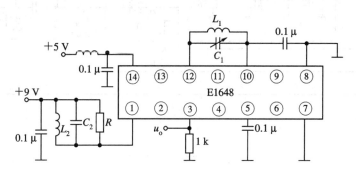

图 4.6.3　E1648 组成的正弦波振荡器

如果⑩脚与⑫脚外接包括变容二极管在内的 LC 元件，则可以构成压控振荡器。显然，利用 E1648 也可以构成晶体振荡器。

4.7　实例介绍

各种集成放大电路都可以用来组成集成正弦波振荡器，确定该振荡器振荡频率的 LC 元件需外接。为了满足振幅起振条件，集成放大电路的单位增益带宽 BW_G 至少应比振荡频率 f_0 大 1～2 倍。为了保证振荡器有足够高的频率稳定度，一般宜取 $BW_G \geqslant f_0$ 或 $BW_G > (3\sim10)f_0$。集成放大电路的最大输出电压幅度和负载特性也应满足要求。利用晶振可以提高集成正弦波振荡器的频率稳定度。采用单片集成振荡电路如 E1648 等组成正弦波振荡器则更加方便,在 4.6 节中已有介绍。

用集成宽带放大电路 LM733 和 LC 网络可以组成频率在 120 MHz 以内的高频正弦波振荡器,典型接法如图 4.7.1 所示。如在①脚与回路之间接入晶振(如图中虚线所示),则可组成晶体振荡器。

用集成宽带(或射频)放大电路组成正弦波振荡器时,LC 选频回路应正确接入反馈支路,其电路组成原则与运放振荡器的组成原则相似。

图 4.7.2 是松下 TC-483D 型彩色电视机甚高频电调谐高频头中的本机振荡器电路,是由分立元件组成的。

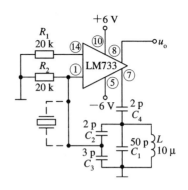

图 4.7.1　集成正弦波振荡器

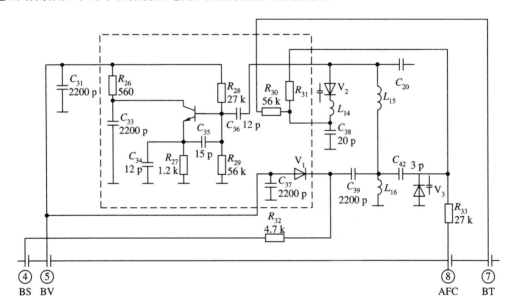

图 4.7.2　高频头中的本振电路

在高频头中,本振的作用是产生一个与输入电视图像载频相差一个中频(38 MHz)的高频正弦波信号。甚高频电视频道范围为 1～12 频道,其中 1～5 频道(L 频段)图像载频范围为 49.75～85.25 MHz,6～12 频道(H 频段)图像载频范围为 168.25～216.25 MHz。

图中开关二极管 V_1 受频段选择的控制。L 频段时,BS=30 V,BV=12 V,V_1 反偏截止,交流等效电路如图 4.7.3(a)所示。H 频段时,BS=0 V,BV=12 V,V_1 导通,L_{16} 被短路(因 2200 pF 电容对高频信号短路),交流等效电路如图 4.7.3(b)所示。V_2 是变容二极管,其电容量受调谐电压 BT 控制。改变 V_2 的电容量,便可改变本振频率。

⑧脚输入的 AFC 信号通过对 V_2 和 V_3 电容值的微调,达到对本振频率的微调,从而保证本振频率能够跟踪输入电视图像载频,使其差值恒定为 38 MHz。有关 AFC 电路的详细介绍放在第 7 章 7.5 节。

由图可知,这是一个压控西勒电路。整个甚高频波段覆盖系数为 4.3,数值较大,分成

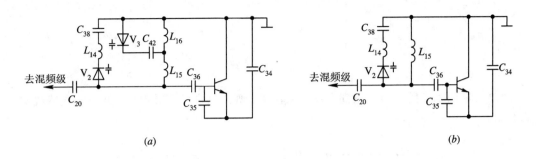

图 4.7.3　本振交流等效电路

(*a*) L 频段；(*b*) H 频段

L 和 H 两个频段后，波段覆盖系数分别下降为 1.7 和 1.3，正好在西勒电路的调节范围之内。

4.8　章　末　小　结

(1) 反馈振荡器是由放大器和反馈网络组成的具有选频能力的正反馈系统。反馈振荡器必须满足起振、平衡和稳定三个条件，每个条件中应分别讨论其振幅和相位两个方面的要求。在振荡频率点，环路增益的幅值在起振时必须大于 1，且具有负斜率的增益—振幅特性，这是振幅方面的要求。在振荡频率点，环路增益的相位应为 2π 的整数倍，且具有负斜率的相频特性，这是相位方面的要求。

(2) 三点式振荡电路是 *LC* 正弦波振荡器的主要形式，可分成电容三点式和电感三点式两种基本类型。频率稳定度是振荡器的主要性能指标之一。为了提高频率稳定度，必须采取一系列措施，包括减小外界因素变化的影响和提高电路抗外界因素变化影响的能力两个方面。克拉泼电路和西勒电路是两种较实用的电容三点式改进型电路，前者适合于作固定频率振荡器，后者可作波段振荡器。分析实用三点式电路时，将其中晶体管看成是共基电路进行分析比较方便。

(3) 晶体振荡器的频率稳定度很高，但振荡频率的可调范围很小。泛音晶振可用于产生较高频率振荡，但需采取措施抑制低次谐波振荡，保证其只谐振在所需要的工作频率上。采用变容二极管组成的压控振荡器可使振荡频率随外加电压而变化，这在调频和锁相环电路中有很大的用途。采用串联电感或并联电感的方法可以扩展晶体压控振荡器的振荡频率范围，但频率稳定度会有一些下降。

(4) 集成电路正弦波振荡器电路简单，调试方便，但需外加 *LC* 元件组成选频网络。

(5) 在压控振荡器中，既有低频控制信号输入，又有高频振荡信号产生，所以，要正确分析它的工作状况和性能指标，必须首先分别正确画出有关的直流通路，低频等效电路和高频等效电路。掌握这一点对于以后学习调制解调电路也是必不可少的。

(6) 学习本章内容之后，要能够识别常用正弦波振荡器的类型并判断其能否正常工作。在明确各种类型振荡器优缺点和适用场合的基础上，既要掌握常用振荡电路的分析和参数计算，也要学会常用振荡电路的设计和调试。

习　题

4.1　题图 4.1 所示为互感耦合反馈振荡器，画出其高频等效电路，并注明电感线圈的同名端。

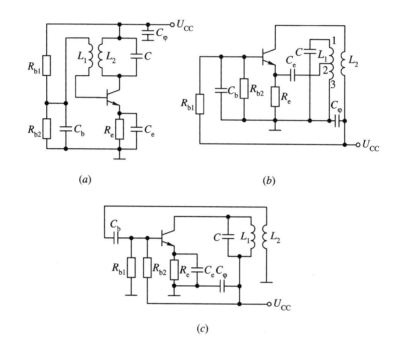

题图 4.1

4.2　题图 4.2 所示各振荡电路中，哪些能够产生振荡？哪些不能够产生振荡？为什么？（注：凡脚标以数字表示的电容和无脚标的电容均为回路电容，其余为旁路电容或耦合电容，以后各题同。）

4.3　在题图 4.3 所示电容三点式电路中，$C_1 = 100$ pF，$C_2 = 300$ pF，$L = 50$ μH，试求电路振荡频率 f_0 和维持振荡所必须的最小电压增益 A_{umin}。（提示：用共基等效电路。）

4.4　已知题图 4.4 所示振荡器中晶体管在工作条件下的 Y 参数为：$g_{\text{ie}} = 2$ mS，$g_{\text{oe}} = 20$ μS，$|y_{\text{fe}}| = 20.6$ mS。L、C_1 和 C_2 组成的并联回路 $Q_0 = 100$。

（1）画出振荡器的高频交流等效电路；

（2）估算振荡频率和反馈系数；

（3）根据振幅起振条件判断该电路能否起振。

（提示：在振荡器共射交流等效电路中，设法求出 g_{ie} 和 LC_1C_2 回路谐振电导 g_{e0} 等效到晶体管 c、e 极两端的值 g'_{ie} 和 g'_{e0}，并且由反馈系数求出环路增益 $\dot{T}$，然后推导出振幅起振条件。反馈系数 $\dot{F} = \dot{U}_{\text{be}}/\dot{U}_{\text{ce}}$。）

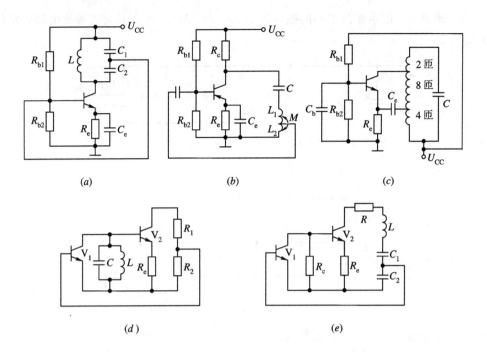

(a) 　　　　　*(b)* 　　　　　*(c)*

(d) 　　　　　　　　*(e)*

题图 4.2

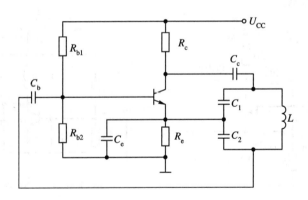

题图 4.3

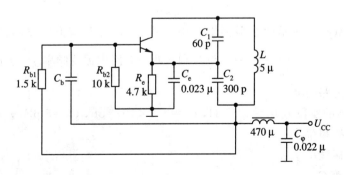

题图 4.4

4.5 题图 4.5 所示振荡电路的振荡频率 $f_0 = 50$ MHz，画出其交流等效电路并求回路电感 L。

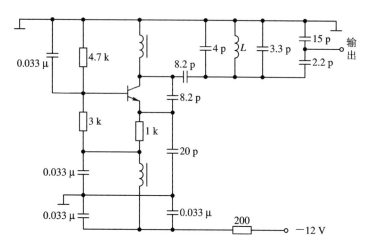

题图 4.5

4.6 对于题图 4.6 所示各振荡电路：

(1) 画出高频交流等效电路，说明振荡器类型；

(2) 计算振荡频率。

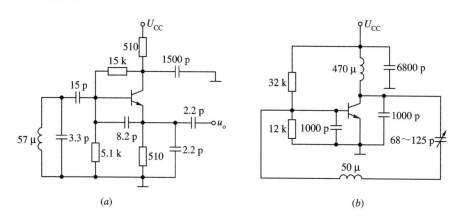

题图 4.6

4.7 在题图 4.7 所示两个振荡电路中，两个 LC 并联谐振回路的谐振频率分别是 $f_1 = \dfrac{1}{2\pi\sqrt{L_1C_1}}$ 和 $f_2 = \dfrac{1}{2\pi\sqrt{L_2C_2}}$，试分别求两个电路中振荡频率 f_0 与 f_1、f_2 之间的关系，并说明振荡电路的类型。

4.8 某晶体的参数为 $L_q = 19.5$ H, $C_q = 2.1 \times 10^{-4}$ pF, $C_0 = 5$ pF, $r_q = 110$ Ω。试求：

(1) 串联谐振频率 f_s；

(2) 并联谐振频率 f_p；

(3) 品质因数 Q_q。

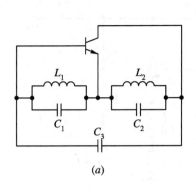
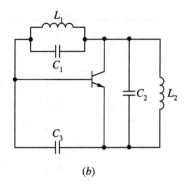

(a) (b)

题图 4.7

4.9 题图 4.9(a)、(b)分别为 10 MHz 和 25 MHz 的晶体振荡器。试画出交流等效电路，说明晶体在电路中的作用，并计算反馈系数。

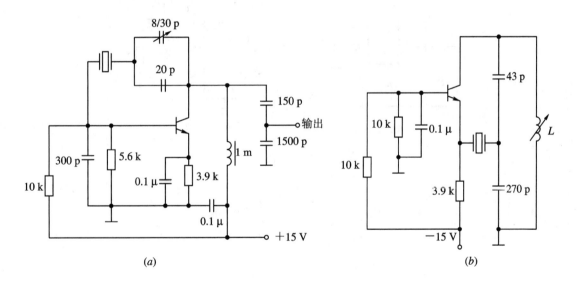

(a) (b)

题图 4.9

4.10 试画出同时满足下列要求的一个实用晶体振荡电路：

(1) 采用 NPN 管；

(2) 晶体谐振器作为电感元件；

(3) 晶体管 c、e 极之间为 LC 并联回路；

(4) 晶体管发射极交流接地。

4.11 题图 4.11 所示为输出振荡频率为 5 MHz 的三次泛音晶体振荡器。试画出高频等效电路并说明其中 LC 回路（4.7 μH 电感与 330 pF 电容）的作用。

4.12 试将晶体谐振器正确地接入题图 4.12 所示电路中，以组成并联型或串联型晶振电路。

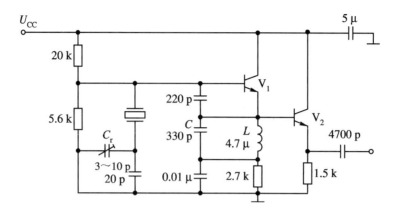

题图 4.11

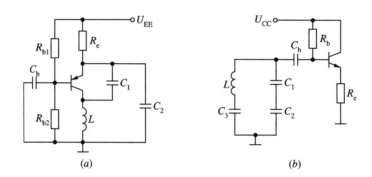

(a)   (b)

题图 4.12

第 5 章　频率变换电路的特点
及分析方法

5.1　概　　述

本书第 2 章与第 3 章分别介绍的小信号放大电路与功率放大电路从原理要求上讲均为线性放大电路。线性放大电路的特点是其输出信号与输入信号具有某种特定的线性关系。从时域上讲，输出信号波形与输入信号波形相同，只是在幅度上进行了放大；从频域上讲，输出信号的频率分量与输入信号的频率分量相同。然而，在通信系统和其他一些电子设备中，需要一些能实现频率变换的电路。这些电路的特点是其输出信号的频谱中产生了一些输入信号频谱中没有的频率分量，即发生了频率分量的变换，故称为频率变换电路。

频率变换电路属于非线性电路，其频率变换功能应由非线性元器件产生。在高频电子线路中，常用的非线性元器件有非线性电阻性元器件和非线性电容性元器件。前者在电压—电流平面上具有非线性的伏安特性。如不考虑晶体管的电抗效应，它的输入特性、转移特性和输出特性均具有非线性的伏安特性，所以晶体管可视为非线性电阻性器件。后者在电荷—电压平面上具有非线性的库伏特性。例如，第 4 章介绍的变容二极管就是一种常用非线性电容性器件。虽然在线性放大电路里也使用了晶体管这一非线性器件，但是必须采取一些措施来尽量避免或消除它的非线性效应或频率变换效应，而主要利用它的电流放大功能。例如，使小信号放大电路工作在晶体管非线性特性中的线性范围内，在丙类谐振功放中利用选频网络取出输入信号中才有的有用频率分量而滤除其他无用的频率分量等等。

本章以晶体二极管伏安特性为例，介绍了非线性元器件频率变换特性的几种分析方法，然后进一步介绍频率变换电路的特点及实现方法。

5.2　非线性元器件频率变换特性的分析方法

本节以晶体二极管(pn 结)伏安特性为例进行讨论，所采用的方法可推广到晶体三极管以及其他非线性元器件。

晶体二极管的非线性伏安特性通常可用三种函数来近似表示或逼近，即指数函数、折线函数和幂级数，故对应有三种分析方法。

5.2.1　指数函数分析法

晶体二极管的正向伏安特性可用指数函数描述为

$$i = I_s(e^{\frac{q}{kT}u} - 1) = I_s(e^{\frac{1}{U_T}u} - 1) \tag{5.2.1}$$

其中，I_s 是反向饱和电流，热电压 $U_T \approx 26$ mV(当 $T=300$ K 时)。

在输入电压 u 较小时，式(5.2.1)与二极管实际特性是吻合的，但当 u 增大时，二者有较大的误差，如图 5.2.1 所示。所以指数函数分析法仅适用于小信号工作状态下的二极管特性分析。

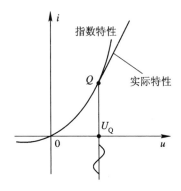

图 5.2.1 晶体二极管的伏安特性

根据指数函数的幂级数展开式，有

$$\mathrm{e}^x = 1 + x + \frac{1}{2!}x^2 + \cdots + \frac{1}{n!}x^n + \cdots$$

若 $u = U_Q + U_s \cos\omega_s t$，由式(5.2.1)可得到

$$i = I_s \left[\frac{U_Q}{U_T} + \frac{U_s}{U_T}\cos\omega_s t + \frac{1}{2U_T^2}\left(U_Q^2 + 2U_Q U_s \cos\omega_s t + U_s^2 \frac{1+\cos 2\omega_s t}{2} \right) \right.$$
$$\left. + \cdots + \frac{1}{n!U_T^n}(U_Q + U_s \cos\omega_s t)^n + \cdots \right] \qquad (5.2.2)$$

利用三角函数公式将上式展开后，可以看到，输入电压中虽然仅有直流和 ω_s 分量，但在输出电流中除了直流和 ω_s 分量外，还出现了新的频率分量，这就是 ω_s 的二次及以上各次谐波分量。输出电流的频率分量可表示为

$$\omega_o = n\omega_s \qquad n = 0, 1, 2, \cdots \qquad (5.2.3)$$

由于指数函数是一种超越函数，因此这种方法又称为超越函数分析法。

5.2.2 折线函数分析法

当输入电压较大时，晶体二极管的伏安特性可用两段折线来逼近，由图 5.2.1 可以证实这一点。由于晶体三极管的转移特性与晶体二极管的伏安特性有相似的非线性特性，因此第 3 章 3.2 节利用折线法对大信号工作状态下集电极电流进行了分析。由分析结果可知，当输入电压为直流偏置上叠加单频正弦波时，集电极电流中的频率分量与式(5.2.3)相同。

5.2.3 幂级数分析法

假设晶体二极管的非线性伏安特性可用某一个函数 $i = f(u)$ 表示。此函数表示的是一条连续曲线。如果在自变量 u 的某一点处(例如静态工作点 U_Q)存在各阶导数，则电流 i 可以在该点附近展开为泰勒级数，即

$$i = f(U_Q) + f'(U_Q)(u - U_Q) + \frac{f''(U_Q)}{2!}(u - U_Q)^2 + \cdots + \frac{f^{(n)}(U_Q)}{n!}(u - U_Q)^n + \cdots$$

$$= a_0 + a_1(u - U_Q) + a_2(u - U_Q)^2 + \cdots + a_n(u - U_Q)^n + \cdots \qquad (5.2.4)$$

式中

$$a_n = \frac{f^{(n)}(U_Q)}{n!} \quad n = 0,\ 1,\ 2,\ 3,\ \cdots$$

当输入电压 $u = U_Q + U_s \cos\omega_s t$ 时，由式(5.2.4)可求得输出电流为

$$i = a_0 + a_1 U_s \cos\omega_s t + \frac{a_2 U_s^2}{2}(1 + \cos 2\omega_s t) + \cdots + a_n U_s^n \cos^n\omega_s t + \cdots$$

可见，输出电流中出现的频率分量与式(5.2.3)相同。

显然，展开的泰勒级数必须满足收敛条件。

综上所述，非线性元器件的特性分析是建立在函数逼近的基础之上的。当工作信号大小不同时，适用的函数可能不同，但与实际特性之间的误差都必须在工程所允许的范围之内。

【例 5.1】 已知结型场效应管的转移特性可用平方律函数

$$i_D = I_{DSS}\left(1 - \frac{u_{GS}}{U_p}\right)^2$$

表示，分析它的频率变换特性。

解：设输入电压 $u_{GS} = U_G + U_s \cos\omega_s t$，其中 U_G 是栅极直流偏压，则输出电流为

$$i_D = I_{DSS}\left(1 - \frac{U_G + U_s \cos\omega_s t}{U_p}\right)^2$$

$$= \frac{I_{DSS}}{U_p^2}\left[(U_G - U_p)^2 + \frac{U_s^2}{2} + 2U_s(U_G - U_p)\cos\omega_s t + \frac{U_s^2}{2}\cos 2\omega_s t\right]$$

可见，输出电流中除了直流和 ω_s 这两个输入信号频率分量之外，只产生了一个新的 $2\omega_s$ 频率分量。

【例 5.2】 已知变容二极管结电容 C_j 与两端电压 u 的非线性关系如图 5.2.2 所示，分析流经变容二极管的电流 i 与 u 之间的频率变换关系，并与线性电容器进行比较。

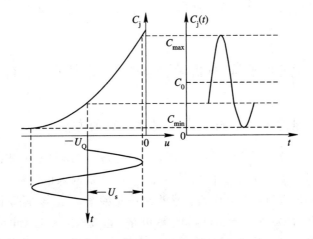

图 5.2.2　例 5.2 图

解：流经电容性元器件的电流 i 与其两端的电压 u 和存储的电荷 q 具有以下的关系式：

$$i = \frac{\mathrm{d}q}{\mathrm{d}t} = \frac{\mathrm{d}q}{\mathrm{d}u} \cdot \frac{\mathrm{d}u}{\mathrm{d}t} = C \frac{\mathrm{d}u}{\mathrm{d}t} \tag{5.2.5}$$

对于线性电容器，它的库伏特性在 $q-u$ 平面上是一条直线，故电容量 C 是一常数。由式(5.2.5)可知，除了无直流分量之外，i 中的频率分量与 u 中的频率分量应该相同。所以线性电容器无频率变换功能。

对于变容二极管，它的库伏特性不仅是一条曲线，而且它的法伏特性在 $C-u$ 平面上也是一条曲线，其表达式如第 4 章式(4.5.1)所示。

由图 5.2.2 可见，当 $u = -U_Q + U_s \cos\omega_s t$ 时，结电容 C_j 是一个周期性的略为失真的余弦函数，故可展开为傅里叶级数

$$C_j = C_0 + \sum_{n=1}^{\infty} C_n \cos n\omega_s t$$

将此式和 u 的表达式一起代入式(5.2.5)，可以求得

$$i = -\omega_s U_s \left[C_0 \sin\omega_s t + \sum_{n=1}^{\infty} C_n \sin\omega_s t \cdot \cos n\omega_s t \right]$$

展开后可知 i 中的频率分量为 $\omega_o = n\omega_s$，$n = 1, 2, 3, \cdots$，所以变容二极管有频率变换功能。

【例 5.3】 已知晶体管基极输入电压为 $u_{BE} = U_Q + u_1 + u_2$，其中 $u_1 = U_{m1} \cos\omega_1 t$，$u_2 = U_{m2} \cos\omega_2 t$，求晶体管集电极输出电流中的频率分量。

解：这道题实际上是分析在直流偏压上叠加两个不同频率输入交流信号时的频率变换情况。

设晶体管转移特性为 $i_C = f(u_{BE})$，用幂级数分析法将其在 U_Q 处展开为

$$i_C = a_0 + a_1(u_1 + u_2) + a_2(u_1 + u_2)^2 + \cdots + a_n(u_1 + u_2)^n + \cdots$$

将 $u_1 = U_{m1} \cos\omega_1 t$，$u_2 = U_{m2} \cos\omega_2 t$ 代入上式，然后对各项进行三角函数变换，则可以求得 i_C 中频率分量的表达式为

$$\omega_o = |\pm p\omega_1 \pm q\omega_2| \qquad p、q = 0, 1, 2, \cdots \tag{5.2.6}$$

所以，输出信号频率是两个不同输入信号频率各次谐波的各种不同组合，包含有直流分量。

5.3 频率变换电路的特点与非线性失真分析

5.3.1 频率变换电路的分类与减小非线性失真的方法

频率变换电路可分为两大类，即线性频率变换电路与非线性频率变换电路。

线性频率变换电路或者要求输出信号频率 ω_o 应该是输入信号频率 ω_s 的某个固定倍数，即 $\omega_o = N\omega_s$（例如倍频电路），或者要求输出信号频率 ω_o 应该是两个输入信号频率 ω_1 和 ω_2 的和频或差频，即 $\omega_o = \omega_1 \pm \omega_2$（例如调幅电路、检波电路和混频电路）。这些电路的特点是输出信号频谱与输入信号频谱有简单的线性关系，或者说，输出信号频谱只是输入信号频谱在频率轴上的搬移，故又被称为频谱搬移电路。

　　非线性频率变换电路的特点是输出信号频谱和输入信号频谱不再是简单的线性关系，也不是频谱的搬移，而是产生了某种非线性变换，例如模拟调频电路与鉴频电路。

　　晶体管是频率变换电路里常用的非线性器件。由例 5.3 的分析可知，当两个交流信号相加输入时，晶体管输出电流中含有输入信号频率的无穷多个组合分量。而在调幅、检波、混频电路中，要求新增频率分量只是输入信号频率的和频和差频。一方面，利用晶体管的非线性特性可以产生新的频率分量，满足某些功能电路的需要；另一方面，产生过多的不需要的新频率分量又会造成信号失真，也就是非线性失真。因此，必须采取措施以减少输出信号中大多数无用的组合频率分量，减小非线性失真。常用措施有以下几条：

　　（1）采用具有平方律特性的场效应管代替晶体管。由例 5.1 可知，当输入是单频信号时，场效应管的输出频谱中无二次以上的谐波分量。如果输入信号包含两个频率分量 ω_1 和 ω_2，可以推知输出信号频谱中将只有直流、ω_1、ω_2、$\omega_1 \pm \omega_2$、$2\omega_1$ 和 $2\omega_2$ 这几个分量。

　　（2）采用多个晶体管组成平衡电路，抵消一部分无用组合频率分量。在以后章节将具体介绍有关电路。

　　（3）使晶体管工作在线性时变状态或开关状态，可以大量减少无用的组合频率分量。

　　（4）采用滤波器来滤除不需要的频率分量。实际上，滤波器已成为频率变换电路中不可缺少的组成部分。在以后章节介绍的各种频率变换电路中，我们将会看到各种不同类型滤波器所起的重要作用。

5.3.2　线性时变工作状态

　　由例 5.3 可以看到，若两个不同频率的交流信号同时输入，晶体管输出信号的频谱是由式(5.2.6)决定的众多组合分量。如果其中一个交流信号的振幅远远小于另一个交流信号的振幅，例如 $u_2 \ll u_1$，那么又会产生什么结果呢？

　　如果 $u_2 \ll u_1$，则可以认为晶体管的工作状态主要由 U_Q 与 u_1 决定，若在交变工作点 $(U_Q + u_1)$ 处将输出电流 i_C 展开为幂级数，可以得到

$$\begin{aligned} i_C &= f(u_{BE}) = f(U_Q + u_1 + u_2) \\ &= f(U_Q + u_1) + f'(U_Q + u_1)u_2 + \frac{1}{2!}f''(U_Q + u_1)u_2^2 + \cdots \\ &\quad + \frac{1}{n!}f^{(n)}(U_Q + u_1)u_2^n + \cdots \end{aligned}$$

其中

$$f^{(n)}(U_Q + u_1) = \frac{\mathrm{d}^n i_C}{\mathrm{d} u_{BE}^n}\bigg|_{u_{BE} = U_Q + u_1}$$

　　因为 u_2 很小，故可以忽略 u_2 的二次及以上各次谐波分量，则表达式可以简化为

$$i_C \approx f(U_Q + u_1) + f'(U_Q + u_1)u_2 = I_0(t) + g(t)u_2 \qquad (5.3.1)$$

其中

$$I_0(t) = f(U_Q + u_1), \quad g(t) = f'(U_Q + u_1)$$

　　$I_0(t)$ 与 $g(t)$ 分别是 $u_2 = 0$ 时的电流值和电流对于电压的变化率（电导），而且它们均随时间变化（因为它们均随 u_1 变化，而 u_1 又随时间变化），所以分别被称为时变静态电流与时变电导。由于此处 $g(t)$ 是指晶体管输出电流 $i_C(t)$ 对于输入电压 $u_{BE}(t)$ 的变化率，故又称

为时变跨导。

由式(5.3.1)可知，$I_0(t)$ 与 $g(t)$ 均是与 u_2 无关的参数，故 i_C 与 u_2 可看做呈一种线性关系，但是 $I_0(t)$ 与 $g(t)$ 又是随时间变化的，所以将这种工作状态称为线性时变工作状态。此时，$I_0(t)$ 与 $g(t)$ 的曲线图如图 5.3.1 所示。

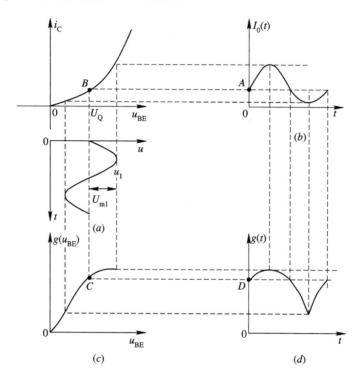

图 5.3.1 线性时变工作状态时 $I_0(t)$ 与 $g(t)$ 的波形

图中各条曲线的来历说明如下。

根据(a)图所示晶体管转移特性，可以从输入单频电压信号 $u_1(t)$ 得到(b)图的输出集电极电流 $I_0(t)$，其中 U_Q 是静态工作点。然后，求出转移特性曲线上每一点的斜率，可以得到 $i_C(u_{BE})$ 对于 u_{BE} 的变化率曲线，即(c)图中的 $g(u_{BE})$ 曲线。按照时变跨导 $g(t)$ 的定义，可以求得 $I_0(t)$ 曲线上各时间点对应的跨导 g 的值，然后连成曲线，就是(d)图中的 $g(t)$。具体画法是这样的。先找出(b)图中 $t=0$ 时刻的 $I_0(0)$（A 点），它对应着(a)图中转移特性曲线上的 B 点，相应的 u_{BE} 是 U_Q，然后再找出(c)图中 $g(u_{BE})$ 曲线上的对应点 $g(U_Q)$（C 点），最后在(d)图中确定 $t=0$ 时刻的对应点 $g(0)$（D 点）。依次找出(b)图中 $I_0(t)$ 曲线上其余各点在(d)图中的对应点，就可以得到 $g(t)$ 曲线了。

若 $u_1=U_{m1}\cos\omega_1 t$，$u_2=U_{m2}\cos\omega_2 t$，由图 5.3.1 可以看出，在周期性电压 $U_Q+U_{m1}\cos\omega_1 t$ 作用下，$g(t)$ 也是周期性变化的，所以可展开为傅里叶级数：

$$g(t) = g_0 + \sum_{n=1}^{\infty} g_n \cos n\omega_1 t \tag{5.3.2}$$

其中

$$g_n = \frac{1}{\pi} \int_{-\pi}^{\pi} g(t) \cos n\omega_1 t \, \mathrm{d}\omega_1 t$$

同样，$I_0(t)$ 也可以展开为傅里叶级数：

$$I_0(t) = I_{00} + \sum_{n=1}^{\infty} I_{0n}\cos n\omega_1 t \tag{5.3.3}$$

将式(5.3.2)和式(5.3.3)代入式(5.3.1)，可求得

$$i_C = I_{00} + \sum_{n=1}^{\infty} I_{0n}\cos n\omega_1 t + \left(g_0 + \sum_{n=1}^{\infty} g_n\cos n\omega_1 t\right)U_{m2}\cos\omega_2 t \tag{5.3.4}$$

由上式可以看出，i_C 中含有直流分量、ω_1 的各次谐波分量以及 $|\pm n\omega_1 \pm \omega_2|$ 分量（$n=0,1,2,\cdots$）。与式(5.2.6)比较，i_C 中减少了许多组合频率分量。

若 u_1 的振幅足够大时，晶体管的转移特性可采用两段折线表示，如图 5.3.2 所示。设 $U_Q=0$，则晶体管半周导通半周截止，完全受 u_1 的控制。这种工作状态称为开关工作状态，是线性时变工作状态的一种特例。在导通区，$g(u)$ 是一个常数 g_D，而 $g(t)$ 是一个矩形脉冲序列。

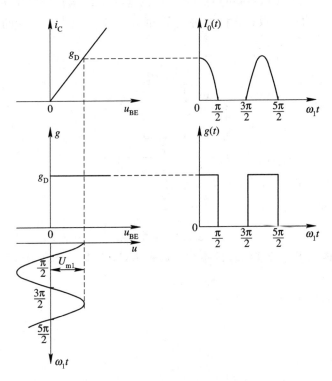

图 5.3.2　工作于开关状态时 $I_0(t)$ 与 $g(t)$ 的波形

如果将图 5.3.3 所示幅值为 1 的单向周期方波定义为单向开关函数，它的傅里叶级数展开式为

$$K_1(\omega_1 t) = \frac{1}{2} + \sum_{n=1}^{\infty} (-1)^{n-1}\frac{2}{(2n-1)\pi}\cos(2n-1)\omega_1 t \tag{5.3.5}$$

利用单向开关函数表达式，参照图 5.3.2，此时的集电极电流为

$$
\begin{aligned}
i_C &= I_0(t) + g(t)u_2 = g_D u_1 K_1(\omega_1 t) + g_D K_1(\omega_1 t)u_2 \\
&= g_D K_1(\omega_1 t)(u_1 + u_2) \\
&= g_D K_1(\omega_1 t)(U_{1m}\cos\omega_1 t + U_{2m}\cos\omega_2 t) \tag{5.3.6}
\end{aligned}
$$

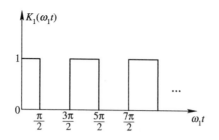

图 5.3.3　单向开关函数

由于 $K_1(\omega_1 t)$ 中包含直流分量和 ω_1 的奇次谐波分量，因此上式 i_C 中含有直流分量、ω_1 分量及其偶次谐波分量、ω_2 分量以及 $|\pm(2n-1)\omega_1 \pm \omega_2|$ 分量($n=1,2,\cdots$)。与式(5.3.4)比较，i_C 中的组合频率分量进一步减少，但有用的和频及差频 $|\pm\omega_1 \pm \omega_2|$ 仍然存在。

【例 5.4】　在图 5.3.4 所示差分对管中，受控电流源 I_0 与控制电压 u_2 是线性关系，有 $I_0=A+Bu_2$，A、B 均为常数，分析差分对管输出电流 $i=i_{C1}-i_{C2}$ 中的频率分量。已知 $u_1=U_{m1}\cos\omega_1 t$，$u_2=U_{m2}\cos\omega_2 t$。

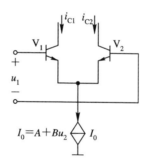

图 5.3.4　例 5.4 图

解：根据晶体三极管转移特性的指数函数表达式，当其工作在放大区时可分别写出

$$i_{C1} \approx I_{es} e^{\frac{1}{U_T} u_{be1}}, \quad i_{C2} \approx I_{es} e^{\frac{1}{U_T} u_{be2}}$$

其中 I_{es} 是发射极反向饱和电流。因为

$$\frac{i_{C1}}{i_{C2}} = e^{\frac{1}{U_T} u_1} = e^z \quad \left(z = \frac{1}{U_T} u_1, \quad u_1 = u_{be1} - u_{be2}\right)$$

故

$$i_{C1} = i_{C1} \frac{i_{C1}+i_{C2}}{i_{C1}+i_{C2}} = i_{C1} \frac{I_0}{i_{C1}+i_{C2}} = \frac{I_0}{1+\dfrac{i_{C2}}{i_{C1}}} = \frac{I_0}{1+e^{-z}}$$

同理可得

$$i_{C2} = \frac{I_0}{1+e^z}$$

所以

$$i_{C1} - i_{C2} = \frac{e^z - e^{-z}}{(1+e^{-z})(1+e^z)} I_0 = \frac{(e^{\frac{z}{2}})^2 - (e^{-\frac{z}{2}})^2}{2+e^{-z}+e^z} I_0 = \frac{(e^{\frac{z}{2}}+e^{-\frac{z}{2}})(e^{\frac{z}{2}}-e^{-\frac{z}{2}})}{(e^{\frac{z}{2}}+e^{-\frac{z}{2}})^2} I_0$$

$$= \frac{e^{z/2} - e^{-z/2}}{e^{z/2} + e^{-z/2}} I_0 = I_0 \operatorname{th}\left(\frac{z}{2}\right) = I_0 \operatorname{th}\left(\frac{u_1}{2U_T}\right) \tag{5.3.7}$$

根据以上分析,差分电路输出电流可用双曲正切函数逼近,在本题中,可写成

$$i = i_{\mathrm{C1}} - i_{\mathrm{C2}} = I_0 \operatorname{th}\left(\frac{u_1}{2U_{\mathrm{T}}}\right) = (A + Bu_2)\operatorname{th}\left(\frac{U_{\mathrm{m1}}}{2U_{\mathrm{T}}}\cos\omega_1 t\right)$$

其中双曲正切函数定义为

$$\operatorname{th}x = \frac{\mathrm{e}^x - \mathrm{e}^{-x}}{\mathrm{e}^x + \mathrm{e}^{-x}}$$

双曲正切函数 $\operatorname{th}\left(\dfrac{u}{2U_{\mathrm{T}}}\right)$ 与 u 的关系如图 5.3.5 所示。

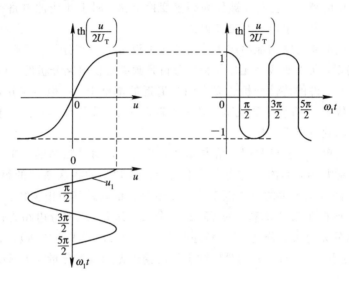

图 5.3.5　$\operatorname{th}\left(\dfrac{u}{2U_{\mathrm{T}}}\right)$ 与 u 的关系

令 $\dfrac{U_{\mathrm{m1}}}{2U_{\mathrm{T}}} = x$,当 $x \leqslant 0.5$ 时,有近似公式 $\operatorname{th}(x) \approx x$($\operatorname{th}0.5 \approx 0.4621$)。所以,当 u_1 较小时($U_{\mathrm{m1}} \leqslant 26\ \mathrm{mV}$),

$$i \approx (A + BU_{\mathrm{m2}}\cos\omega_2 t) \cdot \frac{U_{\mathrm{m1}}}{2U_{\mathrm{T}}}\cos\omega_1 t \tag{5.3.8}$$

可见,此时输出电流中仅有 ω_1 以及 ω_1、ω_2 的和频与差频。

当 $x > 5$ 时,$\operatorname{th}(x\cos\omega_1 t)$ 趋近于周期性方波,可近似用图 5.3.6 所示的双向开关函数 $K_2(\omega_1 t)$ 表示。其表达式为

$$
\begin{aligned}
K_2(\omega_1 t) &= K_1(\omega_1 t) - K_1(\omega_1 t - \pi) \\
&= \sum_{n=1}^{\infty}(-1)^{n-1}\frac{4}{(2n-1)\pi}\cos(2n-1)\omega_1 t
\end{aligned}
$$

$$\tag{5.3.9}$$

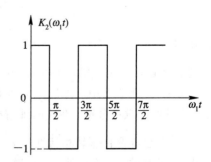

图 5.3.6　双向开关函数

所以,当 u_1 较大时($U_{\mathrm{m1}} > 260\ \mathrm{mV}$):

$$i \approx (A + BU_{\mathrm{m2}}\cos\omega_2 t)K_2(\omega_1 t) \tag{5.3.10}$$

由于 $K_2(\omega_1 t)$ 中仅有 ω_1 的奇次谐波分量,因此此

时输出电流中含有 ω_1 的奇次谐波分量以及 $|\pm(2n-1)\omega_1\pm\omega_2|$ 分量($n=1,2,3,\cdots$)。

综上所述,差分对管输出信号中的无用组合频率分量比单个晶体管大大减少,其原因在于两个相同晶体管起平衡抵消的作用。

5.4 章 末 小 结

第6章、第7章和第9章将要介绍的调制、解调与混频电路是通信系统中的重要组成部分。从频域的角度来看,它们都被称为频率变换电路,属于非线性电路范畴。本章作为学习这三章的入门,介绍了以下基础知识:

(1) 频率变换电路的输出能够产生输入信号中没有的频率分量。频率变换功能必须由非线性元器件实现,所以非线性元器件特性分析是频率变换电路分析的基础。

(2) 非线性元器件的特性分析建立在函数逼近的基础上。一般可采用超越函数(如指数函数、双曲函数等)、折线函数或幂级数来逼近,但要注意工作信号大小不同或偏置电压不同时,适用的函数可能不一样。

(3) 当输入是单一交流信号时,晶体管的输出是输入信号频率的各次谐波;当输入是两个交流信号的叠加时,晶体管的输出是输入两信号频率的各次谐波的组合分量。然而,实际频率变换电路要求产生的有用频率分量或组合分量只是其中极少数。所以,需要采取一些措施来减少或抑制输出频率中的无用组合分量。其中,以差分电路为代表的平衡电路可抵消很大一部分无用频率分量(第6章还将介绍一种二极管平衡电路),工作在线性时变状态(开关状态是其中一个特例)的晶体管也可使输出无用频率分量大大减少。

习 题

5.1 已知非线性器件的伏安特性为 $i=a_0+a_1u+a_2u^2+a_3u^3+a_4u^4$,若 $u=U_{m1}\cos\omega_1 t+U_{m2}\cos\omega_2 t$,试写出电流 i 中有哪些组合频率分量。说出其中 $\omega_1\pm\omega_2$ 分量是由 i 中的哪些项产生的。

5.2 已知非线性器件的伏安特性为

$$i=\begin{cases}g_D u & u>0 \\ 0 & u\leqslant 0\end{cases}$$

若 $u=U_Q+U_{m1}\cos\omega_1 t+U_{m2}\cos\omega_2 t$,且 $U_Q=-\dfrac{1}{2}U_{m1}$,$U_{m2}\ll U_{m1}$,满足线性时变条件,求时变电导 $g(t)$ 的表达式,并写出 i 中的组合频率分量。

5.3 在题5.2中,若 $U_Q=0$ 或 $U_Q=U_{m1}$,试求在这两种情况下 $g(t)$ 的表达式,并写出 i 中的组合频率分量。在这两种情况下,分别能实现频谱搬移吗?

5.4 已知晶体管转移特性为 $i_C=I_{es}e^{\frac{1}{U_T}u_{BE}}$,若 $u_{BE}=U_{BB}+u_s$,$u_s=U_m\cos\omega_c t$,试写出 i_C 中 ω_c 的基波、二次谐波、三次谐波及四次谐波的振幅。(取 e^x 展开式的前5项)

第 6 章　模拟调幅、检波与混频电路 (线性频率变换电路)

6.1　概　　述

调制电路与解调电路是通信系统中的重要组成部分。正如绪论中所介绍的,调制是在发射端将信号从低频段变换到高频段,便于天线发送以及实现不同信号源、不同系统的频分复用;解调是在接收端将已调波信号从高频段变换到低频段,恢复原信号。

在模拟系统中,按照载波波形的不同,可分为脉冲调制和正弦波调制两种方式。脉冲调制是以高频矩形脉冲序列为载波,用低频调制信号去控制矩形脉冲的幅度、宽度或位置三个参量,分别称为脉幅调制(PAM)、脉宽调制(PDM)和脉位调制(PPM)。正弦波调制是以高频正弦波为载波,用低频调制信号去控制正弦波的振幅、频率或相位三个参量,分别称为调幅(AM)、调频(FM)和调相(PM)。本书仅讨论正弦波调制。为了简化起见,本章内有关调幅、检波等名词前省略"模拟"二字。

本章首先分别在时域和频域讨论振幅调制与解调的基本原理,然后介绍有关电路组成。由于混频电路、倍频电路与调幅电路、振幅解调电路(又称为检波电路)同属于线性频率变换电路,因此也放在这一章介绍。

6.2　振幅调制与解调原理

振幅调制可分为普通调幅(AM)、双边带调幅(DSB - AM)、单边带调幅(SSB - AM)、残留边带调幅(VSB - AM)和正交调幅(QAM)等几种不同的方式。

6.2.1　普通调幅方式

1. 普通调幅信号的表达式、波形、频谱和带宽

普通调幅方式是用低频调制信号去控制高频正弦波(载波)的振幅,使其随调制信号波形的变化而呈线性变化的。

设载波为 $u_c(t) = U_{cm} \cos\omega_c t$,调制信号为单频信号,即 $u_\Omega(t) = U_{\Omega m} \cos\Omega t (\Omega \ll \omega_c)$,则普通调幅信号为

$$u_{AM}(t) = (U_{cm} + kU_{\Omega m} \cos\Omega t)\cos\omega_c t$$
$$= U_{cm}(1 + M_a \cos\Omega t)\cos\omega_c t \tag{6.2.1}$$

其中调幅指数 $M_a = k \cdot \dfrac{U_{\Omega m}}{U_{cm}}$, $0 < M_a \leqslant 1$, k 为比例系数。

图 6.2.1(a)给出了 $u_\Omega(t)$、$u_c(t)$ 和 $u_{AM}(t)$ 的波形图。从图中并结合式(6.2.1)可以看出，普通调幅信号的振幅由直流分量 U_{cm} 和交流分量 $kU_{\Omega m}\cos\Omega t$ 相加而成，其中交流分量与调制信号成正比，或者说，普通调幅信号的包络(信号振幅各峰值点的连线)完全反映了调制信号的变化。该图中载波频率是调制频率的 6 倍。调幅指数 M_a 还可以表示为

$$M_a = \frac{U_{max} - U_{min}}{U_{max} + U_{min}} = \frac{U_{max} - U_{cm}}{U_{cm}} = \frac{U_{cm} - U_{min}}{U_{cm}} \tag{6.2.2}$$

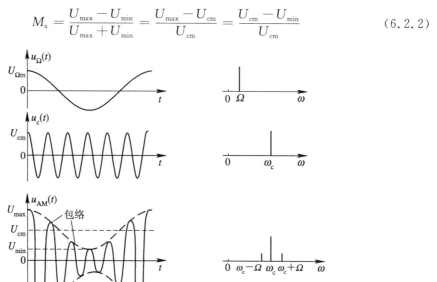

图 6.2.1 普通调幅波形与频谱

显然，当 $M_a > 1$ 时，普通调幅波的包络变化与调制信号不再相同，产生了失真，称为过调制，如图 6.2.2 所示。所以，普通调幅要求 M_a 必须不大于 1。

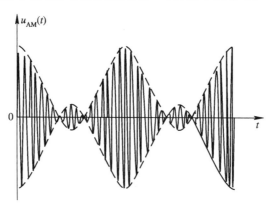

图 6.2.2 过调制波形

式(6.2.1)又可以写成

$$u_{AM}(t) = U_{cm}\cos\omega_c t + \frac{M_a U_{cm}}{2}\left[\cos(\omega_c + \Omega)t + \cos(\omega_c - \Omega)t\right] \tag{6.2.3}$$

可见，$u_{AM}(t)$ 的频谱包括了三个频率分量：ω_c(载频)、$\omega_c + \Omega$(上边频)和 $\omega_c - \Omega$(下边频)。原调制信号的频带宽度是 Ω(或 $F = \Omega/2\pi$)，而普通调幅信号的频带宽度是 2Ω(或

$2F)$，是原调制信号的两倍。普通调幅将调制信号频谱搬移到了载频的左右两旁，如图 6.2.1(b)所示。

由式(6.2.3)还可以看到，若此单频调幅信号加在负载 R 上，则载频分量产生的平均功率为

$$P_c = \frac{1}{2}\frac{U_{cm}^2}{R} \tag{6.2.4}$$

两个边频分量产生的平均功率相同，均为

$$P_{SB} = \frac{1}{2R}\left(\frac{M_a U_{cm}}{2}\right)^2 = \frac{1}{4}M_a^2 P_c \tag{6.2.5}$$

调幅信号总平均功率为

$$P_{av} = P_c + 2P_{SB} = \left(1 + \frac{1}{2}M_a^2\right)P_c \tag{6.2.6}$$

由于被传送的调制信息只存在于边频分量而不在载频分量中，因此由式(6.2.6)可知，携带信息的边频功率最多只占总功率的 $1/3$(因为 $M_a \leqslant 1$)。在实际系统中，平均调幅指数很小，所以边频功率占的比例更小，功率利用率更低。

为了提高功率利用率，可以只发送两个边频分量而不发送载频分量，或者进一步仅发送其中一个边频分量，同样可以将调制信息包含在调幅信号中。这两种调幅方式分别称为抑制载波的双边带调幅(简称双边带调幅)和抑制载波的单边带调幅(简称单边带调幅)，在以下两小节将分别给予介绍。

根据信号分析理论，一般非周期调制信号 $u_\Omega(t)$ 的频谱是一连续频谱，假设其频率范围是 $\Omega_{min} \sim \Omega_{max}$，如载频仍是 ω_c，则这时的普通调幅信号可看成是调制信号中所有频率分量分别与载频调制后的叠加，各对上、下边频相加后组成了上、下边带，相应的波形和频谱如图 6.2.3 所示。可见，这时普通调幅信号的包络仍然反映了调制信号的变化，上边带与下边带呈对称状分别置于载频的两旁，且都是调制信号频谱的线性搬移，上、下边带的宽度与调制信号频谱宽度分别相同，总频带宽度仍为调制信号带宽的两倍，即 $BW = 2\Omega_{max}$。

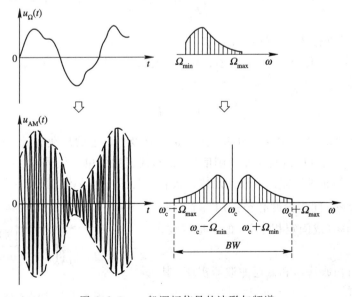

图 6.2.3　一般调幅信号的波形与频谱

2. 普通调幅信号的产生和解调方法

式(6.2.1)可以改写如下：

$$u_{AM}(t) = \left(1 + \frac{k}{U_{cm}}U_{\Omega m}\cos\Omega t\right) \cdot U_{cm}\cos\omega_c t$$

$$= k_1\left[\frac{1}{k_1} + u_\Omega(t)\right] \cdot u_c(t)$$

其中，$k_1 = k/U_{cm}$。

由上式可见，将调制信号与直流相加后，再与载波信号相乘，即可实现普通调幅。图 6.2.4 给出了相应的原理图。由于乘法器输出信号电平一般不太高，因此这种方法称为低电平调幅。

第 3 章曾经讨论过利用丙类谐振功放的调制特性也可以产生普通调幅信号。由于功放的输出电压较高，故这种方法称为高电平调幅。

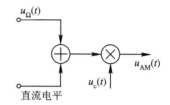

图 6.2.4 低电平调幅原理图

普通调幅信号的解调方法有两种，即包络检波和同步检波。

(1) 包络检波。利用普通调幅信号的包络反映了调制信号波形变化这一特点，如果能将包络提取出来，就可以恢复原来的调制信号。这就是包络检波的原理。图 6.2.5 给出了包络检波的原理图。

图 6.2.5 包络检波原理图

设输入普通调幅信号 $u_{AM}(t)$ 如式(6.2.1)所示，图 6.2.5 中非线性器件工作在开关状态，其特性可用式(5.3.5)那样的单向开关函数来表示，则非线性器件输出电流为

$$i_o(t) = gu_{AM}(t) \cdot K_1(\omega_c t)$$

$$= gU_{cm}(1 + M_a\cos\Omega t)\cos\omega_c t \cdot \left[\frac{1}{2} + \sum_{n=1}^{\infty}(-1)^{n-1} \cdot \frac{2}{(2n-1)\pi}\cos(2n-1)\omega_c t\right]$$

$$(6.2.7)$$

其中，g 是非线性器件伏安特性曲线斜率。

将 i_o 展开后可见其中含有直流、Ω、ω_c、$\omega_c \pm \Omega$ 以及其他许多组合频率分量，其中的直流和低频分量是

$$\frac{1}{\pi}gU_{cm}(1 + M_a\cos\Omega t) \tag{6.2.8}$$

用低通滤波器取出 i_o 中这一分量，滤除 $\omega_c - \Omega$ 及其以上的高频分量，同时用隔直流电容滤除直流分量，就可以恢复与原调制信号 $u_\Omega(t)$ 成正比的单频信号了。

图 6.2.5 中的非线性器件可以用晶体二极管，也可以用晶体三极管。

(2) 同步检波。同步检波必须采用一个与发射端载波同频同相(或固定相位差)的本地载波，称为同步信号。

同步检波可由乘法器和低通滤波器实现，其原理见图 6.2.6。

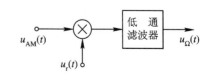

图 6.2.6 同步检波原理图

设输入普通调幅信号 $u_{AM}(t)$ 仍如式(6.2.1)所示,乘法器另一输入为同步信号,即

$$u_r(t) = U_{rm} \cos\omega_c t$$

则乘法器输出为

$$u_o(t) = k_2 u_{AM}(t) u_r(t) = k_2 U_{cm} U_{rm}(1 + M_a \cos\Omega t)\cos^2\omega_c t$$

$$= \frac{k_2 U_{cm} U_{rm}}{2}\left[1 + M_a \cos\Omega t + \cos2\omega_c t + \frac{M_a \cos(2\omega_c + \Omega)t}{2} + \frac{M_a \cos(2\omega_c - \Omega)t}{2}\right]$$

$$(6.2.9)$$

其中,k_2 是乘法器增益。

可见,输出信号中含有直流、Ω、$2\omega_c$、$2\omega_c \pm \Omega$ 几个频率分量。用低通滤波器取出直流和 Ω 分量,再去掉直流分量,就可恢复原调制信号。

如果本地载波与发射端载波同频不同相,有一相位差 θ,即

$$u_r = U_{rm} \cos(\omega_c t + \theta)$$

则乘法器输出中的 Ω 分量为 $\frac{1}{2}k_2 U_{cm} U_{rm} M_a \cos\theta \cos\Omega t$。若 θ 是一常数,即本地载波与发射端载波的相位差始终保持恒定,则解调出来的 Ω 分量仍与原调制信号成正比,只不过振幅有所减小。当然 $\theta \neq 90°$,否则 $\cos\theta = 0$,Ω 分量也就为零了。若 θ 是随时间变化的,即本地载波与发射端载波之间的相位差不稳定,则解调出来的 Ω 分量就不能正确反映调制信号了。

如果本地载波与发射端载波不同频,有一角频率差 $\Delta\omega$,即

$$u_r(t) = U_{rm} \cos(\omega_c + \Delta\omega)t$$

则乘法器输出中的 Ω 分量 $\frac{1}{2}k_2 U_{cm} U_{rm} M_a \cos\Delta\omega t \cos\Omega t$ 已不再与调制信号成线性关系了。

所以,产生与发射端载波同频同相的同步信号是进行同步检波的前提条件。由第 4 章的讨论可知,振荡器输出的载波频率不可能保持完全恒定,故此处的同频同相是指同步信号的频率和相位应保持与发射端载波同步变化。对于普通调幅信号,因其中包含有载波分量,故提取同步信号并不困难。可以将普通调幅信号放大后限幅,使其成为等幅方波信号,然后用带通滤波器取出它的基频,就是同步信号了。

综上所述,包络检波与同步检波都是利用普通调幅信号中的边频分量 $\omega_c \pm \Omega$ 与载波信号分量 ω_c 进行处理,其差频就是调制信号的频率分量 Ω。

6.2.2　双边带调幅方式

1. 双边带调幅信号的特点

设载波为 $u_c(t) = U_{cm} \cos\omega_c t$,单频调制信号为 $u_\Omega(t) = U_{\Omega m} \cos\Omega t (\Omega \ll \omega_c)$,则双边带调幅信号为

$$u_{DSB}(t) = k u_\Omega(t) u_c(t) = k U_{\Omega m} U_{cm} \cos\Omega t \cos\omega_c t$$

$$= \frac{k U_{\Omega m} U_{cm}}{2}\left[\cos(\omega_c + \Omega)t + \cos(\omega_c - \Omega)t\right] \qquad (6.2.10)$$

其中,k 为比例系数。

可见,双边带调幅信号中仅包含两个边频,无载频分量,其频带宽度仍为调制信号带宽的 2 倍。

图 6.2.7 显示了单频调制双边带调幅信号的有关波形与频谱图。该图中载频是调制频率的 15 倍。

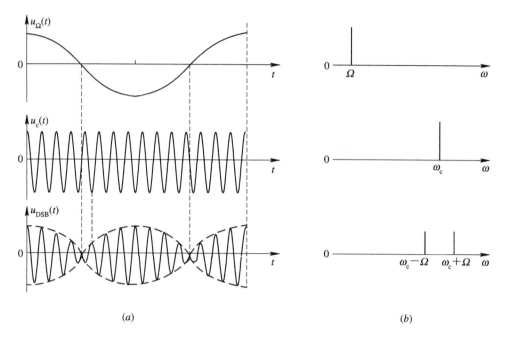

(a)　　　　　　　　　　　　　(b)

图 6.2.7　双边带调幅波形与频谱

需要注意的是,双边带调幅信号不仅其包络已不再反映调制信号波形的变化,而且在调制信号波形过零点处已调波的高频相位有 180° 的突变。由式(6.2.10)可以看到,在调制信号正半周,$\cos\Omega t$ 为正值,双边带调幅信号 $u_{DSB}(t)$ 与载波信号 $u_c(t)$ 同相;在调制信号负半周,$\cos\Omega t$ 为负值,$u_{DSB}(t)$ 与 $u_c(t)$ 反相。所以,在正负半周交界处,$u_{DSB}(t)$ 有 180° 相位突变。

2. 双边带调幅信号的产生与解调方法

由式(6.2.10)可以看出,产生双边带调幅信号的最直接方法就是将调制信号与载波信号相乘。

由于双边带调幅信号的包络不能反映调制信号,因此包络检波法在此不适用,而同步检波是进行双边带调幅信号解调的主要方法。与普通调幅信号同步检波的不同之处在于,乘法器输出频率分量有所减少。

设双边带调幅信号如式(6.2.10)所示,同步信号为 $u_r(t) = U_{rm}\cos\omega_c t$,则乘法器输出为

$$u_o(t) = k_2 u_{DSB}(t) \cdot u_r(t) = k_2 k U_{rm} U_{\Omega m} U_{cm} \cos\Omega t \cdot \cos^2\omega_c t$$

$$= \frac{k_2 k U_{rm} U_{\Omega m} U_{cm}}{2}\left[\cos\Omega t + \frac{1}{2}\cos(2\omega_c + \Omega)t + \frac{1}{2}\cos(2\omega_c - \Omega)t\right] \quad (6.2.11)$$

其中,k_2 是乘法器增益。

用低通滤波器取出低频分量 Ω,即可实现解调。将式(6.2.10)所示双边带信号取平方,则可以得到频率为 $2\omega_c$ 的分量,然后用带通滤波器取出这一分量,经二分频电路后就可以得到 ω_c 分量。这是从双边带调幅信号中提取同步信号的一种方法,称为平方法。采用

8.4.4 节介绍的平方环电路提取同步信号则性能更好。

6.2.3　单边带调幅方式

单边带调幅方式是指仅发送上、下边带中的一个。如以发送上边带为例，则单频调制单边带调幅信号为

$$u_{\text{SSB}}(t) = \frac{kU_{\Omega\text{m}}U_{\text{cm}}}{2}\cos(\omega_{\text{c}}+\Omega)t \tag{6.2.12}$$

由上式可见，单频调制单边带调幅信号是一个角频率为 $\omega_{\text{c}}+\Omega$ 的单频正弦波信号，但是，一般的单边带调幅信号波形却比较复杂。不过，有一点是相同的，即单边带调幅信号的包络已不能反映调制信号的变化。单边带调幅信号的带宽与调制信号带宽相同，是普通调幅和双边带调幅信号带宽的一半。

产生单边带调幅信号的方法主要有滤波法、相移法以及两者相结合的相移滤波法。

1. 滤波法

这种方法是根据单边带调幅信号的频谱特点，先产生双边带调幅信号，再利用带通滤波器取出其中一个边带信号。滤波法原理见图 6.2.8。

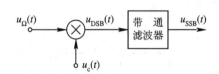

图 6.2.8　滤波法原理

由图 6.2.7(b)所示双边带调幅信号频谱图可以推知，对于频谱范围为 $\Omega_{\min}\sim\Omega_{\max}$ 的一般调制信号，若 $\Omega_{\min}$ 很小，则上、下两个边带相隔很近，用滤波器完全取出一个边带而滤除另一个边带是很困难的。

2. 相移法

这种方法是基于单边带调幅信号的时域表达式。

式(6.2.12)所示单频单边带调幅信号可写成

$$u_{\text{SSB}}(t) = \frac{kU_{\Omega\text{m}}U_{\text{cm}}}{2}(\cos\omega_{\text{c}}t\,\cos\Omega t - \sin\omega_{\text{c}}t\,\sin\Omega t) \tag{6.2.13}$$

由上式可知，只要用两个 90°相移器分别将调制信号和载波信号相移 90°，成为 $\sin\Omega t$ 和 $\sin\omega_{\text{c}}t$，然后进行相乘和相减，就可以实现单边带调幅，如图 6.2.9 所示。

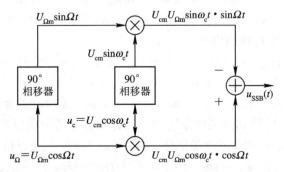

图 6.2.9　相移法原理

可以利用 RC 电路或 LC 电路的相频特性产生附加相移,从而做成 $90°$ 相移器。显然,对单频信号进行 $90°$ 相移比较简单,但是对于一个包含许多频率分量的一般调制信号进行 $90°$ 相移,要保证其中每个频率分量都准确相移 $90°$ 是很困难的。

3. 相移滤波法

滤波法的缺点在于滤波器的设计比较困难。若调制信号频率范围为 $F_{\min} \sim F_{\max}$,则上、下边带间隔为 $2F_{\min}$。如果要求滤波器取出一个边带而滤除另一个边带,则过渡带宽度就是 $2F_{\min}$。

当滤波器的过渡带宽度固定,则工作频率越高,要求衰减特性越陡峭,实现越困难。举个例子,设过渡带宽度 $2F_{\min} = 1$ kHz,要求在过渡带内衰减 20 dB,若工作频率 $f_c = 1$ MHz,则滤波器边沿的衰减特性大约为 $-46\ 000$ dB/10 倍频程;若工作频率 $f_c = 10$ kHz,则要求相应的衰减特性为 -483 dB/10 倍频程。

相移法的困难在于宽带 $90°$ 相移器的设计,而单频 $90°$ 相移器的设计比较简单。

结合两种方法的优缺点而提出的相移滤波法是一种比较可行的方法,其原理见图 6.2.10。

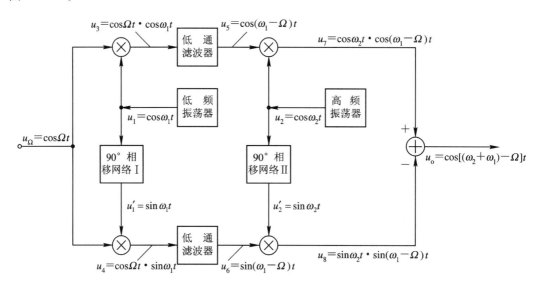

图 6.2.10 相移滤波法原理

相移滤波法的关键在于将载频 ω_c 分成 ω_1 和 ω_2 两部分,其中 ω_1 是略高于 $\Omega_{\max}$ 的低频,ω_2 是高频,即 $\omega_c = \omega_1 + \omega_2$,$\omega_1 \ll \omega_2$。现仍以单频调制信号为例说明此法的原理。为简化起见,图 6.2.10 中各信号的振幅均表示为 1。

调制信号 $u_\Omega(t)$ 与两个相位差为 $90°$ 的低载频信号 u_1、u_1' 分别相乘,产生两个双边带信号 u_3、u_4,然后分别用滤波器取出 u_3、u_4 中的下边带信号 u_5 和 u_6。因为 ω_1 是低频,所以用低通滤波器也可以取出下边带 u_5 和 u_6。由于 $\omega_1 \ll \omega_c$,故滤波器边沿的衰减特性不需那么陡峭,比较容易实现。取出的两个下边带信号分别再与两个相位差为 $90°$ 的高载频信号 u_2、u_2' 相乘,产生 u_7、u_8 两个双边带信号。将 u_7、u_8 相减,则可以得到

$$u_o(t) = u_7 - u_8 = \cos\omega_2 t \cdot \cos(\omega_1 - \Omega)t - \sin\omega_2 t \cdot \sin(\omega_1 - \Omega)t$$
$$= \cos(\omega_2 + \omega_1 - \Omega)t = \cos(\omega_c - \Omega)t$$

$u_o(t)$ 就是单边带调幅信号。

与双边带调幅信号相同,单边带调幅信号的解调也不能采用包络检波方式而只能采用同步检波方式。与普通调幅与双边带调幅方式的不同之处在于,从单边带调幅信号中无法提取同步信号。一般可在发送单边带调幅信号的同时,也附带发送一个功率较小的载波信号,供接收端从中提取作为同步信号。

设单边带调幅信号如式(6.2.12)所示,同步信号为 $u_r(t) = U_{rm}\cos\omega_c t$,则乘法器输出为

$$u_o(t) = k_2 u_{SSB}(t) \cdot u_r t = \frac{k_2 k U_{\Omega m} U_{cm} U_{rm}}{2} \cos(\omega_c + \Omega)t \cdot \cos\omega_c t$$

$$= \frac{k_2 k U_{\Omega m} U_{cm} U_{rm}}{4} \left[\cos\Omega t + \cos(2\omega_c + \Omega)t\right]$$

其中,k_2 是乘法器增益。用低通滤波器取出低频分量 Ω,即可实现解调。

6.2.4　残留边带调幅方式

残留边带调幅是指发送信号中包括一个完整边带、载波及另一个边带的小部分(即残留一小部分)。这样,既比普通调幅方式节省了频带,又避免了单边带调幅要求滤波器衰减特性陡峭的困难,发送的载频分量也便于接收端提取同步信号。

在电视广播系统中,由于图像信号频带较宽,为了节约频带,同时又便于接收机进行检波,因而对图像信号采用了残留边带调幅方式,而对于伴音信号则采用了调频方式。现以电视图像信号为例,说明残留边带调幅方式的调制与解调原理。

电视图像信号带宽为 6 MHz。在发射端先产生普通调幅信号,然后利用图 6.2.11(a)所示特性的滤波器取出一个完整的上边带、一部分下边带以及载频分量,组成残留边带调幅信号发送出去。在接收端,采用图 6.2.11(b)所示特性的滤波器从残留边带调幅信号中取出所需频率分量。由于载频两旁的接收滤波器幅频特性正好互补,而上、下边带又对称地置于载频两边,因此实际上可等效为接收到一个完整的上边带和增益为上边带一半的载频信号。于是,采用同步检波方式可对此单边带信号进行解调。

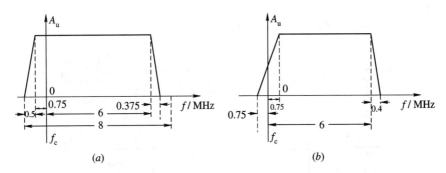

图 6.2.11　残留边带调幅发送和接收滤波器幅频特性
(a) 发送;(b) 接收

由图 6.2.11 可见,若采用普通调幅,每一频道电视图像信号的带宽需 12 MHz,而采用残留边带调幅只需 8 MHz。另外,对于滤波器过渡带的要求远不如单边带调幅那样严格,故容易实现。

6.2.5　正交调幅方式

1. 正交调幅信号的特点

正交调幅是采用两个频率相同但相位差为 90° 的正弦载波，以双边带调幅的方法同时传送两路相互独立信号的一种特殊调制方式。

设两路正交载波分别为 $u_{c1}(t) = U_{cm}\cos\omega_c t$ 和 $u_{c2}(t) = U_{cm}\sin\omega_c t$，两路单频调制信号分别为 $u_{\Omega 1}(t) = U_{\Omega 1}\cos\Omega_1 t$ 和 $u_{\Omega 2}(t) = U_{\Omega 2}\cos\Omega_2 t$，则正交调幅信号为

$$
\begin{aligned}
u_{QAM}(t) &= u_{\Omega 1}(t)u_{c1}(t) + u_{\Omega 2}(t)u_{c2}(t) \\
&= U_{\Omega 1}U_{cm}\cos\Omega_1 t\cos\omega_c t + U_{\Omega 2}U_{cm}\cos\Omega_2 t\sin\omega_c t \\
&= u_I(t) + u_Q(t)
\end{aligned}
\tag{6.2.14}
$$

其中，假定乘法器增益为 1。$u_I(t)$ 和 $u_Q(t)$ 分别称为同相分量和正交分量。

若调制信号具有连续频谱，则正交调幅信号的波形比较复杂。图 6.2.12 给出了单频调制时的频谱图。

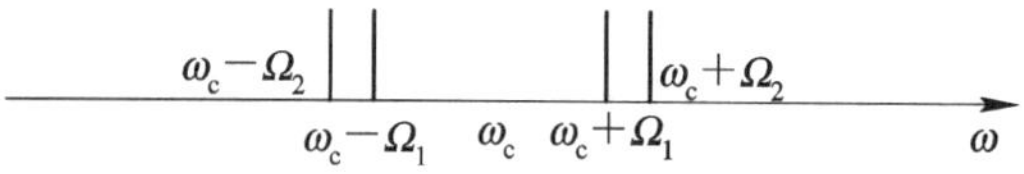

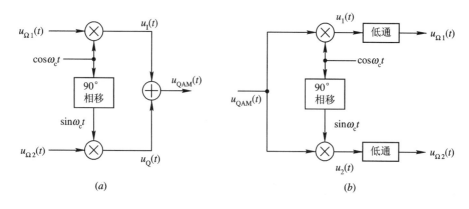

图 6.2.12　正交调幅信号频谱图

可见，正交调幅是一种频带复用技术，两路双边带调幅信号在频带上相互重叠，总频带宽度由其中频带较宽的一路信号决定。若两路信号带宽相同，则总带宽与单路信号带宽相同。所以，正交调幅的最大优点是节省传输带宽。

2. 正交调幅信号的产生与解调方法

由式(6.2.14)可以看出，将两路调制信号分别进行双边带调幅，然后相加，就可以产生正交调幅信号。

对正交调幅信号分别用两个相位差为 90° 的本地载波进行同步检波，就可以恢复原来的两路调制信号。

图 6.2.13 是正交调幅信号调制与解调原理图。

图 6.2.13　正交调幅与解调原理图

设正交调幅信号如式(6.2.14)所示,则解调电路中两个乘法器输出分别是

$$u_1(t) = u_{QAM}(t) \cos\omega_c t$$

$$= \frac{1}{2}U_{\Omega 1}U_{cm}\cos\Omega_1 t + \frac{1}{2}U_{cm}(U_{\Omega 1}\cos\Omega_1 t \cos2\omega_c t + U_{\Omega 2}\cos\Omega_2 t \sin2\omega_c t)$$

$$u_2(t) = u_{QAM}(t) \sin\omega_c t$$

$$= \frac{1}{2}U_{\Omega 2}U_{cm}\cos\Omega_2 t + \frac{1}{2}U_{cm}(U_{\Omega 1}\cos\Omega_1 t \sin2\omega_c t - U_{\Omega 2}\cos\Omega_2 t \cos2\omega_c t)$$

其中,假定乘法器增益均为 1。

然后用两个低通滤波器就可以分别解调出两路调制信号 $u_{\Omega 1}(t)$ 和 $u_{\Omega 2}(t)$。

在第 9 章 9.4.3 节中将详细介绍对 MSK 信号进行正交调幅与解调的方法。

普通调幅功率利用率低,但可采用简单、低成本的包络检波方式,故广泛用于电台广播系统,给广大接收者带来便利。双边带调幅与单边带调幅功率利用率高,可用于小型通信系统,其中单边带调幅可节省一半频带,但需解决如何获得同步信号的问题。残留边带调幅广泛用于电视广播系统。正交调幅的优点是节省频带,在数字移动通信系统中得到了应用。

6.3 调 幅 电 路

调幅电路分为高电平调幅与低电平调幅两种类型。

高电平调幅是指在高电平状态下进行调幅,输出功率大。利用第 3 章 3.2 节介绍的丙类谐振功放的调制特性,可以组成高电平调幅电路,既实现了调幅,又进行了功率放大。

低电平调幅是指在低电平状态下进行调幅,输出功率不大。

6.3.1 高电平调幅电路

丙类谐振功放的调制特性分为基极调制特性和集电极调制特性两种,据此可以分别组成基极调幅电路和集电极调幅电路。现以集电极调幅电路为例,说明高电平调幅的原理。

集电极调制特性是指固定丙类谐振功放的 U_{BB} 和 R_Σ,当输入一个等幅高频正弦波时,输出高频正弦波的振幅 U_{cm} 将随集电极电源电压的变化而变化。

若集电极电源电压为 $U_{CC}(t) = U_{CC0} + u_\Omega(t)$,即一个固定直流电压与一个低频交流调制信号之和,则根据图 3.2.10,随着 U_{CC} 的变化,使得静态工作点左右平移,从而使动态线左右平移。当谐振功放工作在过压状态时,U_{cm} 将发生变化,近似有 $U_{cm} \propto U_{CC}(t)$ 的关系,如输入信号为高频载波 $\cos\omega_c t$,输出 LC 回路调谐在 ω_c 上,则输出信号可写成

$$u_o(t) = U_{cm}\cos\omega_c t = k[U_{CC0} + u_\Omega(t)]\cos\omega_c t$$

其中,k 为比例系数。

图 6.3.1 是集电极调幅电路原理图。可见,集电极调幅电路可以产生且只能产生普通调幅波,但必须工作在过压状态。

读者可以自行分析图 6.3.2 所示基极调幅电路,需要注意的是,基极调幅电路必须工作在欠压区。

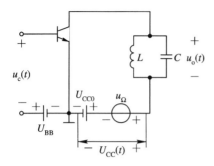

图 6.3.1　集电极调幅电路原理

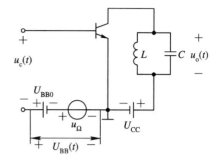

图 6.3.2　基极调幅电路原理

高电平调幅电路的优点是调幅、功放合一，整机效率高，可直接产生很大输出功率的调幅信号，但也有一些缺点和局限性。一是只能产生普通调幅信号，二是调制线性度差，例如集电极调制特性中 U_{cm} 与 U_{CC} 并非完全成线性关系。

【**例 6.1**】　采用图 6.3.1 所示集电极调幅电路进行普通调幅。已知调制信号频率范围为 $300 \sim 4000$ Hz，平均调幅指数 $M_a = 0.3$，$U_{CC0} = 24$ V，$I_{C0} = 25$ mA，集电极效率 $\eta_c = 70\%$。求输出载波功率 P_c、边带功率 $2P_{SB}$、功率利用率 $\eta_{SB}\left(\eta_{SB} = \dfrac{\text{边带功率}}{\text{总平均功率}}\right)$ 和频带宽度 BW。

解： 此调幅电路电源功率由直流电源提供的直流功率 P_D 和调制信号 $u_\Omega(t)$ 产生的交流功率 P_Ω 两部分组成。因为

$$P_D = U_{CC0} I_{C0} = 24 \times 25 \times 10^{-3} = 600 \text{ mW}$$

$$P_\Omega = \frac{\frac{1}{2}(M_a U_{CC0})^2}{R_D} = \frac{1}{2} M_a^2 P_D = \frac{1}{2} \times 0.3^2 \times 600 = 27 \text{ mW}$$

其中，$R_D = U_{CC0}/I_{C0}$ 是输出端等效直流电阻，$M_a U_{CC0}$ 是调制信号平均振幅。故电源总功率为

$$P = P_D + P_\Omega = 600 + 27 = 627 \text{ mW}$$

从而输出平均功率为

$$P_{av} = \eta_c(P_D + P_\Omega) = 0.7 \times 627 = 438.9 \text{ mW}$$

由式(6.2.6)可求得载波功率和边带功率分别为

$$P_c = \frac{P_{av}}{1 + \frac{1}{2}M_a^2} = \frac{438.9}{1 + \frac{1}{2} \times 0.3^2} = 420 \text{ mW}$$

$$2P_{SB} = P_{av} - P_c = 438.9 - 420 = 18.9 \text{ mW}$$

所以

$$\eta_{SB} = \frac{18.9}{438.9} \approx 0.043 = 4.3\%$$

$$BW = 2F_{max} = 8 \text{ kHz}$$

6.3.2　低电平调幅电路

模拟乘法器是低电平调幅电路的常用器件，它不仅可以实现普通调幅，也可以实现双边带调幅与单边带调幅。既可以用单片集成模拟乘法器来组成低电平调幅电路，也可以直

接采用含有模拟乘法器部分的专用集成调幅电路。

1. 单片集成模拟乘法器

模拟乘法器可实现输出电压为两个输入电压的线性积，典型应用包括乘、除、平方、均方、倍频、调幅、检波、混频、相位检测等。

设两个输入信号分别为 $u_1 = U_1 \cos\omega_1 t$，$u_2 = U_2 \cos\omega_2 t$，$\omega_1 > \omega_2$，则两信号相乘后的输出信号为

$$u_o = k u_1 u_2 = \frac{k U_1 U_2}{2} \left[\cos(\omega_1 + \omega_2)t + \cos(\omega_1 - \omega_2)t \right]$$

可见，乘法运算能够产生两个输入信号频率的和频与差频，这正是调幅、检波和混频等电路所需要的功能。

单片集成模拟乘法器种类较多，由于内部电路结构不同，各项参数指标也不同。在选择时，应注意以下主要参数：工作频率范围、电源电压、输入电压动态范围、线性度等。

现将常用的 Motorola 公司 MC1496/1496B(国内同类型号是 XFC - 1596)，MC1495/1495B(国内同类型号是 BG314)和 MC1494 单片模拟乘法器的参数指标简介如下。

MC14 系列与 MC14××B 系列的主要区别在于工作环境温度，前者为 0～70 ℃，后者为 -40～125 ℃。其余指标大部分相同。表 6.3.1 给出了 MC14 系列三种型号模拟乘法器的参数典型值。

表 6.3.1　单片集成模拟乘法器主要特性参数典型值　　（$T = 25$℃）

参　数	MC1496	MC1495	MC1494
电源电压	$U_+ = 12$ V, $U_- = -8$ V	$U_+ = 15$ V, $U_- = -15$ V	$U_+ = 15$ V, $U_- = -15$ V
输入电压动态范围	-26 mV$\leqslant u_x \leqslant 26$ mV -4 V$\leqslant u_y \leqslant 4$ V	-10 V$\leqslant u_x \leqslant 10$ V -10 V$\leqslant u_y \leqslant 10$ V	-10 V$\leqslant u_x \leqslant 10$ V -10 V$\leqslant u_y \leqslant 10$ V
输出电压动态范围	± 4 V	± 10 V	± 10 V
线性度		$\pm 1.0\%$	$\pm 0.5\%$
3 dB 带宽	300 MHz	3.0 MHz	1.0 MHz

下面以图 6.3.3 所示 MC1496 内部电路图为例，说明模拟乘法器的工作原理。

先令②、③脚短路，设 V_7、V_8 两个恒流源电流各为 $I_0/2$，则并联后总电流为 I_0。

参照第 5 章式(5.3.7)可分别求得图中三个差分电路的输出电流关系式如下：

$$i_{C6} - i_{C5} = \frac{e^{z/2} - e^{-z/2}}{e^{z/2} + e^{-z/2}} I_0 = I_0 \,\text{th}\left(\frac{z}{2}\right) \tag{6.3.1}$$

$$i_{C1} - i_{C2} = i_{C5}\,\text{th}\left(\frac{z'}{2}\right), \quad i_{C4} - i_{C3} = i_{C6}\,\text{th}\left(\frac{z'}{2}\right) \tag{6.3.2}$$

其中

$$z = \frac{1}{U_T} u_y, \quad z' = \frac{1}{U_T} u_x$$

因为

$$u_o = -R_c (i_A - i_B)$$

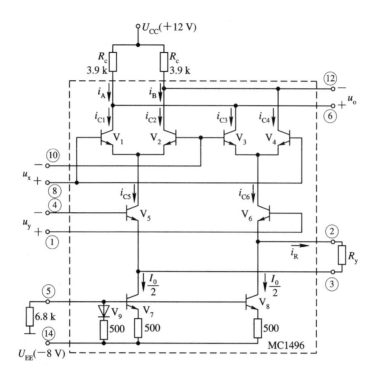

图 6.3.3　MC1496 内部电路图

又根据图中各电流之间的关系并代入上式，可得到

$$u_o = (i_{C6} - i_{C5})R_c \, \text{th}\left(\frac{z'}{2}\right) \tag{6.3.3}$$

所以

$$u_o = I_0 R_c \, \text{th}\left(\frac{z}{2}\right)\text{th}\left(\frac{z'}{2}\right) = I_0 R_c \, \text{th}\left(\frac{1}{2U_T}u_y\right)\text{th}\left(\frac{1}{2U_T}u_x\right)$$

当 u_x、u_y 均小于 26 mV 时：

$$u_o \approx I_0 \left(\frac{1}{2U_T}\right)^2 R_c u_x u_y \tag{6.3.4}$$

若在②、③脚之间接入负反馈电阻 R_y，并设晶体三极管 b、e 结等效到发射极的电阻为 r_e，则有

$$u_y = i_{C6}r_e + i_R R_y - i_{C5}r_e = r_e(i_{C6} - i_{C5}) + i_R R_y \tag{6.3.5}$$

因为

$$i_{C6} = \frac{I_0}{2} + i_R, \quad i_{C5} = \frac{I_0}{2} - i_R$$

故

$$i_R = \frac{1}{2}(i_{C6} - i_{C5}) \tag{6.3.6}$$

将式(6.3.6)代入式(6.3.5)，有

$$i_{C6} - i_{C5} = \frac{2}{2r_e + R_y}u_y \approx \frac{2}{R_y}u_y \qquad (R_y \gg 2r_e) \tag{6.3.7}$$

将式(6.3.7)代入式(6.3.3)，可得到当 u_x 小于 26 mV 时：

$$u_o = \frac{2R_c}{R_y} u_y \, \text{th}\left(\frac{1}{2U_T} u_x\right) \approx \frac{R_c}{R_y U_T} u_x u_y \qquad (6.3.8)$$

根据以上分析可知,加入负反馈电阻 R_y 以后,u_y 的动态范围可以扩大,但 u_x 的幅度大小仍受限制。

MC1495 是在 MC1496 中增加了 X 通道线性补偿网络,使 X 通道输入动态范围增大。MC1494 是以 MC1495 为基础,增加了电压调整器和输出电流放大器。

MC1495 和 MC1494 分别作为第一代和第二代模拟乘法器的典型产品,线性度很好,既可用于乘、除等模拟运算,也可用于调制、解调等频率变换,缺点是工作频率不高。

MC1496 工作频率高,常用作调制、解调和混频,通常 X 通道作为载波或本振的输入端,而调制信号或已调波信号从 Y 通道输入。当 X 通道输入是小信号(小于 26 mV)时,输出信号是 X、Y 通道输入信号的线性乘积;当 X 通道输入是角频率为 ω_c 的单频很大信号时(大于 260 mV),根据双差分模拟乘法器原理(可参看例 5.4),输出信号应是 Y 通道输入信号和双向开关函数 $K_2(\omega_c t)$ 的乘积。两种情况均可实现调幅。

【**例 6.2**】 已知调制信号 $u_\Omega(t)$ 的频谱范围为 $300 \sim 4000$ Hz,载频为 560 kHz。现采用 MC1496 进行普通调幅,载波信号和调制信号分别从 X、Y 通道输入。若 X 通道输入是小信号,输出 $u_o(t) = k_1 u_x u_y$;若 X 通道输入是很大信号,$u_o(t) = k_2 u_y K_2(\omega_c t)$。分析这两种情况下的输出频谱。

解: 由于是普通调幅,因此输入调制信号应叠加在一直流电压 U_Y 上,即 $u_y(t) = U_Y + u_\Omega(t)$。显然,为使调制指数不大于 1,$U_Y$ 应不小于 $u_\Omega(t)$ 的最大振幅。令 $u_x(t) = \cos\omega_c t$,则当 $u_x(t)$ 是小信号时:

$$u_o(t) = k_1(U_Y + u_\Omega)\cos\omega_c t = k_1 U_Y\left(1 + \frac{1}{U_Y} u_\Omega\right)\cos\omega_c t$$

当 $u_x(t)$ 是很大信号时:

$$u_o(t) = k_2(U_Y + u_\Omega)K_2(\omega_c t)$$

根据第 5.3 节的分析,在前一种情况下,u_o 的频谱应为 ω_c 和 $\omega_c \pm \Omega_\Sigma$,其中 Ω_Σ 是 u_Ω 的全部频谱,如图 6.3.4(a) 所示,显然这是普通调幅信号频谱。在后一种情况,u_o 的频谱应为 $(2n-1)\omega_c$ 和 $(2n-1)\omega_c \pm \Omega_\Sigma$,其中 $n = 1, 2, \cdots$,如图 6.3.4(b) 所示。由于 $f_c = 560$ kHz,$F_{max} = 4$ kHz,$f_c \gg F_{max}$,无用频率分量均距离很远,因而用带通滤波器很容易取出其中的普通调幅信号频率分量而滤除 f_c 的三次及其以上奇次谐波周围的无用频率分量。

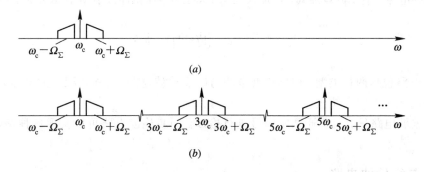

(a)

(b)

图 6.3.4　例 6.2 图

由上面的分析可知，对于 MC1496 来说，在 Y 通道输入调制信号的情况下，若 X 通道输入的载波是小信号(振幅小于 26 mV)，则输出频谱就是普通调幅波的频谱；若 X 通道输入的载波是很大信号(振幅大于 260 mV)，则输出频谱中还将出现载波高次谐波的组合分量，但是这些组合频率分量很容易被滤除；若 X 通道输入的载波振幅大小介于以上两者之间，则输出频谱中将会出现更多的无用组合分量，一旦出现的无用组合分量满足 $\omega_c \pm n\Omega_\Sigma$，$n = 2, 3, \cdots$，则由于这些分量离 $\omega_c \pm \Omega_\Sigma$ 很近，且可能部分重叠，将很难用滤波器滤除。

2. 模拟乘法器调幅电路

图 6.3.5 是用 MC1496 组成的普通调幅电路。由图可知，X 通道两输入端⑧、⑩脚直流电位均为 6 V，可作为载波输入通道；Y 通道两输入端①、④脚之间外接有调节电路，可通过调节 50 kΩ 电位器使①脚电位比④脚高 U_Y，调制信号 $u_\Omega(t)$ 与直流电压 U_Y 相加后输入 Y 通道。调节电位器可改变调制指数 M_a。输出端⑥、⑫脚外应接调谐于载频的带通滤波器。②、③脚之间外接 Y 通道负反馈电阻。

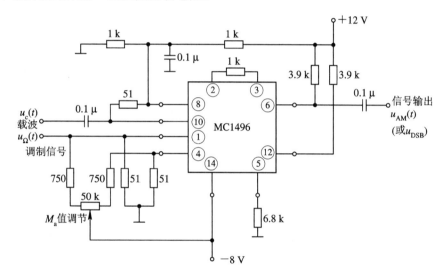

图 6.3.5　MC1496 组成的普通调幅或双边带调幅电路

采用图 6.3.5 的电路也可以组成双边带调幅电路，区别在于调节电位器的目的是为了使 Y 通道①、④脚之间的直流电位差为零，即 Y 通道输入信号仅为交流调制信号。为了减小流经电位器的电流，便于调零准确，可加大两个 750 Ω 电阻的阻值，比如各增大为 10 kΩ。

6.4　检 波 电 路

检波电路包括两种类型：包络检波电路与同步检波电路(又称乘积检波电路)，其检波原理已在第 6.2 节中介绍过。

包络检波电路只能对普通调幅信号进行检波。同步检波电路可以实现各种调幅信号的检波。

6.4.1　包络检波电路

包络检波原理如图 6.2.5 所示。其中的非线性器件可以是二极管，也可以是晶体管或场效应管，电路种类也较多。现以图 6.4.1 所示二极管峰值包络检波器为例进行讨论，其中 RC 元件组成了低通滤波器。

1. 工作原理

我们以时域上的波形变化来说明二极管峰值包络检波器的工作原理。

由图 6.4.1 可见，加在二极管上的正向电压为 $u = u_i - u_o$。假定二极管导通电压为零，且伏安特性为

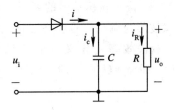

图 6.4.1　二极管峰值包络检波器

$$i(t) = \begin{cases} g_D u & u \geqslant 0 \\ 0 & u < 0 \end{cases}$$

必须首先注意此电路的两个特点。① 二极管导通与否，不仅与输入电压 u_i 有关，还取决于输出电压 u_o，即输出信号有反馈作用。② 二极管导通时，电容充电，充电时间常数为 $r_d C$；二极管截止时，电容放电，放电时间常数为 RC。由于二极管导通电阻 r_d 很小，因此一般有 $r_d C \ll RC$。

设 $t = t_0$ 时，$u_o = 0$。参照图 6.4.2，依次说明 u_o 波形的变化过程。

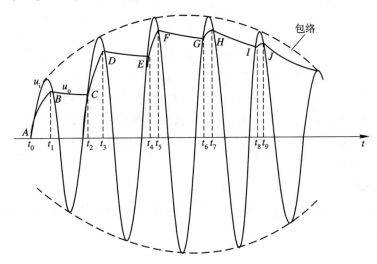

图 6.4.2　二极管峰值包络检波器的包络检波波形

在 $t_0 \sim t_1$ 时段，$u_i > u_o > 0$，二极管导通，开始给电容充电，u_o 按指数规律上升，即 AB 曲线。

在 $t_1 \sim t_2$ 时段，$u_i < u_o$，二极管截止，电容通过电阻 R 放电，u_o 按指数规律下降，即 BC 曲线。

在 $t_2 \sim t_3$ 时段，$u_i > u_o$，二极管再次导通，给电容充电，u_o 再次上升，即 CD 曲线。

在 $t_3 \sim t_4$ 时段，$u_i < u_o$，二极管再次截止，电容放电，u_o 再次下降，即 DE 曲线。

……

由于充放电过程交替进行，因此 u_o 波形呈锯齿状变化。可以归纳出以下几条规律：

(1) 由于 $r_d C \ll RC$，故 u_o 上升快，下降慢。

(2) 除了起始几个周期外，二极管导通时间均在输入高频振荡信号的峰值附近，如 $t_4 \sim t_5$，$t_6 \sim t_7$，…，且时间很短，或者说，其导通角 θ 很小。

(3) 在正常情况下,导通角 θ 越小,u_o 曲线与 u_i 的包络线越接近。若 θ 趋近于 0,则 u_o 曲线就几乎完全反映了 u_i 的包络线即调制信号波形,此时检波效率最高,失真最小。

(4) 高频振荡信号的频率与调制信号频率相差越大,二者的周期也相差越大,则 u_o 锯齿状波形与调幅信号包络形状就越接近,失真就越小。

检波效率 η_d 定义为 u_o 中低频分量振幅与 u_i 中调制分量振幅的比值。当 u_i 是单频调幅波时,即 $u_i = U_{im}(1 + M_a \cos\Omega t)\cos\omega_c t$ 时,u_o 中的低频分量为 $U_{om}\cos\Omega t$,检波效率 η_d 可写成

$$\eta_d = \frac{U_{om}}{M_a U_{im}} \leqslant 1 \tag{6.4.1}$$

当 u_i 是等幅正弦波时,即 $u_i = U_{im}\cos\omega_c t$ 时,u_o 应为电平为 U_o 的直流电压,检波效率 η_d 可写成

$$\eta_d = \frac{U_o}{U_{im}} \leqslant 1$$

所谓正常情况,是指检波电路处于稳定工作状态且不存在惰性失真和底部切割失真。

利用折线函数分析法,可以求得检波效率的近似表达式:

$$\eta_d \approx \cos\theta$$

当 θ 很小时:

$$\theta \approx \sqrt[3]{\frac{3\pi}{g_D R}} \tag{6.4.2}$$

由式(6.4.2)和式(6.4.1)可知,仅当 g_D 为常数时,θ 才为常数,η_d 也才为常数,此时输出信号振幅 U_{om} 与调制信号振幅 $M_a U_{im}$ 近似成线性关系。由于仅在大信号工作时,二极管的导通电压才可以忽略,这时二极管伏安特性用折线近似,电导 g_D 可视为常数,因此峰值包络检波电路仅适合于大信号工作。

2. 性能指标

二极管峰值包络检波器的性能指标主要有检波效率、等效输入电阻、惰性失真和底部切割失真几项。

1) 检波效率 η_d

由式(6.4.2)可知,g_D 或 R 越大,则 θ 越小,η_d 越大。如果考虑到二极管的实际导通电压不为零,以及充电电流在二极管微变等效电阻上的电压降等因素,实际检波效率比以上公式计算值要小。

2) 等效输入电阻 R_i

由于二极管在大部分时间处于截止状态,仅在输入高频信号的峰值附近才导通,因此检波器的瞬时输入电阻是变化的。

检波器的前级通常是一个调谐在载频的高 Q 值谐振回路,检波器相当于此谐振回路的负载。为了研究检波器对前级谐振回路的影响,故定义检波器等效输入电阻为

$$R_i = \frac{U_{im}}{I_{1m}} \tag{6.4.3}$$

其中,U_{im} 是输入等幅高频载波的振幅。根据图 6.4.2,若 u_i 是等幅高频载波,则流经二极管的电流应是高频窄尖顶余弦脉冲序列,I_{1m} 即为其中基波分量的振幅,而输出 u_o 应是电

平为 U_o 的直流电压。显然，检波器对前级谐振回路等效电阻的影响是并联了一个阻值为 R_i 的电阻。

按照第 3 章尖顶余弦脉冲序列的分析方法，可以求得 I_{1m} 与 U_{im} 的关系式，从而可得到

$$R_i \approx \frac{1}{2}R \tag{6.4.4}$$

上式也可以利用功率守恒的原理求出。因检波器输入功率为 $U_{im}^2/2R_i$，输出功率为 $U_o^2/R \approx (\eta_d U_{im})^2/R$，若忽略二极管上的功率损耗，则输入功率应与输出功率相等，考虑到 η_d 趋近于 1，由此也可得到式(6.4.4)。

3) 惰性失真

在调幅波包络线下降部分，若电容放电速度过慢，导致 u_o 的下降速率比包络线的下降速率慢，则在紧接其后的一个或几个高频周期内二极管上为负电压，二极管不能导通，造成 u_o 波形与包络线的失真。由于这种失真来源于电容来不及放电的惰性，故称为惰性失真。图 6.4.3 给出了惰性失真的波形图，在 $t_1 \sim t_2$ 时间段内出现了惰性失真。

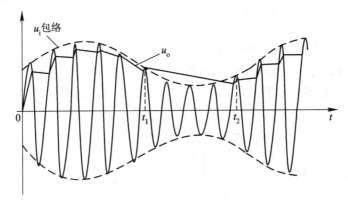

图 6.4.3　惰性失真波形图

要避免惰性失真，就要保证在包络线下降区间，电容电压减小速率的绝对值在任何一个高频周期内都要大于或等于包络线下降速率的绝对值。

单频调幅波的包络线表达式为

$$u_s(t) = U_{im}(1 + M_a \cos\Omega t)$$

由图 6.4.3 可知，在包络线下降区间，$2n\pi < \Omega t < (2n+1)\pi$，$n = 0, 1, 2, \cdots$。注意在这一区间，$\sin\Omega t > 0$。由于包络线下降时的变化速率为负值，因此应该写成

$$\frac{\mathrm{d}u_s(t)}{\mathrm{d}t} = -U_{im}M_a\Omega \sin\Omega t < 0$$

当二极管截止时，电容通过 R 放电，电容电流 i_c 与电阻电流 i_R 大小相同，方向相反(参见图 6.4.1)，即

$$-i_c = i_R = \frac{u_c}{R}$$

$$i_c = C\frac{\mathrm{d}u_c}{\mathrm{d}t} = -\frac{u_c}{R}$$

所以电容电压 u_c 的减小速率(负值)

$$\frac{\mathrm{d}u_c}{\mathrm{d}t} = -\frac{1}{RC}u_c$$

在开始放电时刻，电容电压 u_c 可近似视为包络电压 u_s，故避免惰性失真的不等式可写成

$$\left|\frac{\mathrm{d}u_c}{\mathrm{d}t}\right| = \frac{1}{RC}u_s \geqslant \left|\frac{\mathrm{d}u_s}{\mathrm{d}t}\right|$$

即

$$\frac{1}{RC}U_{im}(1 + M_a\cos\Omega t) \geqslant U_{im}M_a\Omega\,\sin\Omega t$$

上式又可写成

$$f(t) = \frac{RCM_a\Omega\,\sin\Omega t}{1 + M_a\cos\Omega t} \leqslant 1$$

分析可知，$f(t)$ 在 $\cos\Omega t = -M_a(\sin\Omega t = \sqrt{1-M_a^2})$ 时有极大值，此时不等式的解为

$$RC \leqslant \frac{\sqrt{1-M_a^2}}{M_a\Omega} \qquad (6.4.5)$$

式(6.4.5)即为避免惰性失真应该满足的条件。可见，调幅指数越大，调制信号的频率越高，时间常数 RC 的允许值越小。

4）底部切割失真

检波器输出 u_o 是在一个直流电压上叠加了一个交流调制信号，故需要用隔直流电容将解调后的交流调制信号耦合到下一级进行放大或其他处理。下一级电路的输入电阻即作为检波器的实际负载 R_L，如图 6.4.4(a) 所示。

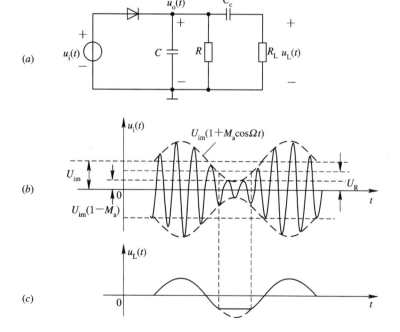

图 6.4.4　底部切割失真示意图

为了有效地将检波后的低频信号耦合到下一级电路，要求耦合电容 C_c 的容抗远远小于 R_L，所以 C_c 的值很大。这样，u_o 中的直流分量几乎都落在 C_c 上，这个直流分量的大小近似为输入信号中载波的振幅值 U_{im}。所以 C_c 可等效为一个电压为 U_{im} 的直流电压源。此

电压源在 R 上的分压为

$$U_\mathrm{R} = \frac{R}{R + R_\mathrm{L}} U_\mathrm{im}$$

这意味着检波器处于稳定工作时,其输出端 R 上将存在一个固定电压 U_R。当输入调幅波 $u_\mathrm{i}(t)$ 的值小于 U_R 时,二极管将会截止。也就是说,电平小于 U_R 的包络线不能被提取出来,出现了失真,如图 6.4.4(b)、(c) 所示。由于这种失真出现在调制信号的底部,因此称为底部切割失真。由图 6.4.4(b) 可以看出,调幅信号的最小振幅或包络线的最小电平为 $U_\mathrm{im}(1-M_\mathrm{a})$,所以,要避免底部切割失真,必须使包络线的最小电平大于或等于 U_R,即

$$U_\mathrm{im}(1 - M_\mathrm{a}) \geqslant \frac{R}{R + R_\mathrm{L}} U_\mathrm{im}$$

或

$$M_\mathrm{a} \leqslant \frac{R_\mathrm{L}}{R + R_\mathrm{L}} = \frac{R'}{R} \tag{6.4.6}$$

其中,R' 是 R_L 与 R 的并联值,即检波器的交流负载。式(6.4.6)即为避免底部切割失真应该满足的要求。由此式可以看出,交流负载 R' 与直流负载 R 越接近,可允许的调幅指数越大。

在实际电路中,有两种措施可减小交直流负载之间的差别。一是在检波器与下一级电路之间插入一级射随器,即增大 R_L 的值。二是采用图 6.4.5 所示的改进电路,将检波器直流负载 R 分成 R_1 和 R_2 两部分。显然,在直流负载不变的情况下,改进电路的交流负载为 $R_1 + \dfrac{R_2 R_\mathrm{L}}{R_2 + R_\mathrm{L}}$,比原电路增大。通常取 $\dfrac{R_1}{R_2} = 0.1 \sim 0.2$,以免分压过大使输出到后级的信号减小过多。

3. 参数设计

为了使二极管峰值包络检波器能正常工作,避免失真,必须根据输入调幅信号的工作频率与调幅指数以及实际负载 R_L,正确选择二极管和 R、C、C_c 的值。例 6.3 给出了一个设计范例。

【例 6.3】　已知普通调幅信号载频 $f_\mathrm{c} = 465\ \mathrm{kHz}$,调制信号频率范围为 $300 \sim 3400\ \mathrm{Hz}$,$M_\mathrm{a} = 0.3$,$R_\mathrm{L} = 10\ \mathrm{k\Omega}$,问如何确定图 6.4.5 所示二极管峰值包络检波器有关元器件参数?

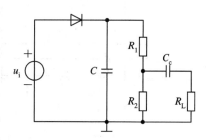

图 6.4.5　改进后的二极管峰值
包络检波器

解:一般可按以下步骤进行:

(1) 检波二极管通常选正向电阻小(500 Ω 以下)、反向电阻大(500 kΩ 以上)、结电容小的点接触型锗二极管,注意最高工作频率应满足要求。

(2) RC 时间常数应同时满足以下两个条件:

① 电容 C 对载频信号应近似短路(滤除载频及其以上频率分量),故应有 $\dfrac{1}{\omega_\mathrm{c} C} \ll R$,或 $RC \gg \dfrac{1}{\omega_\mathrm{c}}$,通常取 $RC \geqslant \dfrac{5 \sim 10}{\omega_\mathrm{c}}$。

② 为避免惰性失真，应有 $RC \leqslant \dfrac{\sqrt{1-M_a^2}}{M_a \Omega_{max}}$。代入已知条件，可得 $(1.7 \sim 3.4) \times 10^{-6} \leqslant RC \leqslant 0.15 \times 10^{-3}$。

(3) 设 $R_1/R_2 = 0.2$，则 $R_1 = R/6$，$R_2 = 5R/6$。为避免底部切割失真，应有 $M_a \leqslant R'/R$，其中 $R' = R_1 + \dfrac{R_2 R_L}{R_2 + R_L}$。代入已知条件，可得 $R \leqslant 63 \ \text{k}\Omega$。因为检波器的输入电阻 R_i 不应太小，而 $R_i = R/2$，所以 R 不能太小。取 $R = 6 \ \text{k}\Omega$，另取 $C = 0.01 \ \mu\text{F}$，这样，$RC = 0.06 \times 10^{-3}$，满足上一步对时间常数的要求。因此，$R_1 = 1 \ \text{k}\Omega$，$R_2 = 5 \ \text{k}\Omega$。

(4) C_c 的取值应使低频调制信号能有效地耦合到 R_L 上，即满足

$$\frac{1}{\Omega_{min} C_c} \ll R_L \quad \text{或} \quad C_c \gg \frac{1}{R_L \Omega_{min}}$$

取

$$C_c = 4.7 \ \mu\text{F}$$

在集成电路中，常采用由晶体管包络检波器(如图 6.4.6 所示)组成的差分电路。其工作原理与二极管峰值包络检波器相似，读者可自行分析(注意它的输入电阻很大)。

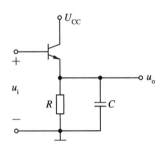

图 6.4.6　晶体管包络检波器

6.4.2　同步检波电路

图 6.4.7 是用 MC1496 组成的同步检波电路。普通调幅信号或双边带调幅信号经耦合电容后从 Y 通道①、④脚输入，同步信号 u_r 从 X 通道⑧、⑩脚输入。⑫脚单端输出后经 RC π 型低通滤波器取出调制信号 u_o。

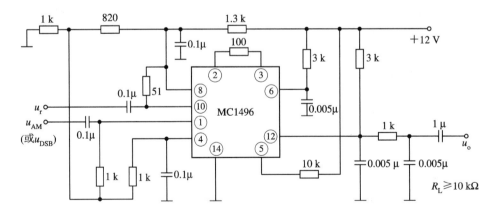

图 6.4.7　MC1496 组成的同步检波电路

此电路的输入同步信号可以是很小信号，也可以是很大信号，分析方法与用作调幅电路时一样。图中 MC1496 采用了单电源工作。

同步检波电路比包络检波电路复杂，而且需要一个同步信号，但检波线性性能好，不存在惰性失真和底部切割失真问题。

6.5　混　　频

在通信接收机中，低噪声放大器将天线输入的微弱信号进行选频放大，然后送入混频器。混频器的作用在于将不同载频的高频已调波信号变换为较低的同一个固定载频(一般称为中频)的高频已调波信号，但保持其调制规律不变，然后送入中频放大器。例如，在超外差式广播接收机中，把载频位于 $535\sim1605$ kHz 中波波段各电台的普通调幅信号变换为中频为 465 kHz 的普通调幅信号，把载频位于 $88\sim108$ MHz 的各调频台信号变换为中频为 10.7 MHz 的调频信号；在电视接收机中，把载频位于四十几兆赫至近千兆赫频段内各电视台信号变换为中频为 38 MHz 的视频信号。根据第 2 章的分析可知，放大器工作频率越高或增益越高，反馈到放大器输入端的电流越大，则稳定性越差。从 6.2.3 节的分析可知，工作频率越高，制作选择性好的滤波器越困难。所以，设计和制作增益高、选择性好的较低频率的固定中频放大器比较容易。由此可见，采用混频方式可以大大提高接收机的性能。

6.5.1　混频原理及特点

图 6.5.1 是混频电路组成原理图。混频电路的输入是载频为 f_c 的高频已调波信号 $u_s(t)$ 和频率为 f_L 的本地正弦波信号(称为本振信号) $u_L(t)$，输出是载频为 f_I 的已调波信号 $u_I(t)$。通常取 $f_I=f_L-f_c$，f_I 称为中频。可见，中频信号是本振信号和高频已调波信号的差频信号。以输入是普通调幅信号为例，若 $u_s(t)=U_{cm}[1+ku_\Omega(t)]\cos2\pi f_c t$，本振信号为 $u_L(t)=U_{Lm}\cos2\pi f_L t$，则输出中频调幅信号为 $u_I(t)=U_{Im}[1+ku_\Omega(t)]\cos2\pi f_I t$。可见，调幅信号频谱从中心频率为 f_c 处平移到中心频率为 f_I 处，频谱宽度不变，包络形状不变。图 6.5.2 是相应的频谱图。

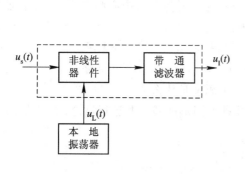

图 6.5.1　混频电路原理图

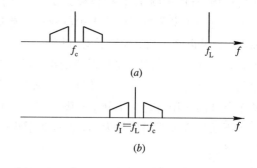

图 6.5.2　普通调幅信号混频频谱图
(a) 混频前；(b) 混频后

虽然混频电路与调幅电路、检波电路同属于线性频率变换电路，但混频电路却有两个明显不同的特点：

(1) 混频电路的输入/输出均为高频已调波信号。由前几节的讨论可知，调幅电路是将低频调制信号搬移到高频段，检波电路是将高频已调波信号搬移到低频段，而混频电路则是将已调波信号从一个高频段搬移到另一个高频段。

（2）混频电路通常位于接收机前端，不但输入已调波信号很小，而且若外来高频干扰信号能够通过混频电路之前的选频网络，则也可能进入混频电路。选频网络的中心频率通常是输入已调波信号的载频。

混频电路中的非线性器件会产生输入信号的各种组合频率分量，故对于实现频谱搬移这一功能是必不可少的。但是另一方面，其非线性特性不但会产生许多无用的组合频率分量，给接收机带来干扰，而且会使有用中频分量的振幅受到干扰，与输入的高频信号振幅不成正比。这两类干扰统称为混频干扰。混频干扰产生了信号的非线性失真。由于上述两个明显特点，混频干扰的来源比其他非线性电路的干扰来源要多一些。分析这些干扰产生的具体原因，提出减小或避免干扰的措施，是混频电路讨论中的一个关键问题。

6.5.2　混频干扰的产生和解决方法

混频电路的输入除了载频为 f_c 的已调波信号 u_s 和频率为 f_L 的本振信号 u_L 之外，还可能有从天线进来的外来干扰信号。外来干扰信号包括其他发射机发出的已调波信号和各种噪声。假定有两个外来干扰信号 u_{n1} 和 u_{n2}，设其频率分别为 f_{n1} 和 f_{n2}。u_s、u_L 和 u_{n1}、u_{n2} 以下分别简称为信号、本振和外来干扰。

假定混频电路中的非线性器件为晶体管，其转移特性为

$$i = a_0 + a_1 u + a_2 u^2 + a_3 u^3 + a_4 u^4 + \cdots \tag{6.5.1}$$

其中

$$
\begin{aligned}
u &= u_s + u_L + u_{n1} + u_{n2} \\
&= U_s \cos 2\pi f_c t + U_L \cos 2\pi f_L t + U_{n1} \cos 2\pi f_{n1} t + U_{n2} \cos 2\pi f_{n2} t
\end{aligned}
$$

参照第 5 章例 5.3 的分析，晶体管输出的所有组合频率分量为

$$f = |\pm p f_L \pm q f_c \pm r f_{n1} \pm s f_{n2}| \qquad p、q、r、s = 0,1,2,\cdots$$

在这些组合频率分量中，只有 $p=q=1$，$r=s=0$ 对应的频率分量 $f_I = f_L - f_c$ 才是有用的中频(有用中频 f_I 是指载频为 f_I 的已调波，以下同)，其余均是无用分量。若其中某些无用组合频率分量刚好位于中频附近，能够顺利通过混频器内中心频率为 f_I 的带通滤波器，就可以经中放、检波后对有用解调信号进行干扰，产生失真。另外，由幂级数分析法可知，p、q、r、s 值越小，所对应的组合频率分量的振幅越大，相应的无用组合频率分量产生的干扰就越大；p、q、r、s 值较大，所对应的组合频率分量的干扰可忽略。那么，满足这两个条件的无用组合频率分量有哪些呢？它们的来源又是什么呢？

下面以音频调幅信号为例，对混频干扰的几种不同形式和来源进行讨论，最后给出了解决措施。

1. 信号和本振产生的组合频率干扰(干扰哨声)

先不考虑外来干扰的影响。若信号和本振产生的组合频率分量满足

$$|\pm p f_L \pm q f_c| = f_I \pm F \tag{6.5.2}$$

式中，F 为音频，则此组合频率分量能够产生干扰。

例如，当 $f_c = 931\ \text{kHz}$，$f_L = 1396\ \text{kHz}$，$f_I = 465\ \text{kHz}$ 时，对应于 $p=1$，$q=2$ 的组合频率分量为

$$|1396 - 2 \times 931| = 466\ \text{kHz} = 465\ \text{kHz} + 1\ \text{kHz}$$

466 kHz 的无用频率分量位于中频附近，能通过中频滤波器，然后通过中放，与中频为 465 kHz 的调幅信号一起进入检波器中的非线性器件，会产生 1 kHz 的差拍干扰，经扬声器输出后的声音类似于哨声，故称这种干扰为干扰哨声。

2. 一个外来干扰和本振产生的组合频率干扰(寄生通道干扰)

若外来干扰和本振产生的无用组合频率分量满足

$$|\pm pf_L \pm rf_{n1}| = f_I \qquad p、r = 0, 1, 2, \cdots \tag{6.5.3}$$

则也会产生干扰作用。通常将这类组合频率干扰称为寄生通道干扰，其中中频干扰和镜频干扰两种寄生通道干扰由于对应的 $p、r$ 值很小，故造成的影响很大，需要特别引起重视。

(1) 中频干扰。当 $p=0$，$r=1$ 时，$f_{n1}=f_I$，即外来干扰频率与中频相同。例如，如果中频为 465 kHz，则同样频率的外来干扰即为中频干扰的来源。

(2) 镜频干扰。当 $p=r=1$ 时，$f_{n1}=f_L+f_I$。因为 $f_c=f_L-f_I$，所以 f_{n1} 与 f_c 在频率轴上对称分列于 f_L 的两旁，互为镜像，故称 f_{n1} 为镜像频率(简称镜频)。例如，$f_I=465$ kHz，$f_c=1$ MHz，则镜频为1930 kHz。若外来干扰中含有 1930 kHz 的镜频，就会产生镜频干扰。镜频位置示意图如图 6.5.3 所示。

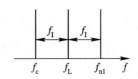

图 6.5.3　镜频位置示意图

3. 两个外来干扰和本振产生的组合频率干扰(互调干扰)

若两个外来干扰能够同时进入混频电路，并且和本振共同产生的组合频率分量满足

$$|\pm f_L \pm rf_{n1} \pm sf_{n2}| = f_I \tag{6.5.4}$$

则也会产生干扰作用，通常称为互相调制干扰(简称互调干扰)。其中，$r=1$，$s=2$ 和 $r=2$，$s=1$ 两个组合频率分量影响最大，由于 $r+s=3$，因此称为三阶互调干扰。显然，其中两个外来干扰频率与载频的关系分别为：

$$-f_{n1} + 2f_{n2} = f_c$$
$$2f_{n1} - f_{n2} = f_c \tag{6.5.5}$$

令式(6.5.1)中 $U_s=0$，经分析可知，这两个组合频率分量均是从四次方项 a_4u^4 中产生，振幅分别是 $\frac{3}{2}a_4U_{n1}U_{n2}^2U_L$ 和 $\frac{3}{2}a_4U_{n1}^2U_{n2}U_L$。

例如，$f_I=465$ kHz，若在接收 $f_c=1.6$ MHz 的调幅信号时，如果有两个频率分别为 1.59 MHz 和 1.58 MHz 的外来干扰也能通过选频网络进入混频电路，就会产生三阶互调干扰。实际上，互调干扰的产生与有没有输入信号无关，只取决于满足式(6.5.4)的外来干扰能否进入混频电路。

4. 外来干扰和信号、本振产生的组合频率干扰(交调干扰)

在式(6.5.1)中，若设 $u=u_s+u_L+u_n$，在输出电流表达式中，偶次方项均会产生中频分量，其中四次方项 a_4u^4 产生的中频分量为 $3a_4U_sU_n^2U_L\cos2\pi(f_L-f_c)t$。显然，这个中频分量与二次方项 a_2u^2 产生的有用中频分量 $a_2U_sU_L\cos2\pi(f_L-f_c)t$ 不同，因为它的振幅是受外来干扰 u_n 的振幅 U_n 控制的。若 U_n 是交变信号，则此中频分量就会如同一个干扰叠加在有用中频分量上，使中频信号振幅产生失真。通常称这种干扰为交叉调制干扰(简称交调干扰)。其中由四次方项产生的称为三阶交调干扰。虽然四次以上偶次方项也会产生交调干扰,但影响较弱。

交调干扰有两个特点:一是当信号消失,即 $u_s=0$,则交调干扰也消失;二是能否产生交调干扰取决于外来干扰能否顺利通过混频电路之前的选频网络。显然,能产生交调干扰和互调干扰的外来干扰频率都靠近信号载频 f_c。

例如,设混频电路之前的选频网络带宽为 10 kHz,若 $f_c=560$ kHz,则位于 $555\sim565$ kHz 范围内的外来干扰都可能产生三阶交调干扰。

5. 包络失真和强信号阻塞干扰

在式(6.5.1)中,若设 $u=u_s+u_L$,即不考虑外来干扰的影响,则在输出电流表达式中,电压偶次方项均会产生中频分量。其中二次方项产生的振幅为 $a_2U_sU_L$,四次方项产生的振幅为 $\frac{3}{2}a_4(U_L^3U_s+U_LU_s^3)$。可见,实际中频分量振幅并非与信号振幅 U_s 成正比。U_s 越大,失真越严重。因为 U_s 就是已调波的包络,所以称此为包络失真。若 U_s 太大,包络失真太严重,使晶体管进入饱和区或截止区,则无法将调制信号解调出来,通常称这种现象为强信号阻塞干扰。

6. 减小或避免混频干扰的措施

从以上分析可知,产生混频干扰的根本原因是器件的非线性特性。混频干扰又可分成两类,一类是由于非线性特性产生了众多无用组合频率分量而引起的,另一类是由于非线性特性产生了一些受外来干扰控制或与调制信号不成线性关系的有用频率分量而引起的。针对混频干扰产生的具体原因,可以采取以下三个方面的措施来减小或避免。

(1)选择合适的中频。如果将中频选在接收信号频段之外,可以避免中频干扰和最强的干扰哨声。例如,对于 $535\sim1605$ kHz 的中波波段,中频选为 465 kHz,则产生中频干扰的 465 kHz 外来干扰无法通过混频电路之前的选频网络。另外,从式(6.5.2)可看出,$p=0$,$q=1$ 分量是最强的干扰哨声,它要求 f_c 与 f_1 的差值在音频范围内,但是这个条件在整个中波波段都不会满足,所以这个最强的干扰哨声不会产生。尤其是采用高中频(中频高于接收信号频段),还可以避免镜频干扰(因为镜频总是高于中频,所以这时镜频也高于接收信号频段)和其他一些寄生通道干扰。

但是,采用高中频方式会使中频放大器的工作频率增高,从而影响中放的性能。可以再进行一次混频,将信号频谱从高中频频段搬移到较低的第二中频频段,这样就便于提高第二中放的增益和选择性,从而改善整个接收机的性能。以上所述即为"二次混频"技术。

若载频很高,中频较低,二者相差很大,则本振频率与载频相隔很近。为了避免邻近频道信号产生的镜频干扰,可以采用另外一种形式的"二次混频"。例如,调频广播频段为 $88\sim108$ MHz,以载频最低为 88 MHz 的电台为例,若一次混频直接降到 455 kHz 中频,则对应镜频为 88.91 MHz,位于调频广播频段之内。这样,载频为 88.91 MHz 的邻近电台信号就可能产生镜频干扰。但是,若采用"二次混频",即第一次混频先降到 10.7 MHz(第一中频),第二次混频再从 10.7 MHz 降到 455 kHz(第二中频)。这样,88 MHz 电台第一次混频时对应的镜频为 109.4 MHz,处于调频广播频段之外,故邻近频道电台信号不会产生镜频干扰。显然,其他电台载频更高,第一次混频时对应的镜频频率也更高,所以更不会受到邻近频道电台信号的镜频干扰。图 6.5.4 给出了这种形式二次混频接收机的原理图。

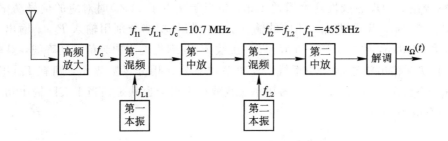

图 6.5.4　二次混频接收机组成方框图

（2）提高混频电路之前选频网络的选择性，减少进入混频电路的外来干扰分量，这样可减小交调干扰和互调干扰。对于镜频可采用陷波电路(带阻滤波器)将它滤掉。

（3）采用具有平方律特性的场效应管、模拟乘法器或利用平衡抵消原理组成的平衡混频电路(或环形混频电路)，可以大大减少无用组合频率分量的数目，尤其是那些靠近有用信号频率的无用组合频率分量，从而降低了各种组合频率干扰产生的可能性。

6.5.3　混频器的性能指标

混频器的主要性能指标有混频增益、噪声系数、隔离度和两项线性指标。

1. 混频增益

混频增益定义为混频器输出中频信号与输入信号大小之比，有电压增益和功率增益两种，通常用分贝数表示。

2. 噪声系数

混频器的噪声系数定义为混频器输入信噪功率比和输出中频信号噪声功率比的比值，也是用分贝数表示的。

由于混频器处于接收机前端，因此要求它的噪声系数很小。

3. 隔离度

隔离度是指三个端口(输入、本振和中频)相互之间的隔离程度，即本端口的信号功率与其泄漏到另一个端口的功率之比。

例如，本振口至输入口的隔离度定义为

$$10 \lg \frac{\text{本振口的本振信号功率}}{\text{泄漏到输入口的本振信号功率}} \quad (\text{dB})$$

显然，隔离度应越大越好。由于本振功率较大，因此本振信号的泄漏更为重要。

4. 1 dB 压缩点功率和三阶互调截点功率

理想混频器输出的中频信号振幅应该和输入已调波信号的振幅成正比，即混频增益为常数。由 6.5.2 节关于包络失真的分析可知，式(6.5.1)中二次方项产生这一线性关系，而四次方项产生的中频分量振幅与输入信号振幅 U_s 的三次方成正比。对于实际混频器来说，用式(6.5.1)描述的转移特性中参数 a_4 是负数，所以随着 U_s 的加大，增益将会减小，这一现象称为增益压缩。也就是说，在输入信号较小时，输出中频信号随输入信号近似成线性增大；当输入信号较大时，输出中频信号随输入信号的增大速率将会逐渐变小。定义混频实际功率增益低于理想线性功率增益 1 dB(相当于减少了 21%)时对应的信号功率点(图 6.5.5 中 A 点)为 1 dB 压缩点,相应的输入、输出信号功率分别用输入 P_{1dB}、输出 P_{1dB} 表示,单位均为 dBm,如图 6.5.5 所示。图中虚线 P_{I1} 是理想输出中频信号功率线,斜率为 1,实线 P_{I2} 是实际输出中频信号功率线。若功率增益公式用分贝数表示,则有 $P_o(\text{dBm}) = P_i(\text{dBm}) + G_p(\text{dB})$。所以,$A$ 点处的功率增益减小 1 dB,也就是相当于实际输出功率比理想输出功率减小1 dBm。

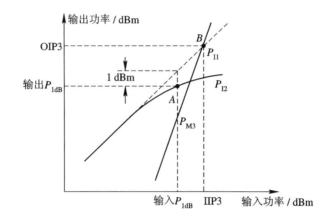

图 6.5.5 混频器线性性能指标示意图

上一小节介绍的三阶互调干扰也来源于器件非线性特性中的四次方项。若设两个外来干扰振幅相同,均为 U_n,则由上一小节分析可知,产生的三阶互调干扰的振幅为 $3a_4 U_L U_n^3/2$,与 U_n 的三次方成正比。所以,由此产生的三阶互调失真功率将随输入干扰功率的三次方成正比变化,若用 dBm 表示,则输入干扰功率每增加 1 dBm,输出三阶互调失真功率将会增加 3 dBm。图 6.5.5 中给出了三阶互调失真功率线 P_{M3},它的斜率是 3。P_{M3} 与 P_{I1} 的交点(图中 B 点)称为三阶互调截点(Third Order Intermodulation Intercept Point),表示在该点理想输出中频信号功率与三阶互调失真功率相等。对应的输出中频信号功率和输入信号(或干扰)功率分别用 OIP3 和 IIP3 表示,统称 IP3。

P_{1dB} 和 IP3 数值大小与器件非线性特性有直接关系,而且三阶互调失真在各种混频非线性失真中是较严重的一种,所以这是衡量混频器线性性能的两个重要指标。显然,这两个指标数值越大,表示混频器的线性工作范围越宽,线性性能越好。

P_{1dB} 和 IP3 也可以作为高频小信号放大器和高频功率放大器的线性性能指标。第 2 章 2.3.1 节和第 3 章 3.1 节曾分别提到这一点。通常混频器采用输入 P_{1dB} 和 IIP3,放大器采用输出 P_{1dB} 和 OIP3。

作为实例,下面给出混频器 MC13143 的一些主要性能指标。

MC13143 是由模拟乘法器组成的双平衡混频器,电源电压为 1.8~6.5 V,工作频带从直流一直到 2.4 GHz,输入 P_{1dB} 和 IIP3 分别可以达到 3.0 dBm 和 20 dBm。当电源电压为 3 V,输入信号频率为 1 GHz,功率为 −25 dBm,本振功率为 −5.0 dBm,负载电阻为 800 Ω 时,典型值混频功率增益为 −2.6 dB,混频电压增益为 9.0 dB,噪声系数为 14 dB,本振口至输入口、输出口的隔离度分别为 40 dB 和 33 dB。

6.5.4　混频电路

晶体管混频电路具有增益高、噪声低的优点,但混频失真大,本振泄漏较严重。场效应管混频电路由于其平方律特性,混频失真较小,动态范围大,但混频增益比晶体管混频器小一些。二极管平衡和环形混频电路结构简单,噪声低,混频失真较小,动态范围大,工作频率高(可达 1000 MHz 以上),缺点是增益小。采用模拟乘法器组成的集成混频电路,不但受混频干扰小,而且调整容易,输入信号动态范围较大。

1. 晶体管混频电路

图 6.5.6 是晶体管混频电路原理图。图中 L_1C_1 回路调谐于输入信号 u_s 的载频 f_c, L_2C_2 回路调谐于中频 f_I, 本振 u_L 与 U_{BB0} 相加后作为偏置电压。由于 u_s 振幅很小, u_L 振幅较大,因此可视为线性时变工作状态。采用 5.3 节的分析方法,参照式 (5.3.4)可以看到, i_C 中含有的组合频率分量为

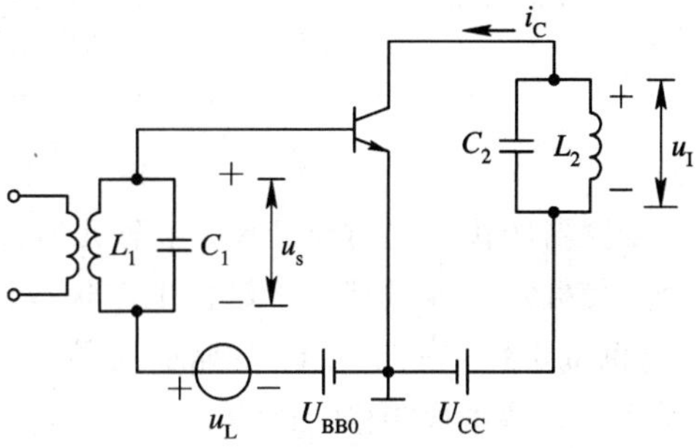

图 6.5.6　晶体管混频电路原理图

$$| nf_L \pm f_c | \qquad n = 0, 1, 2, \cdots$$

其中中频电流分量为

$$i_I = \frac{1}{2} g_1 U_s \cos 2\pi f_I t \qquad f_I = f_L - f_c \tag{6.5.6}$$

上式中 U_s 是 u_s 的振幅, g_1 是晶体管跨导中的基频(f_L)分量振幅。可令式(5.3.2)中 $n=1$, $\omega_1 = \omega_L$, 对 $g(t)$ 进行积分而求出 g_1, 而跨导 $g(t) = \dfrac{\partial i_C}{\partial u_{BE}} \bigg|_{u_{BE} = U_{BB}(t)}$, $U_{BB}(t) = U_{BB0} + u_L$。

若定义混频跨导 $g_c = I_1/U_s$, 即中频电流振幅 I_1 与输入信号振幅 U_s 之比,则有

$$g_c = \frac{1}{2} g_1 \tag{6.5.7}$$

若 L_2C_2 回路总谐振电导为 g_Σ, 则可以求得混频电压增益为

$$A_{uc} = \frac{U_I}{U_s} = \frac{I_1}{g_\Sigma U_s} = \frac{g_c}{g_\Sigma} \tag{6.5.8}$$

给混频电路提供的本振信号可以由单独的振荡电路产生,也可以由混频晶体管本身产生。由一个晶体管同时产生本振信号、实现混频的电路通常称为变频器。图 6.5.7 给出了一个典型的收音机变频器电路。

在图 6.5.7 中,输入信号 u_s 和本振信号 u_L 分别加在晶体管的基极和发射极上,输出中频信号 u_I 由连接集电极的谐振回路取出。对于本振频率信号来说,分别调谐于输入信号载频和中频的两个 LC 并联回路可看成是短路,此时的本振电路是由晶体管、振荡回路(L_4、C_6、C_7、C_8)和反馈电感 L_3 组成的共基极变压器耦合反馈振荡器。双联可变电容作为输入回路和本振回路的统一调谐电容,使得在整个中波波段内,本振频率 f_L 均与输入载频 f_c 同步变化,二者之差恒等于中频 f_I。读者可以自行画出变频器的混频等效电路和振荡器等效电路进行分析。图中 U_{CC} 为负值。

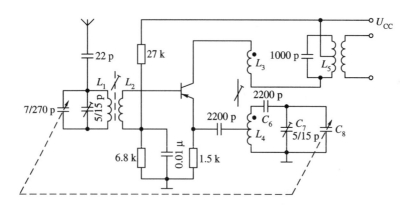

图 6.5.7　晶体管变频器

变频器的优点是电路简单，节省元器件，缺点是本振频率容易受信号载频的牵引，无法兼顾使振荡与混频都处于最佳工作状态，且一般工作频率不高。

【例 6.4】　在图 6.5.6 所示晶体管混频电路中，已知本振电压 $u_L = U_{Lm} \cos\omega_L t$，且 $u_L \gg u_s$，晶体管转移特性为 $i_C = a_0 + a_1 u_{BE} + a_2 u_{BE}^2 + a_3 u_{BE}^3 + a_4 u_{BE}^4$，输出回路谐振电阻是 R_Σ，求混频跨导 g_c 和混频电压增益 A_{uc}。

解：先求时变跨导 $g(t)$，然后再根据式(5.3.2)对 $g(t)$ 积分，求出 $g(t)$ 傅里叶展开式中的基波振幅 g_1，再由式(6.5.7)和(6.5.8)得到 g_c 和 A_{uc}。因为

$$g(t) = \frac{\partial i_C}{\partial u_{BE}}\bigg|_{u_{BE} = U_{BB}(t)} = a_1 + 2a_2 U_{BB}(t) + 3a_3 U_{BB}^2(t) + 4a_4 U_{BB}^3(t)$$

所以

$$g_1 = \frac{1}{\pi}\int_{-\pi}^{\pi}\left[a_1 + 2a_2 U_{BB}(t) + 3a_3 U_{BB}^2(t) + 4a_4 U_{BB}^3(t)\right]\cos(\omega_L t)\,\mathrm{d}\omega_L t$$

将 $U_{BB}(t) = U_{BB0} + U_{Lm}\cos\omega_L t$ 代入，得到

$$g_1 = (2a_2 + 6a_3 U_{BB0} + 12a_4 U_{BB0}^2 + 3a_4 U_{Lm}^2)U_{Lm}$$

由此可求得

$$g_c = \frac{1}{2}g_1 = \left(a_2 + 3a_3 U_{BB0} + 6a_4 U_{BB0}^2 + \frac{3}{2}a_4 U_{Lm}^2\right)U_{Lm}$$

$$A_{uc} = \frac{g_c}{g_\Sigma} = g_c R_\Sigma = \left(a_2 + 3a_3 U_{BB0} + 6a_4 U_{BB0}^2 + \frac{3}{2}a_4 U_{Lm}^2\right)U_{Lm}R_\Sigma$$

2. 二极管混频电路

图 6.5.8 是二极管平衡混频电路原理图。u_s 与 u_L 分别由变压器耦合输入，利用 LC 选频网络可以从输出负载电阻 R_L 上取出中频信号。

由图可见，若忽略 R_L 上输出电压的反馈作用，加在两个二极管上的电压分别是：

$$u_1 = u_L + u_s$$

$$u_2 = u_L - u_s$$

由于输入信号 u_s 很小，本振信号 u_L 很大，因

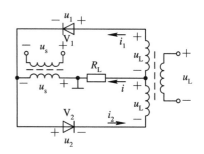

图 6.5.8　二极管平衡混频电路原理图

而二极管工作在受 u_L 控制的开关工作状态。因为在 u_L 正半周时两个二极管同时导通，负半周时两个二极管同时截止，故根据 KVL 可写出两个回路电压方程分别为：

$$-(u_L + u_s)K_1(\omega_L t) + i_1 R_D - (i_2 - i_1)R_L = 0$$

$$-(u_L - u_s)K_1(\omega_L t) + i_2 R_D + (i_2 - i_1)R_L = 0$$

其中，R_D 是二极管导通电阻。两方程式相减，可得

$$i_2 - i_1 = -\frac{2u_s K_1(\omega_L t)}{R_D + 2R_L} \tag{6.5.9}$$

将第 5 章 5.3 节中式(5.3.5)代入上式，若 $u_s = U_s \cos\omega_c t$，可求得 $i = i_2 - i_1$ 中的组合频率分量为 ω_c 和 $|\pm(2n-1)\omega_L \pm \omega_c|$，$n = 1, 2, \cdots$。其中中频电流分量为

$$i_I = \frac{-2U_s}{\pi(R_D + 2R_L)} \cos(\omega_L - \omega_c)t \tag{6.5.10}$$

图 6.5.9(a)所示双平衡(环形)混频电路可看成是由两个二极管平衡混频电路组合而成的。其中一个平衡电路由 u_{s1}、V_1、V_2、R_L 与 u_L 组成，与图 6.5.8 所示电路相同。另一个平衡电路由 u_{s2}、V_3、V_4、R_L 与 u_L 组成，如图 6.5.9(b)所示。两个平衡电路分别在 u_L 的正半周和负半周导通。在 u_L 正半周，二极管 V_1、V_2 导通，对应的开关函数为 $K_1(\omega_L t)$，流经 R_L 的电流如式(6.5.9)所示；在 u_L 负半周，二极管 V_3、V_4 导通，对应的开关函数为 $K_1(\omega_L t - \pi)$，根据图 6.5.9(b)，采用类似图 6.5.8 的分析方法，可以求得通过 R_L 的电流为

$$i_4 - i_3 = \frac{2u_s K_1(\omega_L t - \pi)}{R_D + 2R_L}$$

所以，通过 R_L 的总电流为

$$i = i_2 - i_1 + i_4 - i_3 = -\frac{2u_s}{R_D + 2R_L}\left[K_1(\omega_L t) - K_1(\omega_L t - \pi)\right]$$

$$= -\frac{2u_s}{R_D + 2R_L}K_2(\omega_L t) \tag{6.5.11}$$

将式(5.3.9)代入，可求得 i 中的组合频率分量为 $|\pm(2n-1)\omega_L \pm \omega_c|$，$n = 1, 2, 3, \cdots$。其中中频电流分量为

$$i_I = \frac{-4U_s}{\pi(R_D + 2R_L)} \cos(\omega_L - \omega_c)t \tag{6.5.12}$$

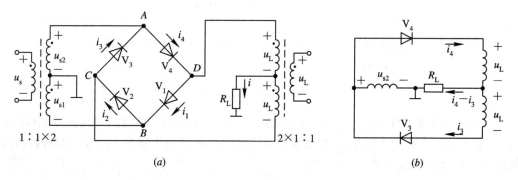

图 6.5.9　二极管环形混频电路原理图

平衡混频电路与环形混频电路输出的无用组合频率分量均比晶体管混频电路少，而环形电路比平衡电路还要少一个 ω_c 分量，且增益加倍。

　　环形混频电路的输入信号端口和本振信号端口均采用变压器耦合，将单端输入变为平衡输入，既可根据需要进行阻抗变换，而且两个端口之间具有良好的隔离。若变压器中心抽头上下对称，四个二极管特性一致，则对于本振信号而言，A、B 两点是等电位，因为本振信号通过 V_1、V_2 在 B 点产生的电压与通过 V_3、V_4 在 A 点产生的电压相等，所以输入端口无本振信号输出。同样，对于输入信号而言，C、D 两点是等电位，所以本振端口无输入信号输出。另外，从式(6.5.11)可知，中频端口输出电流中无输入信号和本振信号频率分量，即中频端口与其他两个端口也有良好的隔离。实际上，由于变压器中心抽头的非完全对称性和二极管特性的微小失配，各端口之间的隔离并非很理想。显然，环形混频电路的性能优于平衡混频电路。

　　二极管平衡与环形电路也可广泛用于调幅、检波等其他方面。

　　【例 6.5】　在图 $6.5.10(a)$ 所示二极管平衡电路原理图中，u_1 和 u_2 是输入信号，u_o 是输出信号。若采用此电路进行普通调幅、双边带调幅和同步检波，u_1 和 u_2 各应该是什么信号？负载 Z_{L1}、Z_{L2} 各应该采用什么形式元件？试写出有关表达式。

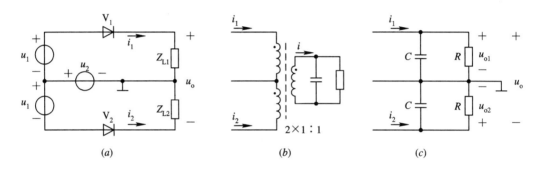

图 6.5.10　例 6.5 图

　　解：(1) 进行普通调幅时，u_1、u_2 应分别是载波和调制信号，负载可采用变压器耦合 LC 回路，如图 $6.5.10(b)$ 所示。二极管应工作在受大信号 u_1 控制的开关状态，在 u_1 的正、负半周内 V_1、V_2 分别导通。设 g_D 是二极管导通电导，忽略负载电压的反馈作用，则有

$$u_1 = U_{cm}\cos\omega_c t, \quad u_2 = u_\Omega(t)$$
$$i_1 = g_D(u_1 + u_2)K_1(\omega_c t)$$
$$i_2 = g_D(-u_1 + u_2)K_1(\omega_c t - \pi)$$

所以

$$i = i_1 - i_2 = g_D u_1\left[K_1(\omega_c t) + K_1(\omega_c t - \pi)\right] + g_D u_2\left[K_1(\omega_c t) - K_1(\omega_c t - \pi)\right]$$
$$= g_D u_1 + g_D u_2 K_2(\omega_c t)$$
$$= g_D U_{cm}\cos\omega_c t + g_D u_\Omega(t)\left(\frac{4}{\pi}\cos\omega_c t - \frac{4}{3\pi}\cos3\omega_c t + \cdots\right)$$

　　(2) 进行双边带调幅时，u_1、u_2 应分别是调制信号和载波，负载形式与普通调幅时相同。二极管应工作在受大信号 u_2 控制的开关状态，在 u_2 的正半周内 V_1、V_2 均导通，负半周内 V_1、V_2 均截止，故有

$$u_1 = u_\Omega(t), \quad u_2 = U_{cm}\cos\omega_c t$$
$$i_1 = g_D(u_1 + u_2)K_1(\omega_c t)$$
$$i_2 = g_D(-u_1 + u_2)K_1(\omega_c t)$$

所以

$$i = i_1 - i_2 = 2g_D u_1 K_1(\omega_c t) = 2g_D u_\Omega(t)\left(\frac{1}{2} + \frac{2}{\pi}\cos\omega_c t - \frac{2}{3\pi}\cos 3\omega_c t + \cdots\right)$$

（3）进行同步检波时，u_1、u_2 应分别是调幅波和本地载波，负载 Z_{L1} 和 Z_{L2} 为相同参数的 RC 低通滤波器，如图 6.5.10(c)所示。二极管应工作在受大信号 u_2 控制的开关状态，分析过程与双边带调幅相似。

设 u_1 是双边带调幅波，$u_1 = ku_\Omega(t)\cos\omega_c t$，$u_2 = U_{rm}\cos\omega_c t$，故

$$i_1 = g_D(u_1 + u_2)K_1(\omega_c t)$$

$$= g_D\big[ku_\Omega(t)\cos\omega_c t + U_{rm}\cos\omega_c t\big]\left(\frac{1}{2} + \frac{2}{\pi}\cos\omega_c t - \frac{2}{3\pi}\cos 3\omega_c t + \cdots\right)$$

其中，低频分量为 $\dfrac{kg_D}{\pi}u_\Omega(t)$，$k$ 是比例系数。从而，$u_{o1} = \dfrac{kg_D R}{\pi}u_\Omega(t)$。同理可求得

$$u_{o2} = -\frac{kg_D R}{\pi}u_\Omega(t)$$

所以

$$u_o = u_{o1} - u_{o2} = \frac{2kg_D R}{\pi}u_\Omega(t) \propto u_\Omega(t)$$

考虑到负载电压的反馈作用，上述三种情况下实际输出要比计算值小。

3. 模拟乘法器组成的混频电路

图 6.5.11 是由 MC1496 组成的混频电路。本振和已调波信号分别从 X、Y 通道输入，中频信号(图中数值对应 9 MHz)由⑥脚单端输出后的 π 型带通滤波器中取出。调节 50 kΩ 电位器，使①、④脚直流电位差为零。分析方法与用作调幅电路时一样。

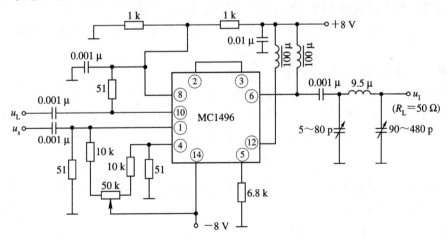

图 6.5.11　MC1496 组成的混频电路

6.6　倍　　频

6.6.1　倍频原理及用途

倍频电路输出信号的频率是输入信号频率的整数倍，即倍频电路可以成倍数地把信号频谱搬移到更高的频段。所以，倍频电路也是一种线性频率变换电路。

实现倍频的原理有以下几种：

(1) 利用晶体管等非线性器件产生输入信号频率的各次谐波分量，然后用调谐于 n 次谐波的带通滤波器取出 n 倍频信号。

(2) 将输入信号同时输入模拟乘法器的两个输入端进行自身线性相乘，则乘法器输出交流分量就是输入的二倍频信号。比如，若输入是单频信号，则输出

$$u_o = ku_1u_1 = kU_m\cos\omega_c t \cdot U_m\cos\omega_c t = \frac{kU_m^2}{2}(1+\cos2\omega_c t)$$

(3) 利用锁相倍频方式进行倍频，在第 8 章 8.4 节将具体进行讨论。

倍频电路在通信系统及其他电子系统中均有广泛的应用，以下仅举几例：

(1) 对振荡器输出进行倍频，得到更高的所需振荡频率。这样，一则可以降低主振的振荡频率，有利于提高频率稳定度；二则可以大大提高晶振的实际输出频率，因为晶体受条件的限制不可能做到很高频率(在第 4 章对此已有讨论)。

(2) 在调频发射系统中使用倍频电路和混频电路可以扩展调频信号的最大线性频偏，在第 7 章 7.3 节将会具体讨论这一点。

(3) 采用几个不同的倍频电路对同一个振荡器输出进行倍频，可以得到几个不同频率的输出信号。

(4) 在频率合成器中，倍频电路是不可缺少的组成部分。在第 8 章 8.5 节将会谈到这一点。

6.6.2 晶体管倍频器

晶体管倍频器的电路结构与晶体管丙类谐振功率放大器基本相同，区别在于后者谐振回路的中心频率与输入信号中心频率相同，而前者谐振回路的中心频率调谐为输入信号频率或中心频率的 n 倍，n 为正整数。

晶体管倍频器有以下几个特点：

(1) 倍频数 n 一般不超过 3～4，且应根据倍频数选择最佳的导通角。

根据第 3 章 3.2 节对谐振功放的分析表明，若集电极最大瞬时电流 I_{Cm} 确定，则集电极电流中第 n 次谐波分量 I_{cnm} 与尖顶余弦脉冲的分解系数 $\alpha_n(\theta)$ 成正比，即

$$I_{cnm} = \alpha_n(\theta)I_{Cm} \tag{6.6.1}$$

由图 3.2.4 可以看出，一、二、三次谐波分解系数的最大值逐个减小，经计算可得最大值及对应的导通角为

$$\alpha_1(120°) = 0.536, \alpha_2(60°) = 0.276, \alpha_3(40°) = 0.185$$

可见，二倍频、三倍频时的最佳导通角分别是 60° 和 40°，而且，在相同 I_{Cm} 情况下，所获得的最大电流振幅分别是基波最大电流振幅的 1/2 和 1/3。

所以，在相同情况下，倍频次数越高，获得的输出电压或功率越小。一般倍频次数不应超过 3～4，如需要更高次倍频，可以采用多个倍频器级联的方式。

(2) 必须采取良好的输出滤波措施。

晶体管丙类工作时，输出集电极电流中基波分量的振幅最大，谐波次数越高，对应的振幅越小。因此，n 倍频器要滤除小于 n 的各次谐波分量比较困难。可以采取以下两个

方法：

（1）提高输出回路的有载品质因数 Q_e。一般应满足 $Q_e > 10n\pi$。

（2）采用选择性好的带通滤波器，如多个 LC 串、并联谐振回路组成的 π 型滤波网络，如图 6.6.1 所示。图示网络调谐在输入信号基频 f_0 的三倍频上，对基波和二、四次谐波呈现带阻性质，故选择性非常好。

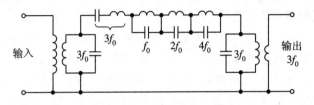

图 6.6.1　高选择性带通滤波网络

第 7 章 7.6.1 节介绍了 MC2833 集成调频电路的应用，其中采用了三倍频网络，可作为参考实例。

6.7　接收机中的自动增益控制电路

在通信、导航、遥测遥控系统中，由于受发射功率大小、收发距离远近、电波传播衰落等各种因素的影响，接收机所接收的信号强弱变化范围很大，信号最强时与最弱时可相差几十分贝。如果接收机增益不变，则信号太强时会造成接收机饱和或阻塞，而信号太弱时又可能被丢失。因此，必须采用自动增益控制电路，使接收机的增益随输入信号强弱而变化。这是接收机中几乎不可缺少的辅助电路。在发射机或其他电子设备中，自动增益控制电路也有广汐的应用。

6.7.1　工作原理与性能指标

1. 电路组成框图

自动增益控制电路是一种在输入信号幅值变化很大的情况下，通过调节可控增益放大器的增益，使输出信号幅值基本恒定或仅在较小范围内变化的一种电路，其组成方框图如图 6.7.1 所示。

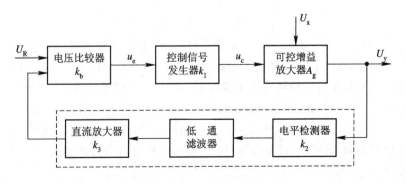

图 6.7.1　自动增益控制电路的组成

设输入信号振幅为 U_x，输出信号振幅为 U_y，可控增益放大器增益为 $A_g(u_c)$，即 A_g 是控制信号 u_c 的函数，则有

$$U_y = A_g(u_c)U_x \qquad (6.7.1)$$

2. 误差信号提取过程

在 AGC 电路中，误差信号提取电路采用电压比较器。反馈网络由电平检测器、低通滤波器和直流放大器组成。反馈网络检测出输出信号振幅电平(平均电平或峰值电平)，滤去不需要的较高频率分量，然后进行适当放大后与恒定的参考电平 U_R 比较，产生一个误差信号。控制信号发生器在这里可看做是一个比例环节，增益为 k_1。若 U_x 减小而使 U_y 减小时，环路产生的控制信号 u_c 将使增益 A_g 增大，从而使 U_y 趋于增大。若 U_x 增大而使 U_y 增大时，环路产生的控制信号 u_c 将使增益 A_g 减小，从而使 U_y 趋于减小。无论何种情况，通过环路不断地循环反馈，都应该使输出信号振幅 U_y 保持基本不变或仅在较小范围内变化。

3. 滤波器的作用

环路中的低通滤波器是非常重要的。由于发射功率变化，距离远近变化，电波传播衰落等引起信号强度的变化是比较缓慢的，因此整个环路应具有低通传输特性，这样才能保证仅对信号电平的缓慢变化有控制作用。当输入最低调制频率为 F_{min} 的调幅信号时，若自动增益控制环路的上限截止频率 $F_c > F_{min}$，则 $F_{min} \sim F_c$ 这一部分调制频率分量对高频载波振幅变化产生的作用将因受到控制而被抵消，即失去了调制作用，使调幅信号的包络线产生失真，解调后的信号也就失真了。这就是反调制。所以，必须恰当选择环路的频率响应特性和上限截止频率，使环路对高于截止频率的调制信号的变化无响应，而仅对低于截止频率的缓慢变化的信号才有控制作用。也就是说，环路截止频率必须低于调制信号的最低频率，才不会出现反调制。环路带宽主要取决于低通滤波器的截止频率。

4. 控制过程说明

设输出信号振幅 U_y 与控制电压 u_c 的关系为

$$U_y = U_{y0} + k_c u_c = U_{y0} + \Delta U_y$$

根据式(6.7.1)又有

$$U_y = A_g(u_c)U_x = [A_g(0) + k_g u_c]U_x$$

其中

$$A_g(u_c) = A_g(0) + k_g u_c$$

又有

$$U_{y0} = A_g(0)U_{x0}$$

式中的 U_{y0} 是控制信号为 0 时所对应的输出信号振幅，也就是理想的输出信号振幅，U_{x0} 和 $A_g(0)$ 是相应的输入信号振幅和放大器增益，k_c 和 k_g 皆为常数，表示均为线性控制。

若低通滤波器对于直流信号的传递函数 $H(s) = 1$，当误差信号 $u_e = 0$ 时，由图 6.7.1 可写出 U_R 和 U_{y0}、U_{x0} 之间的关系，即

$$U_R = k_2 k_3 U_{y0} = k_2 k_3 A_g(0)U_{x0} \qquad (6.7.2)$$

当输入信号振幅 $U_x \neq U_{x0}$ 且保持恒定时，环路经自身调节后达到新的平衡状态，这时的误差电压为

$$u_{e\infty} = k_b(U_R - k_2 k_3 U_{y\infty}) \qquad (6.7.3)$$

又

$$U_{y\infty} = [A_g(0) + k_c k_1 u_{e\infty}]U_x \tag{6.7.4}$$

从以上两式可知，$u_{e\infty} \neq 0$，否则与式(6.7.2)比较，将有 $U_x = U_{x0}$，与条件不符合。同时也说明 $U_{y\infty} \neq U_{y0}$，即 AGC 电路是有电平误差的控制电路。式中，k_2、k_3 和 k_b 均为比例系数。

5. 动态范围

AGC 电路的目的是利用电压误差信号 u_e 去消除输出信号振幅 U_y 与理想电压振幅 U_{y0} 之间的电压误差。所以，当电路达到平衡状态后，仍会有电压误差存在，从对 AGC 电路的实际要求考虑，一方面希望输出信号振幅的变化越小越好，即与理想电压振幅 U_{y0} 的误差越小越好；另一方面也希望容许输入信号振幅 U_x 的变化越大越好，也就是说，在给定输出信号幅值变化范围内，容许输入信号振幅的变化越大，则表明 AGC 电路的动态范围越宽，性能越好。

设 m_o 是 AGC 电路限定的输出信号振幅最大值与最小值之比（输出动态范围），即

$$m_o = \frac{U_{ymax}}{U_{ymin}}$$

m_i 为 AGC 电路容许的输入信号振幅的最大值与最小值之比（输入动态范围），即

$$m_i = \frac{U_{xmax}}{U_{xmin}}$$

则有

$$\frac{m_i}{m_o} = \frac{U_{xmax}/U_{xmin}}{U_{ymax}/U_{ymin}} = \frac{U_{ymin}/U_{xmin}}{U_{ymax}/U_{xmax}} = \frac{A_{gmax}}{A_{gmin}} = n_g \tag{6.7.5}$$

上式中，A_{gmax} 是输入信号振幅最小时可控增益放大器的增益，显然，这应是它的最大增益。A_{gmin} 是输入信号振幅最大时可控增益放大器的增益，显然，这应是它的最小增益。比值 m_i/m_o 越大，表明 AGC 电路输入动态范围越大，而输出动态范围越小，则 AGC 性能越佳，这就要求可控增益放大器的增益控制倍数 n_g 尽可能大。n_g 也可称为增益动态范围，通常用分贝数表示。

6. 响应时间特性

AGC 电路是通过对可控增益放大器增益的控制来实现对输出信号振幅变化的限制，而增益的变化又取决于输入信号振幅的变化。所以，要求 AGC 电路的反应既要能跟得上输入信号振幅的变化速度，又不会出现反调制现象，这就是响应时间特性。

对 AGC 电路的响应时间长度的要求取决于输入信号 U_x 的类型和特点，根据响应时间长短分别有慢速 AGC 和快速 AGC 之分。而响应时间长短的调节由环路带宽决定，主要是低通滤波器的带宽。低通滤波器带宽越宽，则响应时间越短，但容易出现反调制现象。

增益动态范围和响应时间是 AGC 电路的两个主要性能指标。

【例 6.6】 某接收机输入信号振幅的动态范围是 62 dB，输出信号振幅限定的变化范围为 30%。若单级放大器的增益控制倍数为 20 dB，需要多少级 AGC 电路才能满足要求？

解：

$$20 \lg m_o = 20 \lg \frac{U_{ymax}}{U_{ymin}} = 20 \lg \left(1 + \frac{U_{ymax} - U_{ymin}}{U_{ymin}}\right)$$

$$= 20 \lg(1 + 0.3) \approx 2.28 \text{ dB}$$

$$n_g = 20 \lg \frac{A_{gmax}}{A_{gmin}} = 20 \lg \frac{m_i}{m_o} = 20 \lg m_i - 20 \lg m_o$$

$$= 62 - 2.28 = 59.72 \text{ dB}$$

$$n = \frac{59.72 \text{ dB}}{20 \text{ dB}} \approx 3$$

所以，需要三级 AGC 电路。

【例 6.7】 在图 6.7.2 所示 AGC 电路方框图中，u_x 和 u_y 分别是输入和输出信号，参考信号 $U_R = 1$ V，可控增益放大器的增益 $A_g(u_c) = 1 + 0.3u_c$，即理想的要求是增益为 1。若输入信号振幅 U_x 变化范围为 ± 1.5 dB 时，要求输出信号振幅 U_y 变化范围限制在 ± 0.05 dB 以内，试求直流放大器增益 k_1 的最小值。

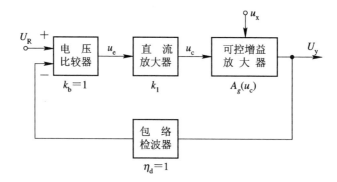

图 6.7.2　例 6.7 图

解: 由图示方框图可写出有关参量之间的关系式。因为

$$u_c = k_1 u_e = k_1 k_b (U_R - \eta_d U_y)$$

又

$$U_y = A_g U_x = (1 + 0.3 u_c) U_x$$

所以

$$U_y = [1 + 0.3 k_1 k_b (U_R - \eta_d U_y)] U_x = U_x + 0.3 k_1 k_b U_x (U_R - \eta_d U_y)$$

代入已知数据，可求得

$$k_1 = \frac{U_y - U_x}{0.3 U_x (1 - U_y)}$$

由 AGC 原理可知，U_y 随 U_x 的增大(或减小)而增大(或减小)。所以，当 U_x 变化 $+1.5$ dB 时，要求 U_y 变化不超过 $+0.05$ dB，转换成倍数，分别为 1.189 和 1.006。这时，

$$k_1 = \frac{1.006 - 1.189}{0.3 \times 1.189 \times (1 - 1.006)} \approx 86$$

当 U_x 变化 -1.5 dB 时，要求 U_y 变化不超过 -0.05 dB，转换成倍数，分别为 0.841 和 0.994。这时:

$$k_1 = \frac{0.994 - 0.841}{0.3 \times 0.841 \times (1 - 0.994)} \approx 101$$

如果要求同时满足以上两个条件，则要求 $k_1 \geqslant 101$。

6.7.2　电路类型

根据输入信号的类型、特点以及对控制的要求，AGC 电路主要有两种类型。

1. 简单 AGC 电路

在简单 AGC 电路中，参考电平 $U_R = 0$。这样，无论输入信号振幅 U_x 大小如何，AGC 的作用都会使增益 A_g 减小，从而使输出信号振幅 U_y 减小。其输出特性如图 6.7.3 所示。

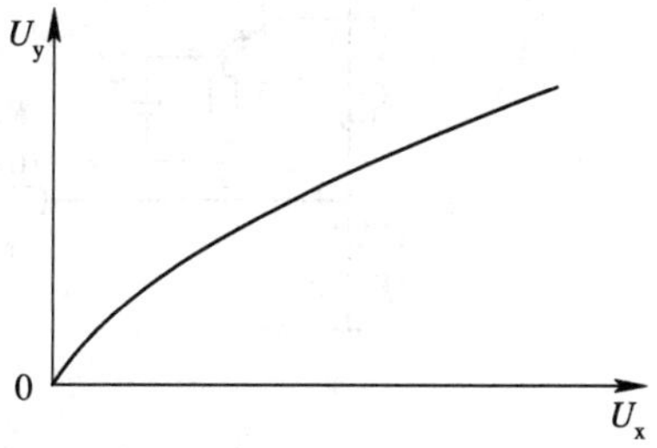

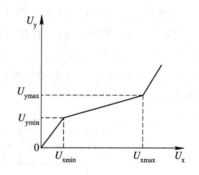

简单 AGC 电路的优点是线路简单，在实用电路中不需要电压比较器；缺点是对微弱信号的接收很不利，因为输入信号振幅很小时，放大器的增益仍会受到反馈控制而有所

图 6.7.3　简单 AGC 电路的输入/输出特性

减小。若前级放大器的增益减小，会导致系统的噪声系数增大，从而使接收灵敏度降低。所以，简单 AGC 电路适用于输入信号振幅较大的场合。

2. 延迟 AGC 电路

在延迟 AGC 电路里有一个起控门限，即比较器参考电平 U_R。由式(6.7.2)可知，它对应的输入信号振幅即为 U_{x0}，也就是图 6.7.4 中的 U_{xmin}。

当输入信号 U_x 小于 U_{xmin} 时，反馈环路断开，AGC 不起作用，放大器增益 A_g 不变，输出信号 U_y 与输入信号 U_x 成线性关系。当 U_x 大于 U_{xmin} 后，反馈环路接通，AGC 电路开始产生误差信号和控制信号，使放大器增益 A_g

图 6.7.4　延迟 AGC 电路的输入/输出特性

有所减小，保持输出信号 U_y 基本恒定或仅有微小变化。当输入信号 U_x 大于 U_{xmax} 后，AGC 作用消失。可见，U_{xmin} 与 U_{xmax} 区间即为所容许的输入信号的动态范围，U_{ymin} 与 U_{ymax} 区间即为对应的输出信号的动态范围。

这种 AGC 电路由于需要延迟到 $U_x > U_{xmin}$ 之后才开始控制作用，因而称为延迟 AGC。"延迟"二字不是指时间上的延迟。

6.7.3　实用电路介绍

图 6.7.5 是晶体管收音机中的简单 AGC 电路。作为中频放大器的晶体管的基极偏压主要由 R_1、R_2 和 R_{L2} 分压后决定，是一负值。后级的包络检波电路由二极管、C_1、C_2、R_{L1} 和 R_{L2} 组成。$R_2 C_3$ 组成低通滤波器，从检波后的音频信号中取出缓变直流分量作为控制信号直接对晶体管进行增益控制。若音频信号中的直流分量增大，则 C_3 上的电位升高，晶体管基极电位升高，b、e 极之间静态电压减小，集电极平均电流减小，增益下降。调节可变电阻 R_2，可以使低通滤波器的截止频率低于解调后音频信号的最低频率，避免出现反调制。

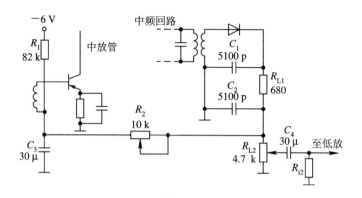

图 6.7.5　晶体管收音机中的简单 AGC 电路

在电视机中广泛采用 AGC 电路。图 6.7.6 是一个由高频放大、三级中频放大、视频检波、AGC 检波和 AGC 放大等电路组成的 AGC 系统。AGC 检波电路是将预视频放大电路输出的全电视信号进行检波，得出与信号电平大小有关的直流信号，然后进行直流放大以提高 AGC 控制灵敏度。为了使控制更合理，采用了两级延迟 AGC。当输入信号振幅 U_x 超过某一定值 U_{x1} 后，先对中放进行增益控制，而高放增益不变，这是第一级延迟。当 U_x 超过另一定值 U_{x2} 后，中放增益不再降低，而高放增益开始起控，这是第二级延迟。其增益随输入信号 U_x 变化的曲线如图 6.7.7 所示。采用两级延迟 AGC 的原因在于当输入信号不是很大时，保持高放级处于最大增益可使高放级输出信噪比不致降低，有助于降低接收机的总噪声系数。

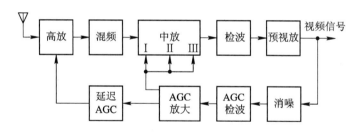

图 6.7.6　电视机 AGC 系统方框图

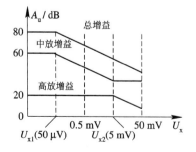

图 6.7.7　电视机两级延迟 AGC 特性

第 2 章图 2.4.1 曾经给出了 TA7680AP 中彩电图像中频放大电路部分，现在分析 TA7680AP 中与中放有关的 AGC 检出电路，如图 6.7.8 所示。

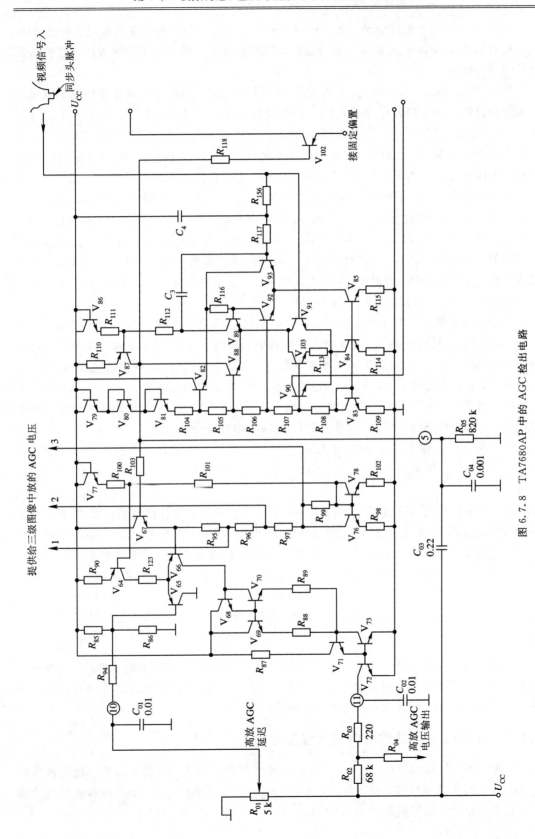

图 6.7.8 TA7680AP 中的 AGC 检出电路

AGC 检出电路由恒压恒流、消噪(消除噪声)、差分比较、差分峰值检波、中放 AGC 信号提取和高放 AGC 信号提取几部分组成,基本上包括了图 6.7.1 中除可控增益放大器之外的所有部分。

$V_{79} \sim V_{81}$、$V_{83} \sim V_{85}$ 和相关电阻组成了恒压恒流电路,为差分电路提供恒定偏置电压或作为恒流源。从预视放电路输出的正极性全电视信号(同步头朝下)通过由 R_{156}、C_4、R_{117} 和 C_3 组成的消噪电路(此处是两级低通滤波电路),滤除其中图像中频的残留分量,输出干净的带有同步头的视频信号。在两个差分比较器 V_{92}、V_{93} 和 V_{88}、V_{89} 中,V_{92} 和 V_{88} 由于基极偏压恒定,故导通与否取决于发射极电位。当视频信号幅度较小时,同步头电位较高,在同步脉冲期间,加在 V_{93} 基极的电位较高,V_{93} 饱和导通,发射极电位升高,使 V_{92} 截止。V_{92} 截止使其集电极电位升高,引起 V_{89} 导通和发射极电位升高,这又使 V_{88} 截止。V_{89} 的导通电流增大使得 V_{87} 的基极电位下降,V_{87} 导通电流增大。V_{87} 的集电极电流经过⑤脚外接的 $R_{05}C_{04}$ 低通滤波器,取出代表同步头电平高低的低频 AGC 信号。以上这部分电路组成了差分峰值检波器。此时因 V_{87} 集电极电流较大,⑤脚电位较高,经 V_{67} 射随输出的三路中放 AGC 电压也较高,AGC 电路未起控。

当输入视频信号幅度逐渐增大,同步头电位则逐渐降低。在同步脉冲期间,V_{93} 基极电位下降,逐渐退出饱和,进入放大状态,发射极电位逐渐下降,使 V_{92} 导通。V_{92} 导通使其集电极电位下降,造成 V_{89} 导通电流减小和发射极电位下降,促使 V_{88} 导通且电流逐渐增大。由于 V_{89} 集电极电流减小,使 V_{87} 基极电位升高,V_{87} 集电极电流减小。一方面,V_{87} 输出集电极电流减小;另一方面,V_{88} 集电极分流增大,所以进入 $R_{05}C_{04}$ 低通滤波器的脉冲峰值电流减小,⑤脚电位下降,经 V_{67} 射随后的中放 AGC 电压降低。

提供给三级图像中放的 AGC 电压高低是不一样的。参照第 2 章图 2.4.1 可知,第三级中放 AGC 电压最低,故第三级中放最先起控,然后是第二级中放,最后是第一级中放。

$V_{64} \sim V_{73}$ 组成高放延迟 AGC 信号提取电路。$V_{64} \sim V_{66}$ 是差分比较器。V_{65} 的基极电位由外接可调电阻 R_{01} 确定。仅当 V_{66} 的基极电位(即 V_{67} 的发射极电位)低于 V_{65} 的基极电位时,V_{66} 才导通,从而使 $V_{68} \sim V_{70}$,$V_{71} \sim V_{73}$ 分别组成的两个改进型镜像恒流源导通,从 V_{72} 的集电极通过⑪脚输出高放 AGC 电压。显然,V_{65} 基极电压即为起控门限。

6.8 实 例 介 绍

以双差分模拟乘法器为核心做成的线性频率变换集成电路的应用越来越广泛。本章前几节已介绍了用单片集成模拟乘法器进行调幅、检波和混频的实用电路,本节再介绍两个集成电路芯片内部实现线性频率变换功能部分的实例。

6.8.1 HA11440 内部的图像视频检波器

HA11440 是日本日立公司生产的彩色电视机图像中放集成电路,主要包括三级图像中频放大、同步视频检波、视频放大、AFT(Automatic Frequency Tuning)鉴相等几个模块。其中视频检波器模块如图 6.8.1 所示。

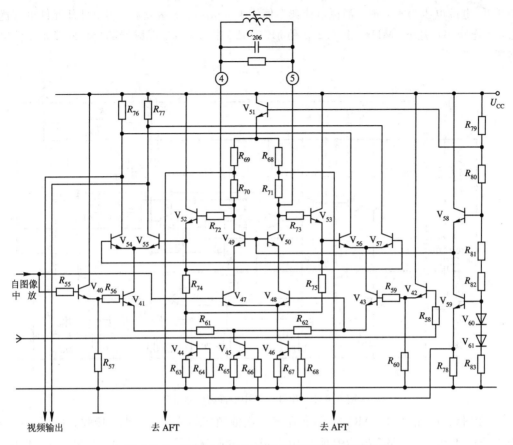

图 6.8.1 HA11440 图像集成中放中的视频检波电路

视频检波器模块组成和工作原理如下:

(1) $V_{58} \sim V_{61}$ 和 $R_{78} \sim R_{83}$ 组成射随式恒压源电路,分别为 V_{49}、V_{50} 和 $V_{44} \sim V_{46}$ 各提供一个基极偏压。

(2) $V_{44} \sim V_{46}$ 组成三个恒流源,分别由每管的集电极输出。

(3) $V_{54} \sim V_{57}$ 和 V_{41}、V_{43}、V_{45} 共七个管子组成双差分模拟乘法器同步检波电路,R_{61} 和 R_{62} 是负反馈电阻。$V_{46} \sim V_{51}$ 六个管子组成差分放大限幅电路,其中 V_{47}、V_{49} 和 V_{48}、V_{50} 是一个共射—共基差分对电路,V_{51} 是射随式恒压源。

(4) 自图像中放输出的图像中频调幅信号分成两路,一路经 V_{42}、V_{43} 射随后从 V_{47}、V_{48} 的基极输入差分放大限幅电路,④、⑤脚之间外接的 LC 谐振回路从输出等幅信号中提取 38 MHz 中频信号后,分别经 V_{52}、V_{53} 射随后从 $V_{54} \sim V_{57}$ 的基极输入同步检波电路;另一路分别经 V_{40}、V_{42} 射随后,从 V_{41}、V_{43} 的基极输入同步检波电路。

(5) 视频检波负载电阻是 R_{76}、R_{77},从检波电路输出端($V_{54} \sim V_{57}$ 的集电极)输出的视频信号经 HA11440 内部的视频放大器放大后,再由外接的低通滤波器取出。

6.8.2 MC3361B 中的混频电路

美国 Motorola 公司生产的 MC3361B 是低功耗 FM 解调集成电路,主要包括振荡器、混频器、限幅放大器、移相式鉴频器和音频放大器几个模块,具有电源电压低(2~8 V)、功耗低(电源电压为 4 V 时，消耗电流典型值为 4.2 mA)、灵敏度高、需要外部元件少等优点，工作频率可达 60 MHz。图 6.8.2 是 MC3361B 中振荡器、混频器部分与外接元器件电路图。

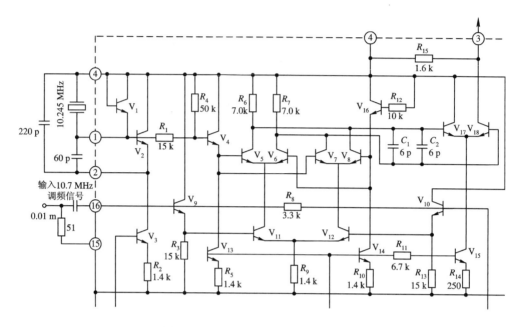

图 6.8.2　MC3361B 中的混频电路部分

在图示应用情况中，MC3361B 被用于二次混频调频信号的解调。接收到的调频信号先需经过其他混频电路变换为中频为 10.7 MHz 的调频信号，然后输入 MC3361B，和其中 10.245 MHz 的固定频率本振信号进行第二次混频，产生中频为 455 kHz 的调频信号，最后再进行解调。

图 6.8.2 中 V_2 和①、②、④脚外接晶体和电容组成晶体振荡器，$V_5 \sim V_8$ 和 V_{11}、V_{12} 组成双差分模拟乘法器混频电路。恒流源 V_3、$V_{13} \sim V_{15}$ 由片内恒压电路提供基极偏置。从⑯脚输入的 10.7 MHz 中频调频信号经 V_9、V_{10} 射随后，从 V_{11}、V_{12} 基极输入混频电路，晶振产生的 10.245 MHz 本振信号经 V_4 射随后从 V_5、V_7 基极单端输入混频电路，而混频电路的输出又双端输入 V_{17}、V_{18} 差分放大器(C_1 与 C_2 用于滤除高频谐波)，然后由③脚输出到中心频率为 455 kHz 的外接陶瓷带通滤波器。

6.9　章　末　小　结

(1) 五种模拟调幅方式(普通调幅、双边带调幅、单边带调幅、残留边带调幅和正交调幅)对于相同调制信号产生的已调波信号的时域波形不一样，频谱不一样，带宽不完全一样，调制与解调的实现方式与难度不一样，适用的通信系统也不一样。

(2) 混频虽然与调幅、检波同属于线性频谱搬移过程，在工作原理上基本相同，但在参数和电路设计上需认真考虑混频干扰的影响，采取措施尽量避免或减小混频干扰的产生及引起的失真。采用高中频和"二次混频"方式是避免镜频干扰、提高中放性能的好方法。

P_{1dB} 和 $IP3$ 是衡量混频器和放大器线性性能的两个重要指标。

（3）从时域上看，两信号相乘是实现线性频谱搬移的最直接方法，所以模拟乘法器是进行调幅、检波和混频的最常用器件。在有关专用集成电路中，具有相乘功能的双差分电路也是最常见的。

（4）二极管峰值包络检波器由于电路简单而被广泛采用。但要注意，它只适用于普通调幅信号的检波，而且要正确选择元器件的参数，以免产生惰性失真与底部切割失真。

（5）同步检波（乘积检波）需要一个与发射端载频同频同相（或固定相位差）的同步信号。对于普通调幅、双边带调幅和残留边带调幅，可以从接收已调波中直接提取同步信号；而对于单边带调幅，则必须在发射端另外专门发送一个载频信号供接收方提取。采用第 8 章将要介绍的平方锁相环电路是提取同步信号的好方法。

（6）晶体管倍频器是一种常用的倍频电路，在使用时应注意两点：一是倍频次数一般不超过 3～4；二是要采用良好的输出滤波网络。

（7）在调幅、检波、倍频和混频电路的输入和输出端需要采用滤波器，正确设计滤波器的类型和参数是提高电路性能指标、减小失真的重要措施。

（8）线性频率变换电路的基本模型是乘法器加滤波器，前者产生新的频谱（主要是和频与差频），后者从中取出有用频率分量并滤除无用频率分量。这里的乘法器不仅指模拟乘法器，也包括具有乘法功能的非线性器件。二极管平衡与环形电路利用平衡抵消原理，可以大大减少输出频谱中的无用频率分量，适用于混频、调幅、检波等方面。

（9）AGC 电路是接收机中不可缺少的组成部分。AGC 电路通过调节可控增益放大器的增益，使输出信号幅值维持在理想值的附近，它的动态范围取决于其中可控增益放大器的增益控制范围，而响应时间特性由其中低通滤波器的带宽所决定，要避免出现反调制现象。

习　题

6.1　已知普通调幅信号表达式为

$$u_{AM}(t) = 20(1 + 0.6\cos 2\pi \times 2000t - 0.4\cos 2\pi \times 5000t$$
$$+ 0.3\cos 2\pi \times 7000t)\cos 2\pi \times 10^6 t \text{ V}$$

（1）试写出此调幅信号所包括的频率分量及其振幅；

（2）画出此调幅信号的频谱图，写出带宽；

（3）求出此调幅信号的总功率、边带功率、载波功率以及功率利用率。（设负载为 1 Ω）

6.2　已知单频普通调幅信号的最大振幅为 12 V，最小振幅为 4 V，试求其中载波振幅和边频振幅各是多少？调幅指数 M_a 又是多少？

6.3　在图 6.3.1 所示集电极调幅电路中，载波输出功率为 50 W，平均调幅指数为 0.4，集电极平均效率为 50%，求直流电源提供的平均功率 P_D、调制信号产生的交流功率 P_Ω 和总输出平均功率 P_{av}。

6.4　题图 6.4 所示为推挽二极管检波电路。设二极管伏安特性是从原点出发的直线，若输入 $u_s = U_m\cos\omega_c t$，流经二极管的周期性窄脉冲电流 i 可用傅氏级数展开为 $i \approx I_{AV}(1 + 2\cos\omega_c t + 2\cos 2\omega_c t + \cdots)$，$R_L C$ 是理想低通滤波器。试求：

（1）电压传输系数 $\eta_d = U_{AV}/U_m$。

（2）输入电阻 $R_i = U_m/I_{1m}$，其中 I_{1m} 是流经二极管电流 i 中的基波分量振幅。

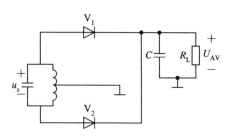

题图 6.4

6.5 在题图 6.5 所示两个二极管推挽电路中，$u_s = U_m(1 + M_a \cos\Omega t)\cos\omega_c t$，$u_r = U_{rm}\cos\omega_c t$。试问它们是否能够实现同步检波？当 $u_r = 0$ 时，它们又是否能够实现包络检波？为什么？

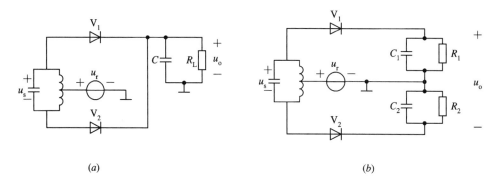

（a） （b）

题图 6.5

6.6 在图 6.4.5 所示二极管检波器中，已知二极管导通电阻 $R_d = 100\ \Omega$，$R_1 = 1\ \text{k}\Omega$，$R_2 = 4\ \text{k}\Omega$，输入调幅信号载频 $f_c = 4.7\ \text{MHz}$，调制信号频率范围为 $100 \sim 5000\ \text{Hz}$，$M_{amax} = 0.8$。若希望电路不产生惰性失真和底部切割失真，则对电容 C 和负载 R_L 的取值应该有何要求？

6.7 在题图 6.7 所示检波电路中，$R_1 = 510\ \Omega$，$R_2 = 4.7\ \text{k}\Omega$，$R_L = 1\ \text{k}\Omega$，输入信号 $u_s = 0.5(1 + 0.3\cos2\pi\times10^3 t)\cos2\pi\times10^7 t$ V。当可变电阻 R_2 的接触点在中心位置或最高位置时，是否会产生底部切割失真？为什么？

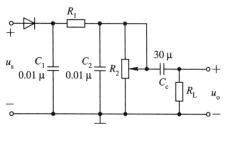

题图 6.7

6.8　在图 6.5.6 所示晶体管混频电路中，若晶体管转移特性为 $i_C = f(u_{BE}) = I_{es} e^{\frac{1}{U_T} u_{BE}}$，$u_L = U_{Lm} \cos\omega_L t$，$u_L \gg u_s$，求混频跨导 g_c。

6.9　已知晶体管混频器中晶体管转移特性曲线是从原点出发的直线，其斜率是 g_D。设本振信号 $u_L = U_{Lm} \cos\omega_L t$，静态偏置电压为 U_Q，在满足线性时变条件下分别求出下列四种情况下的混频跨导，画出时变跨导 $g(t)$ 的波形，并说明能否实现混频。

(1) $U_Q = U_{Lm}$；

(2) $U_Q = \frac{1}{2} U_{Lm}$；

(3) $U_Q = 0$；

(4) $U_Q = -\frac{1}{2} U_{Lm}$。

6.10　在题图 6.10 所示四个电路中，调制信号 $u_\Omega = U_{\Omega m} \cos\Omega t$，载波信号 $u_c = U_{cm} \cos\omega_c t$，且 $\omega_c \gg \Omega$，$U_{cm} \gg U_{\Omega m}$，二极管 V_1 与 V_2 伏安特性相同，斜率均为 g_D。试分析每个电路输出电流 i_o 中的频率分量，并说明哪些电路能够实现双边带调幅。

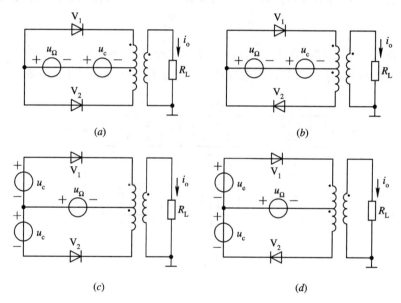

题图 6.10

6.11　在题图 6.11 所示平衡混频器中：

(1) 如果将输入信号 u_s 与本振 u_L 互换位置，则混频器能否正常工作？为什么？

(2) 如果将二极管 V_1(或 V_2)的正负极倒置，则混频器能否正常工作？为什么？

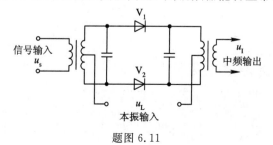

题图 6.11

6.12 已知广播收音机中频 $f_I = 465$ kHz，试分析以下现象各属于哪一种混频干扰，它们是怎样产生的。

(1) 当收听 $f_c = 931$ kHz 的电台时，听到有频率为 1 kHz 的哨叫声；

(2) 当收听 $f_c = 550$ kHz 的电台时，听到有频率为 1480 kHz 的其他台播音；

(3) 当收听 $f_c = 1480$ kHz 的电台时，听到有频率为 740 kHz 的其他台播音。

6.13 广播收音机中波波段为 535～1605 kHz，中频 $f_I = 465$ kHz。当收听 $f_c = 700$ kHz 的电台时，除了调谐在 700 kHz 频率处之外，还可能在接收中波频段内哪些频率处收听到这个电台的播音？写出最强的两个，并说明产生的原因。

6.14 对于 535～1605 kHz 的中波波段，若第一中频 f_{I1} 采用 1800 kHz 的高中频，第二中频 f_{I2} 为 465 kHz，且 $f_{L1} = f_c + f_{I1}$，$f_{L2} = f_{I1} + f_{I2}$，求出相应的镜频范围，分析能否产生镜频干扰，并写出 f_{L1} 和 f_{L2} 的值。

6.15 已知接收机输入信号动态范围为 80 dB，要求输出电压在 0.8～1 V 范围内变化，则整机增益控制倍数应是多少？

6.16 题图 6.16 是接收机三级 AGC 电路方框图。已知可控增益放大器增益为

$$A_g(u_c) = \frac{20}{1 + 2u_c}$$

当输入信号振幅 $U_{xmin} = 125$ μV 时，对应输出信号振幅 $U_{ymin} = 1$ V；当 $U_{xmax} = 250$ mV 时，对应输出信号振幅 $U_{ymax} = 3$ V。试求直流放大器增益 k_1 和参考电压 U_R 的值。

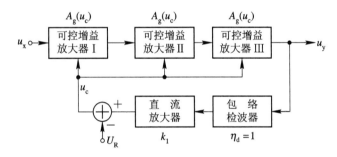

题图 6.16

第 7 章 模拟角度调制与解调电路 (非线性频率变换电路)

7.1 概 述

模拟频率调制和相位调制合称为模拟角度调制(简称调角)。因为相位是频率的积分,故频率的变化必将引起相位的变化,反之亦然,所以调频信号与调相信号在时域特性、频谱宽度、调制与解调的原理和实现方法等方面都有密切的联系。

模拟角度调制与解调属于非线性频率变换,比属于线性频率变换的模拟振幅调制与解调在原理和电路实现上都要困难一些。由于角度调制信号在抗干扰方面比振幅调制信号要好得多,因此,虽然要占用更多的带宽,但仍得到了广泛的应用。其中,在模拟通信方面,调频制比调相制更加优越,故大都采用调频制。所以,本章在介绍电路时,以模拟调频电路、鉴频(频率解调)电路为主题,但由于调频信号与调相信号的内在联系,调频可以用调相电路间接实现,鉴频也可以用鉴相(相位解调,也称相位检波)电路间接实现,因此实际上也介绍了一些调相与鉴相电路。

因本章内容均为模拟角度调制与解调,故为了简化起见,本章内有关名词前省略"模拟"二字。

7.2 角度调制与解调原理

7.2.1 调角信号的时域特性

1. 调频信号

设高频载波为 $u_c = U_{cm} \cos\omega_c t$,调制信号为 $u_\Omega(t)$,则调频信号的瞬时角频率为

$$\omega(t) = \omega_c + k_f u_\Omega(t)$$

瞬时相位为

$$\varphi(t) = \int_0^t \omega(\tau)\mathrm{d}\tau = \omega_c t + k_f \int_0^t u_\Omega(\tau)\mathrm{d}\tau$$

调频信号为

$$u_{FM} = U_{cm} \cos\left[\omega_c t + k_f \int_0^t u_\Omega(\tau)\mathrm{d}\tau\right] \tag{7.2.1}$$

其中,k_f 为比例系数,表示单位调制电压产生的角频率偏移量,初相位 $\varphi_0 = 0$。

上式表明，调频信号的振幅恒定，瞬时角频率是在固定的载频上叠加一个与调制信号电压成正比的角频率偏移(简称角频偏)$\Delta\omega(t)=k_f u_\Omega(t)$，瞬时相位是在随时间变化的载波相位 $\varphi_c(t)=\omega_c t$ 上叠加了一个与调制电压积分成正比的相位偏移(简称相偏)$\Delta\varphi(t)=k_f\int_0^t u_\Omega(\tau)\,d\tau$。其最大角频偏 $\Delta\omega_m$ 和调频指数(最大相偏)M_f 分别定义为

$$\left.\begin{aligned}\Delta\omega_m &= k_f\,|u_\Omega(t)|_{max}\\ M_f &= k_f\left|\int_0^t u_\Omega(\tau)\,d\tau\right|_{max}\end{aligned}\right\} \tag{7.2.2}$$

若调制信号是单频信号，即

$$u_\Omega(t)=U_{\Omega m}\cos\Omega t$$

则由式(7.2.1)可写出相应的调频信号，即

$$\begin{aligned}u_{FM} &= U_{cm}\cos\left(\omega_c t+\frac{k_f U_{\Omega m}}{\Omega}\sin\Omega t\right)\\ &= U_{cm}\cos(\omega_c t+M_f\sin\Omega t)\end{aligned} \tag{7.2.3}$$

2. 调相信号

设高频载波为 $u_c=U_{cm}\cos\omega_c t$，调制信号为 $u_\Omega(t)$，则调相信号的瞬时相位为

$$\varphi(t)=\omega_c t+k_p u_\Omega(t)$$

瞬时角频率为

$$\omega(t)=\frac{d\varphi(t)}{dt}=\omega_c+k_p\frac{du_\Omega(t)}{dt}$$

调相信号为

$$u_{PM}=U_{cm}\cos[\omega_c t+k_p u_\Omega(t)] \tag{7.2.4}$$

其中，k_p 为比例系数，表示单位调制电压产生的相位偏移量，初相位 $\varphi_0=0$。

上式表明，调相信号的振幅恒定，瞬时相位是在随时间变化的载波相位 $\varphi_c(t)=\omega_c t$ 上叠加了一个与调制电压成正比的相偏 $\Delta\varphi(t)=k_p u_\Omega(t)$，瞬时角频率是在固定载频上叠加了一个与调制电压的导数成正比的角频偏 $\Delta\omega(t)=k_p\frac{du_\Omega(t)}{dt}$。最大角频偏 $\Delta\omega_m$ 和调相指数(最大相偏)M_p 分别定义为

$$\Delta\omega_m=k_p\left|\frac{du_\Omega(t)}{dt}\right|_{max},\qquad M_p=k_p\,|u_\Omega(t)|_{max} \tag{7.2.5}$$

若调制信号是单频信号，即 $u_\Omega(t)=U_{\Omega m}\cos\Omega t$，由式(7.2.4)可写出相应的调相信号，即

$$\begin{aligned}u_{PM} &= U_{cm}\cos(\omega_c t+k_p U_{\Omega m}\cos\Omega t)\\ &= U_{cm}\cos(\omega_c t+M_p\cos\Omega t)\end{aligned} \tag{7.2.6}$$

3. 调频信号与调相信号时域特性的比较

图 7.2.1 给出了调制信号分别为单频正弦波和三角波时调频信号和调相信号的有关波形。根据它们的时域表达式和波形可以得出以下几点结论。

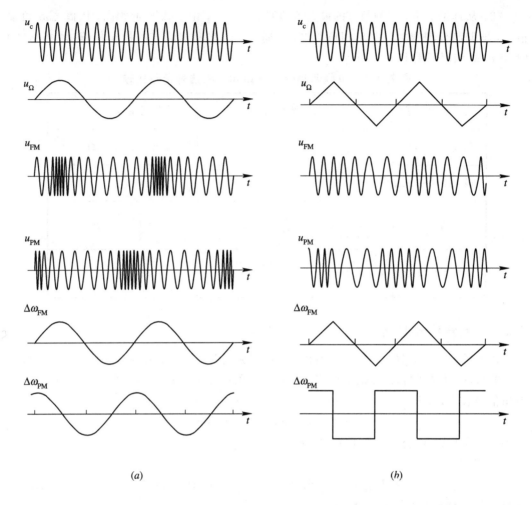

(a)　　　　　　　　　　(b)

图 7.2.1　调频信号与调相信号的波形

(a) 调制信号是单频正弦波时；(b) 调制信号是三角波时

调频信号与调相信号的相同之处在于：

(1) 二者都是等幅信号。

(2) 二者的频率和相位都随调制信号而变化，均产生频偏与相偏，成为疏密波形。正频偏最大处，即瞬时频率最高处，波形最密；负频偏最大处，即瞬时频率最低处，波形最疏。

调频信号与调相信号的区别在于：

(1) 二者的频率和相位随调制信号变化的规律不一样，但由于频率与相位是微积分关系，因此二者是有密切联系的。例如，对于调频信号来说，调制信号电平最高处对应的瞬时正频偏最大，波形最密；对于调相信号来说，调制信号电平变化率(斜率)最大处对应的瞬时正频偏最大，波形最密。

(2) 从表 7.2.1 中可以看出，调频信号的调频指数 M_f 与调制频率有关，最大频偏与调制频率无关，而调相信号的最大频偏与调制频率有关，调相指数 M_p 与调制频率无关。

（3）从理论上讲，调频信号的最大角频偏 $\Delta\omega_m < \omega_c$，由于载频 ω_c 很高，因此 $\Delta\omega_m$ 可以很大，即调制范围很大。由于相位以 2π 为周期，因此调相信号的最大相偏（调相指数）$M_p < \pi$，故调制范围很小。

表 7.2.1　单频调频信号与单频调相信号参数比较

参　数	调 频 信 号	调 相 信 号
角频偏 $\Delta\omega(t)$	$k_f U_{\Omega m} \cos\Omega t$	$-k_p \Omega U_{\Omega m} \sin\Omega t$
最大角频偏 $\Delta\omega_m$	$k_f U_{\Omega m}$	$k_p U_{\Omega m} \Omega$
相偏 $\Delta\varphi(t)$	$\dfrac{k_f U_{\Omega m}}{\Omega} \sin\Omega t$	$k_p U_{\Omega m} \cos\Omega t$
调制指数（最大相偏）	$M_f = \dfrac{k_f U_{\Omega m}}{\Omega}$	$M_p = k_p U_{\Omega m}$

7.2.2　调角信号的频谱

由式(7.2.3)和式(7.2.6)可以看出，在单频调制时，调频信号与调相信号的时域表达式是相似的，仅瞬时相偏分别随正弦函数或余弦函数变化，无本质区别，故可写成统一的调角信号表达式，即

$$u(t) = U_{cm} \cos(\omega_c t + M \sin\Omega t) \tag{7.2.7}$$

式中用调角指数 M 统一代替了 M_f 与 M_p。

式(7.2.7)可展开为

$$u(t) = U_{cm}[\cos(M \sin\Omega t) \cos\omega_c t - \sin(M \sin\Omega t) \sin\omega_c t] \tag{7.2.8}$$

将贝塞尔函数理论中的两个公式：

$$\cos(M \sin\Omega t) = J_0(M) + 2J_2(M) \cos2\Omega t + 2J_4(M) \cos4\Omega t + \cdots$$

$$\sin(M \sin\Omega t) = 2J_1(M) \sin\Omega t + 2J_3(M) \sin3\Omega t + 2J_5(M) \sin5\Omega t + \cdots$$

（其中，$J_n(M)$ 是宗数为 M 的 n 阶第一类贝塞尔函数），代入式(7.2.8)，可得到

$$u(t) = U_{cm}[J_0(M) \cos\omega_c t - 2J_1(M) \sin\Omega t \sin\omega_c t + 2J_2(M) \cos2\Omega t \cos\omega_c t$$

$$- 2J_3(M) \sin3\Omega t \sin\omega_c t + 2J_4(M) \cos4\Omega t \cos\omega_c t - 2J_5(M) \sin5\Omega t \sin\omega_c t + \cdots]$$

$$= U_{cm}\{J_0(M) \cos\omega_c t + J_1(M)[\cos(\omega_c+\Omega)t - \cos(\omega_c-\Omega)t] + J_2(M)[\cos(\omega_c+2\Omega)t$$

$$+ \cos(\omega_c-2\Omega)t] + J_3(M)[\cos(\omega_c+3\Omega)t - \cos(\omega_c-3\Omega)t]$$

$$+ J_4(M)[\cos(\omega_c+4\Omega)t + \cos(\omega_c-4\Omega)t] + J_5(M)[\cos(\omega_c+5\Omega)t$$

$$- \cos(\omega_c-5\Omega)t] + \cdots\} \tag{7.2.9}$$

图 7.2.2 给出了宗数为 M 的 n 阶第一类贝塞尔函数曲线，表 7.2.2 给出了 M 为几个离散值时的贝塞尔函数值。

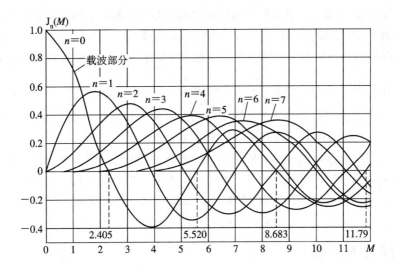

图 7.2.2　宗数为 M 的 n 阶第一类贝塞尔函数曲线图

表 7.2.2　贝塞尔函数表

n ＼ $J_n(M)$ ＼ M	0	0.5	1	2	3	4	5	6
0	1	0.939	0.765	0.224	−0.261	−0.397	−0.178	0.151
1		0.242	0.440	0.577	0.339	−0.066	−0.328	−0.277
2		0.03	0.115	0.353	0.486	0.364	0.047	−0.243
3			0.020	0.129	0.309	0.430	0.365	0.115
4			0.003	0.034	0.132	0.281	0.391	0.358
5				0.007	0.043	0.132	0.261	0.362
6				0.001	0.011	0.049	0.131	0.246
7					0.003	0.015	0.053	0.130
8						0.004	0.018	0.057

　　分析式(7.2.9)和贝塞尔函数的特点,可以看出单频调角信号频谱具有以下几个特点:

　　(1) 由载频和无穷多组上、下边频组成,这些频率分量满足 $\omega_c \pm n\Omega$,振幅为 $J_n(M)U_{cm}$,$n=0,1,2,\cdots$。U_{cm}是调角信号振幅。当 n 为偶数时,两边频分量振幅相同,相位相同;当 n 为奇数时,两边频分量振幅相同,相位相反。

　　(2) 当 M 确定后,各边频分量振幅值不是随 n 单调变化,且有时候为零。因为各阶贝塞尔函数随 M 增大变化的规律均是衰减振荡,而各边频分量振幅值与对应阶贝塞尔函数成正比。

(3) 随着 M 值的增大，具有较大振幅的边频分量数目增加，载频分量振幅呈衰减振荡趋势，在个别地方(如 $M=2.405$，5.520 时)，载频分量为零。

(4) 若调角信号振幅不变，M 值变化，则总功率不变，但载频与各边频分量的功率将重新分配。对于任何 M 值，均有 $\sum_{n=-\infty}^{\infty} J_n^2(M) = 1$。

上述特点充分说明调角是完全不同于调幅的一种非线性频率变换过程。显然，作为调角的逆过程，角度解调也是一种非线性频率变换过程。

对于由众多频率分量组成的一般调制信号来说，调角信号的总频谱并非仅仅是调制信号中每个频率分量单独调制时所得频谱的组合，而且另外又新增了许多频率分量。例如，若调制信号由角频率为 Ω_1、Ω_2 的两个单频正弦波组成，则对应调角信号的频率分量不但有 $\omega_c \pm n\Omega_1$ 和 $\omega_c \pm n\Omega_2$，还会出现 $\omega_c \pm n\Omega_1 \pm p\Omega_2$，$n$、$p=0$，$1$，$2$，$\cdots$。

7.2.3 调角信号的带宽

根据调角信号的频谱特点可以看到，虽然理论上它的频带无限宽，但具有较大振幅的频率分量还是集中在载频附近，且上下边频在振幅上是对称的。

当 $M \ll 1(\text{rad})$ 时(工程上只需 $M < 0.25$，$\cos 0.25 \approx 0.9689$，$\sin 0.25 \approx 0.2474$)，对于窄带调角信号，有近似公式

$$\cos(M \sin\Omega t) \approx 1, \quad \sin(M \sin\Omega t) \approx M \sin\Omega t$$

故式(7.2.8)可化简为

$$u(t) = U_{cm}\left[\cos\omega_c t + \frac{M}{2}\cos(\omega_c + \Omega)t - \frac{M}{2}\cos(\omega_c - \Omega)t\right] \tag{7.2.10}$$

此时的频谱由载频和一对振幅相同、相位相反的上下边频组成，带宽为

$$BW = 2F \tag{7.2.11}$$

对于非窄带调角信号，通常定义有效带宽(简称带宽)为

$$BW = 2(M+1)F \tag{7.2.12}$$

从表 7.2.2 中可以看出，$M+1$ 以上各阶边频的振幅均小于调角信号振幅的 10%，故可以忽略。

对于一般调制信号形成的调角波，采用其中最高调制频率，代入式(7.2.11)或式(7.2.12)，可以求得频带宽度。

【例 7.1】 已知音频调制信号的最低频率 $F_{min} = 20 \text{ Hz}$，最高频率 $F_{max} = 15 \text{ kHz}$，若要求最大频偏 $\Delta f_m = 45 \text{ kHz}$，求出相应调频信号的调频指数 M_f、带宽 BW 和带宽内各频率分量的功率之和(假定调频信号总功率为 1 W)，画出 $F = 15 \text{ kHz}$ 时对应的频谱图，并求出相应调相信号的调相指数 M_p、带宽和最大频偏。

解：调频信号的调频指数 M_f 与调制频率成反比，即 $M_f = \dfrac{\Delta\omega_m}{\Omega} = \dfrac{\Delta f_m}{F}$，可求得

$$M_{fmax} = \frac{\Delta f_m}{F_{min}} = \frac{45 \times 10^3}{20} = 2250 \text{ rad}$$

$$M_{fmin} = \frac{\Delta f_m}{F_{max}} = \frac{45 \times 10^3}{15 \times 10^3} = 3 \text{ rad}$$

所以，最高调制频率 15 kHz 对应的带宽为

$$\text{BW} = 2 \times (3+1) \times 15 \times 10^3 = 120 \text{ kHz}$$

因为 $F = 15$ kHz 对应的 $M_f = 3$，从表 7.2.2 可查出 $J_0(3) = -0.261$，$J_1(3) = 0.339$，$J_2(3) = 0.486$，$J_3(3) = 0.309$，$J_4(3) = 0.132$，由此可画出对应调频信号带宽内的频谱图，共 9 条谱线，如图 7.2.3 所示。其中 f_c、$f_c - F$，$f_c - 3F$ 三个频率分量反相。

调频信号是等幅波，故单位负载情况下功率 P_o 与振幅 U_{cm} 的关系式为 $P_o = U_{cm}^2 / 2$。由于调频信号总功率为 1 W，因此 $U_{cm} = \sqrt{2}$ V，所以

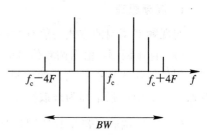

图 7.2.3　例 7.1 图

$$\text{带宽内功率之和} = \frac{J_0^2(3)U_{cm}^2}{2} + 2\sum_{n=1}^{4} \frac{J_n^2(3)U_{cm}^2}{2}$$

$$= J_0^2(3) + 2\sum_{n=1}^{4} J_n^2(3) \approx 0.996 \text{ W}$$

调相信号的最大频偏是与调制信号频率成正比的，为了保证所有调制频率对应的最大频偏不超过 45 kHz，故除了最高调制频率外，其余调制频率对应的最大频偏必然小于 45 kHz。另外，调相信号的调相指数 M_p 与调制频率无关。

由 $\Delta f_m = M_p F$ 可得

$$M_p = \frac{\Delta f_{m\max}}{F_{\max}} = \frac{45 \times 10^3}{15 \times 10^3} = 3$$

所以

$$\Delta f_{m\min} = M_p F_{\min} = 3 \times 20 = 60 \text{ Hz}$$

$$\text{BW} = 2 \times (3+1) \times 15 \times 10^3 = 120 \text{ kHz}$$

由以上结果可知，若调相信号最大频偏限制在 45 kHz 以内，则带宽仍为 120 kHz，与调频信号相同，但各调制频率对应的最大频偏变化很大，最低的 20 Hz 调制频率分量仅有 60 Hz 的最大频偏。

最大频偏与带宽是两个容易混淆的概念。最大频偏是指调角信号瞬时频率偏离载频的最大值，例如在例 7.1 中最大频偏是 45 kHz，若载频为 100 MHz，则调频信号瞬时频率的变化范围为 99.955~100.045 MHz；而带宽是指调角信号频谱分量的有效宽度，对于窄带和非窄带调角信号，分别按照式(7.2.11)、式(7.2.12)定义，带宽内频率分量的功率之和占总功率的 90% 以上，如例 7.1 中 15 kHz 分量是 99.6%，带宽为 120 kHz。非窄带调频信号最大频偏 Δf_m 与带宽 BW 的关系为

$$\text{BW} = 2(\Delta f_m + F) \tag{7.2.13}$$

由式(7.2.13)可知，带宽大致由最大频偏所决定。对于调频方式来说，由于最大频偏与调制频率无关，因此每个调制频率分量都可以充分利用带宽，获得最大频偏。但是，对于调相方式来说，带宽是由最高调制频率分量获得的最大频偏来决定的($\text{BW} = 2(\Delta f_{m\max} + F_{\max})$)。除了最高调制频率分量外，其余调制频率分量获得的最大频偏均越来越小($\Delta f_m = M_p F$)，例如 20 Hz 分量的最大频偏仅 60 Hz，所以不能充分利用系统带宽。

7.2.4 调角信号的调制原理

1. 调频原理

实现频率调制的方式一般有两种：一是直接调频，二是间接调频。

(1) 直接调频。根据调频信号的瞬时频率随调制信号成线性变化这一基本特性，可以将调制信号作为压控振荡器的控制电压，使其产生的振荡频率随调制信号规律而变化，压控振荡器的中心频率即为载波频率。显然，这是实现调频的最直接方法，故称为直接调频。

(2) 间接调频。若先对调制信号 $u_\Omega(t)$ 进行积分，得到 $u_1(t) = \int_0^t u_\Omega(\tau)\,\mathrm{d}\tau$，然后将 $u_1(t)$ 作为调制信号对载频信号进行调相，则由式(7.2.4)可得到

$$u(t) = U_{cm}\cos[\omega_c t + k_p u_1(t)] = U_{cm}\cos\left[\omega_c t + k_p \int_0^t u_\Omega(\tau)\,\mathrm{d}\tau\right]$$

参照式(7.2.1)可知，对于 $u_\Omega(t)$ 来说，上式是一个调频信号表达式。

因此，将调制信号积分后调相，是实现调频的另外一种方式，称为间接调频。或者说，间接调频是借用调相的方式来实现调频的。图 7.2.4 是间接调频原理图。

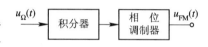

图 7.2.4 间接调频原理图

2. 调相原理

实现相位调制的基本原理是使角频率为 ω_c 的高频载波 $u_c(t)$ 通过一个可控相移网络，此网络产生的相移 $\Delta\varphi$ 受调制电压 $u_\Omega(t)$ 控制，满足 $\Delta\varphi = k_p u_\Omega(t)$ 的关系，所以网络输出就是满足式(7.2.4)的调相信号了。图 7.2.5 给出了可控相移网络调相原理图。

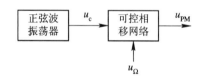

图 7.2.5 可控相移网络调相原理图

式(7.2.4)所示调相信号又可写成

$$\begin{aligned}
u_{PM} &= U_{cm}\cos[\omega_c t + k_p u_\Omega(t)] \\
&= U_{cm}\cos\left\{\omega_c\left[t + \frac{k_p}{\omega_c}u_\Omega(t)\right]\right\} \\
&= U_{cm}\cos[\omega_c(t-\tau)]
\end{aligned} \tag{7.2.14}$$

式中

$$\tau = -\frac{k_p}{\omega_c}u_\Omega(t) = k_d u_\Omega(t)$$

其中，$k_d = -k_p/\omega_c$ 是一比例系数。

式(7.2.14)将调相信号表示为一个可控时延信号，时延 τ 与调制电压 $u_\Omega(t)$ 成正比。可见，时延与相移本质上是一样的。所以，将图 7.2.5 中的可控相移网络改为可控时延网络，也可实现调相。

7.2.5 调角信号的解调原理

1. 鉴相原理

采用乘积鉴相是最常用的方法。若调相信号为

$$u_{\text{PM}} = U_{\text{cm}} \cos[\omega_{\text{c}}t + \Delta\varphi(t)]$$
$$\Delta\varphi(t) = k_{\text{p}}u_{\Omega}(t)$$

其中

同步信号与载波信号相差 $\pi/2$，为

$$u_{\text{r}} = U_{\text{rm}} \cos\left(\omega_{\text{c}}t + \frac{\pi}{2}\right) = -U_{\text{rm}} \sin\omega_{\text{c}}t$$

则有

$$u_{\text{o}} = ku_{\text{PM}}u_{\text{r}} = -kU_{\text{cm}}U_{\text{rm}} \cos[\omega_{\text{c}}t + \Delta\varphi(t)]\sin\omega_{\text{c}}t$$

$$= \frac{kU_{\text{cm}}U_{\text{rm}}}{2}\{\sin\Delta\varphi(t) - \sin[2\omega_{\text{c}}t + \Delta\varphi(t)]\}$$

用低通滤波器取出 u_{o} 中的低频分量，即

$$u_{\text{o1}} = \frac{kU_{\text{cm}}U_{\text{rm}}}{2} \sin\Delta\varphi(t) \approx \frac{kU_{\text{cm}}U_{\text{rm}}}{2}\Delta\varphi(t)$$

$$= \frac{kU_{\text{cm}}U_{\text{rm}}k_{\text{p}}}{2}u_{\Omega}(t) \propto u_{\Omega}(t) \qquad \left(\mid\Delta\varphi(t)\mid \leqslant \frac{\pi}{6}\right) \qquad (7.2.15)$$

式中，k 为乘法器增益，低通滤波器增益为 1。$\left(\sin\dfrac{\pi}{6} = 0.5, \dfrac{\pi}{6} \approx 0.5236\right)$

由式(7.2.15)可以看到，乘积鉴相的线性鉴相范围较小，只能解调 $M_{\text{p}} \leqslant \pi/6$ 的调相信号。

图 7.2.6 是乘积鉴相原理图。由于相乘的两个信号有 90°的固定相位差，因此这种方法又称为正交乘积鉴相。

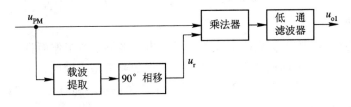

图 7.2.6　正交乘积鉴相原理图

2. 鉴频原理

从式(7.2.1)所示调频信号表达式来看，由于随调制信号 $u_{\Omega}(t)$ 成线性变化的瞬时角频率与相位是微分关系，而相位与电压又是三角函数关系，因此要从调频信号中直接提取与 $u_{\Omega}(t)$ 成正比的电压信号很困难。通常采用两种间接方法。一种方法是先将调频信号通过频幅转换网络变成调频—调幅信号(指瞬时频率和振幅中都含有与调制信号电压成正比分量的高频已调波信号)，然后利用包络检波的方式取出调制信号。另一种方法是先将调频信号通过频相转换网络变成调频—调相信号(指瞬时频率和瞬时相位中都含有与调制信号电压成正比分量的高频已调波信号)，然后利用鉴相方式取出调制信号。图 7.2.7 给出了相应的原理图。

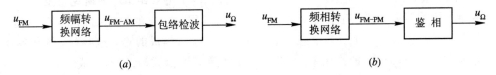

图 7.2.7　鉴频原理图

第 8 章 8.4 节还将介绍一种利用锁相环进行鉴频的方法，称为锁相鉴频。

7.3 调 频 电 路

7.3.1 调频电路的主要性能指标

1. 调频线性特性

调频电路输出信号的瞬时频偏与调制电压的关系称为调频特性。显然，理想调频特性应该是线性的，然而实际电路会产生一些非线性失真，应尽量设法使其减小。

2. 调频灵敏度

单位调制电压变化产生的角频偏称为调频灵敏度 S_f，即 $S_f = d\omega/du_\Omega$。在线性调频范围内，S_f 相当于式(7.2.1)中的 k_f。

3. 最大线性调制频偏(简称最大线性频偏)

实际电路的调频特性从整体上看是非线性的，其中线性部分能够实现的最大频偏称为最大线性频偏。为了避免符号过多，最大线性频偏仍然采用最大频偏的符号 Δf_m 表示。由公式 $M_f = \Delta f_m/F$，$BW = 2(M_f+1)F = 2(\Delta f_m + F)$ 可知，最大频偏与调频指数和带宽都有密切关系。不同的调频系统要求不同的最大频偏，所以调频电路能达到的最大线性频偏应满足要求。如调频广播系统的要求是 75 kHz，调频电视伴音系统的要求是 50 kHz。调频广播系统的最高音频为 15 kHz，故带宽 $BW = 2(75+15) = 180$(kHz)。

4. 载频稳定度

调频电路的载频(即中心频率)稳定性是接收电路能够正常工作而且不会造成邻近信道互相干扰的重要保证。不同调频系统对载频稳定度的要求是不同的，如调频广播系统要求载频漂移不超过 ±2 kHz，调频电视伴音系统要求载频漂移不超过 ±500 Hz。

7.3.2 直接调频电路

变容二极管调频电路是广泛采用的一种直接调频电路。为了提高中心频率稳定度，可以加入晶振，但加入晶振后又会使最大线性频偏减小。采用倍频和混频措施可以扩展晶振变容二极管调频电路的最大线性频偏。

锁相调频电路的中心频率稳定度可以做得很高，是一种应用越来越广泛的直接调频电路，在第 8 章 8.4 节将会讨论。

1. 变容二极管调频电路

第 4 章 4.5 节中例 4.6 讨论的变容二极管压控振荡器实际上就是一个变容二极管调频电路。它的振荡回路由一个电感、一个变容二极管和两个电容组成。为避免重复，本小节对于变容二极管调频电路的工作原理不再叙述，仅着重分析它的性能指标。为简化起见，假定其振荡回路仅包括一个等效电感 L 和一个变容二极管组成的等效电容 C_j，则在单频调制信号 $u_\Omega(t) = U_{\Omega m}\cos\Omega t$ 的作用下，回路振荡角频率可参照式(4.5.2)写成

$$\omega(t) = \frac{1}{\sqrt{LC_j}} = \frac{1}{\sqrt{\dfrac{LC_{jQ}}{(1+m\cos\Omega t)^n}}} = \omega_c(1+m\cos\Omega t)^{\frac{n}{2}} = \omega_c(1+x)^{\frac{n}{2}} \quad (7.3.1)$$

其中，$\omega_c = \dfrac{1}{\sqrt{LC_{jQ}}}$ 是 $u_\Omega = 0$ 时的振荡角频率，即调频电路中心角频率，$x = m\cos\Omega t = \dfrac{u_\Omega}{U_B + U_Q}$ 是归一化调制信号电压，$|x| \leqslant 1$。

在式(7.3.1)中，当变容二极管变容指数 $n = 2$ 时，有

$$\omega(t) = \omega_c(1 + x) = \omega_c\left(1 + \frac{u_\Omega}{U_B + U_Q}\right) \tag{7.3.2}$$

故角频偏为

$$\Delta\omega(t) = \frac{\omega_c u_\Omega}{U_B + U_Q} \propto u_\Omega$$

这种情况称为线性调频，没有非线性失真。

当 $n \neq 2$ 时，式(7.3.1)可展开为

$$\omega(t) = \omega_c\left[1 + \frac{n}{2}x + \frac{1}{2!}\frac{n}{2}\left(\frac{n}{2} - 1\right)x^2 + \frac{1}{3!}\frac{n}{2}\left(\frac{n}{2} - 1\right)\left(\frac{n}{2} - 2\right)x^3 + \cdots\right] \tag{7.3.3}$$

其中，线性角频偏部分为

$$\Delta\omega(t) = \frac{nx\omega_c}{2} = \frac{n\omega_c u_\Omega}{2(U_B + U_Q)} \propto u_\Omega$$

式(7.3.3)中右边第三项及其以后各项一方面将产生与 u_Ω 的二次方及其以上各次方有关的角频偏，显然这些将产生调制特性的非线性失真；另一方面还将使载频产生一个附加偏移，使载频稳定度降低。由式(7.3.3)可见，非线性失真和载频偏移随着 m 的增大以及 n 与 2 之间差值的增大而增大。

由式(7.3.2)与(7.3.3)可以写出统一的最大线性角频偏表达式

$$\Delta\omega_m = \frac{n}{2}m\omega_c \tag{7.3.4}$$

和调频灵敏度表达式

$$S_f = \frac{d[\Delta\omega(t)]}{du_\Omega} = \frac{n\omega_c}{2(U_B + U_Q)} \tag{7.3.5}$$

式(7.3.4)还可写成

$$\frac{\Delta\omega_m}{\omega_c} = \frac{n}{2}m \tag{7.3.6}$$

上式说明，当 n 确定之后，最大相对线性角频偏 $\Delta\omega_m/\omega_c$ 与电容调制度 m 成正比。虽然增大 m 会增加最大相对角频偏，但也会增加非线性失真和减小载频稳定度，所以，最大相对角频偏受 m 的限制。

在实际电路中，常采用变容二极管部分接入回路的方式，第 4 章图 4.5.2 所示就是一个例子。在这种情况下，加在变容管上的调制电压对整个 LC 回路的影响减小，故调频电路的最大线性频偏有所减小，但非线性失真和各种因素引起的载频不稳定性也有所减小。读者可自行推导出有关表达式。

图 7.3.1(a)是另一种变容二极管部分接入调频电路。电路中采用了两个相同变容二极

管背靠背连接,这也是一种常用方式。

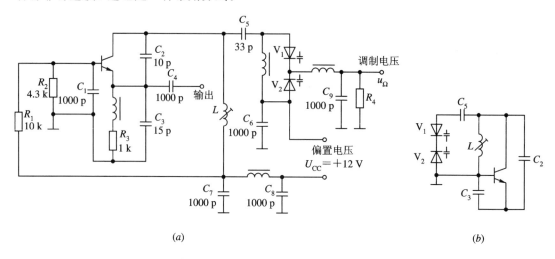

图 7.3.1 变容二极管部分接入调频电路

在变容二极管的直流偏压上不仅加有低频调制电压,而且叠加有回路中的高频振荡电压,如图 7.3.2 所示,故变容二极管的实际电容值会受到高频振荡的影响。若高频振荡电压振幅太大,还可能使叠加后的电压在某些时刻造成变容二极管正偏。采用两个变容二极管对接,从图 7.3.1(b)所示高频等效电路可知,两管对于高频振荡电压来说是串联的,故加在每个管上的高频振荡电压振幅减半,减小了高频振荡电压的影响。另外,两管上的高频振荡电压相位正好相反,所以在任何一个高频振荡电压周期内,高频电压对两管产生的结电容影响也应该正好相反。由于 C_j-u 曲线的非线性特性,虽然对两管结电容产生的高频影响不能完全抵消,但也能抵消很大一部分。对于直流偏压和低频调制电压来说,两管是并联关系,故工作状态不受影响。这种方式的缺点是调频灵敏度有所降低,因为两变容管串联后总的结电容减半,在相同调制电压的作用下,产生的结电容变化量减小,故导致偏移量 $\Delta\omega(t)$ 也减小。

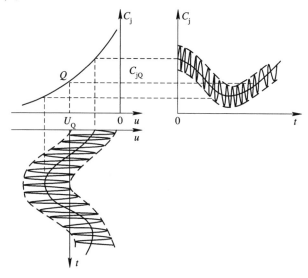

图 7.3.2 变容二极管上叠加高频振荡电压对结电容的影响

2. 晶振变容二极管调频电路

在晶振变容二极管调频电路中，常采用晶振与变容二极管串联的方式，例如图 4.5.4 给出的一个例子。晶体变容二极管压控振荡器也可以看做是晶振变容二极管调频电路。正如第 4 章 4.4、4.5 节所指出的，晶振的频率控制范围很窄，仅在串联谐振频率 f_s 与并联谐振频率 f_p 之间，所以晶振调频电路的最大相对频偏 $\Delta f_m / f_c$ 只能达到 0.01% 左右，最大线性频偏 Δf_m 也就很小。

晶振变容二极管调频电路的突出优点是载频（中心频率）稳定度高，可达 10^{-5} 左右，因而在调频通信发送设备中得到了广泛应用。为了增加最大线性频偏，即扩展晶振的频率控制范围，可以采用串联或并联电感的方法，这在第 4 章 4.5 节已有详细讨论，图 4.5.6 也给出了有关电路图，故不再重复。7.6 节中介绍的 MC2833 调频集成电路的应用也是一个实际范例，可参看图 7.6.1。

3. 扩展直接调频电路最大线性频偏的方法

从式(7.3.6)可以看到，变容管直接调频电路的最大相对线性频偏 $\Delta f_m / f_c$ 受到变容管参数的限制。晶振直接调频电路的最大相对线性频偏也受到晶振特性的限制。显然，提高载频是扩展最大线性频偏最直接的方法。例如，当载频为 100 MHz 时，即使最大相对线性频偏仅 0.01%，最大线性频偏也可达到 10 kHz，这对于一般语音通信也足够了。

然而，如要求进一步扩展最大线性频偏，可以采用倍频和混频的方法。

设调频电路产生的单频调频信号的瞬时角频率为

$$\omega_1 = \omega_c + k_f U_{\Omega m} \cos\Omega t = \omega_c + \Delta\omega_m \cos\Omega t$$

经过 n 倍频电路之后，瞬时角频率变成

$$\omega_2 = n\omega_c + n\Delta\omega_m \cos\Omega t$$

可见，n 倍频电路可将调频信号的载频和最大频偏同时扩大为原来的 n 倍，但最大相对频偏仍保持不变。

若将瞬时角频率为 ω_2 的调频信号与固定角频率为 $\omega_3 = (n+1)\omega_c$ 的高频正弦信号进行混频，则差频为

$$\omega_4 = \omega_3 - \omega_2 = \omega_c - n\Delta\omega_m \cos\Omega t$$

可见，混频能使调频信号最大频偏保持不变，最大相对频偏发生变化。

根据以上分析，由直接调频、倍频和混频电路三者的组合可使产生的调频信号的载频不变，最大线性频偏扩大为原来的 n 倍。

如果将直接调频电路的中心频率提高为原来的 n 倍，保持最大相对频偏不变，则能够直接得到瞬时角频率为 ω_2 的调频信号，这样可以省去倍频电路。图 7.3.3 给出了有关原理方框图。

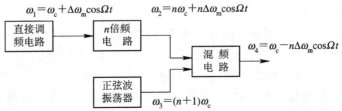

图 7.3.3　扩展直接调频电路最大线性频偏原理图

7.3.3 间接调频电路

根据本章第 7.2 节所述间接调频的原理，由于积分电路可以用简单的 RC 积分器实现，故可控相移网络是间接调频电路的关键部件。可控相移网络有多种实现电路，变容二极管相移网络是其中应用最广的一种。

1. 变容二极管相移网络

图 7.3.4(a) 给出了变容二极管相移网络的实用电路，(b) 是其高频等效电路。对于高频载波来说，三个 $0.001\ \mu$F 的小电容短路；对于低频调制信号来说，C_1 与 C_2 两个 $0.001\ \mu$F 的小电容开路，$4.7\ \mu$F 电容和电感 L 短路，R_3 与 C_3 可视为一个低通滤波器。

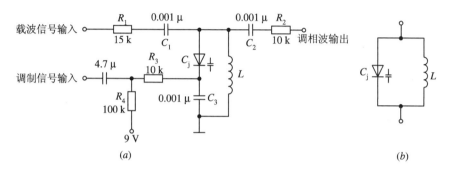

图 7.3.4　变容二极管相移网络

设调制信号 $u_\Omega = U_{\Omega m}\cos\Omega t$ 经 $4.7\ \mu$F 电容耦合到变容二极管上，则由电感 L 和变容二极管组成的 LC_j 回路的中心角频率 $\omega(t)$ 将随调制电压而变化。当角频率为 ω_c 的载波信号通过这个 LC_j 回路后，会发生什么变化呢？

借助图 7.3.5 所示并联 LC 回路阻抗的幅频特性和相频特性，将输入视为电流信号，输出视为电压信号，我们来讨论以下三种不同的情况。

（1）若 LC 回路中心角频率恒定为 ω_0，输入载波的角频率 $\omega_c = \omega_0$，则称回路处于谐振状态，输出载波信号的频率不变，相移为零。

（2）若 LC 回路中心角频率仍恒定为 ω_0，输入是载频 $\omega_c = \omega_0$ 的等幅单频调频电流信号，瞬时角频偏为 $\Delta\omega_m\cos\Omega t$，则回路处于失谐状态，如图 7.3.5$(a)$ 所示。由于 ω_0 附近的幅频特性曲线较平坦，故阻抗的幅值变化 ΔZ 不大，最大变化量为 ΔZ_m。若令输入电流振幅恒定为 I，则输出电压振幅就不是恒定的了，所产生的最大变化量为 $\Delta U_m = \Delta Z_m I$。然而，$\omega_0$ 附近的相频特性曲线较陡峭，故产生的相移变化 $\Delta\varphi$ 很大，最大变化量为 $\pm\Delta\varphi_m$，即输出电压的相位与输入电流的相位不同，有一个最大相移为 $\pm\Delta\varphi_m$ 的相位差。

（3）与情况（2）相反，若输入是角频率恒定为 ω_c 的载波信号，LC 回路的中心角频率 $\omega(t)$ 发生变化，满足 $\omega(t) = \omega_0 + \Delta\omega_m\cos\Omega t$，且 $\omega_0 = \omega_c$，如图 7.3.5(b) 所示，显然，回路也处于失谐状态，不过是由于回路阻抗特性曲线的左右平移而产生的。这时输出电压的振幅变化与相位变化与情况（2）完全相似，从图 7.3.5 可以很清楚地看到。

情况（2）、（3）下的 LC 回路均称为失谐回路。

变容二极管相移网络属于第（3）种情况。现在来分析这种情况下输出信号的相移表达式 $\Delta\varphi(t)$。

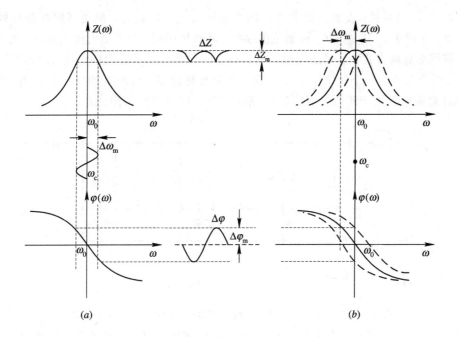

图 7.3.5　LC 回路中心角频率 $\omega(t)$ 与输入信号中心角频率 ω_c 相互变化关系

参照相同情况下 LC_j 回路中心角频率表达式(7.3.1)和式(7.3.3)，在 m 较小时，有

$$\omega(t) = \frac{1}{\sqrt{LC_j}} = \omega_0 (1 + m\,\cos\Omega t)^{\frac{n}{2}}$$

$$\approx \omega_0 \left(1 + \frac{n}{2} m\,\cos\Omega t\right)$$

$$= \omega_0 + \Delta\omega(t)$$

因为输入载波角频率 $\omega_c = \omega_0$，所以瞬时角频率差为

$$\omega(t) - \omega_c = \Delta\omega(t) = \frac{n}{2} m\omega_0\,\cos\Omega t \tag{7.3.7}$$

根据第 1 章 1.1 节对 LC 并联谐振回路的分析，当失谐不大时，回路输出电压与输入电流的相位差可近似表示为

$$\Delta\varphi(t) = -\arctan\frac{\omega C - \dfrac{1}{\omega L}}{g_\Sigma} = -\arctan 2Q_e\frac{\Delta\omega(t)}{\omega_0}$$

由于 $\tan\dfrac{\pi}{6} \approx 0.5774$，$\dfrac{\pi}{6} \approx 0.5236$，所以当 $|\Delta\varphi(t)| \leqslant \dfrac{\pi}{6}$ 时，有近似式：

$$\Delta\varphi(t) \approx -2Q_e\frac{\Delta\omega(t)}{\omega_0} \tag{7.3.8}$$

当变容二极管相移网络的可变中心角频率 $\omega(t)$ 对于输入载波角频率 ω_c 失谐不大时，二者之间的相位差，也就是载波信号通过相移网络产生的相移可用式(7.3.8)近似表示。其中 $\Delta\omega(t)$ 用式(7.3.7)代入，于是求得

$$\Delta\varphi(t) \approx -nmQ_e\,\cos\Omega t = -M_p\,\cos\Omega t \tag{7.3.9}$$

式中，Q_e 是 LC_j 回路有载品质因数。

由式(7.3.9)可见，变容二极管相移网络能够实现线性调相，但受回路相频特性非线性的限制，必须满足 $M_p \leqslant \pi/6$，调制范围很窄，属窄带调相。为了增大调相指数，可以采用多个相移网络级联方式，各级之间用小电容耦合，对载频呈现较大的电抗，使各级之间相互独立。图 7.3.6 是一个三级单回路变容二极管相移网络，可产生的最大相偏为 $\pi/2$。其中 22 kΩ 可调电阻用于调节各回路的 Q_e 值，使三个回路产生相同的相移。

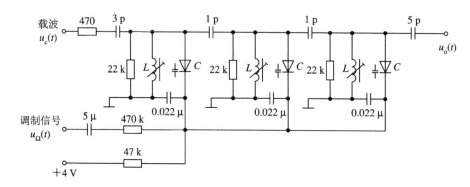

图 7.3.6 三级单回路变容二极管相移网络组成的间接调频电路

图中 470 kΩ 电阻和 3 个并联 0.022 μF 电容组成积分电路。经过计算后可知，此积分电路的时间常数为 31 ms，对应的转折频率(其值为 $1/(2\pi RC)$)约为 5 Hz，远远低于一般音频调制信号的最低频率，故满足要求。对比图 7.3.4 中调制信号的输入回路，其中也有一个类似的由 R_3 和 0.001 μF 电容组成的 RC 电路，是否也是积分电路呢？经过计算后可知，此电路的时间常数为 10 μs，对应的转折频率约为 16 kHz，不仅远远高于一般音频调制信号的最低频率，而且还高于它的最高频率，所以这不是积分电路，而是低通滤波器。调制信号 $u_\Omega(t)$ 经过 5 μF 电容耦合后输入积分电路，0.022 μF 电容上的输出积分电压控制变容二极管的结电容变化，回路电感 L 对于低频积分电压可视为短路。

2. 扩展间接调频电路最大线性频偏的方法

由变容二极管相移网络的分析和式(7.3.9)可知，调相电路的调相指数 M_p 受到变容管参数和回路相频非线性特性的限制，而调相信号的最大频偏 Δf_m 又与 M_p 成正比，故 Δf_m 也受到限制。因此，间接调频电路的最大线性频偏受调相电路性能的影响，也受到限制。这与直接调频电路最大相对线性频偏受限制不一样。

为了扩展间接调频电路的最大线性频偏，同样可以采用倍频和混频的方法。下面用一个例题来具体说明。

【例 7.2】 已知调制信号频率范围为 40 Hz~15 kHz，载频为 90 MHz，若要求用间接调频的方法产生最大频偏为 75 kHz 的调频信号，其中调相电路 $M_p = 0.5 < \pi/6$，如何实现？

解：(1) 若仅仅进行调相，则 $M_p = 0.5$ 的调相电路对于最低调制频率 F_{min} 和最高调制频率 F_{max} 能够产生的频偏是不同的，分别为

$$\Delta f_{mmin} = M_p F_{min} = 0.5 \times 40 = 20 \text{ Hz}$$

$$\Delta f_{mmax} = M_p F_{max} = 0.5 \times 15 \times 10^3 = 7.5 \text{ kHz}$$

(2) 现采用包括调相电路在内的间接调频电路，则产生调频信号的最大相偏 M_f 就应

该是内部调相电路实际最大相偏 M'_p，有

$$M_f = \frac{k_f U_{\Omega m}}{\Omega} = \frac{\Delta f_m}{F} = M'_p \tag{7.3.10}$$

显然，此时的实际最大相偏 M'_p 与调制频率成反比。然而，仅仅进行调相时的最大相偏 M_p 与调制频率无关，只是与调制电压振幅成正比。这是为什么呢？

设输入间接调频电路的单频调制信号为

$$u_1 = U_{m1} \cos\Omega t$$

经增益为 1 的积分电路输出后：

$$u_2 = \frac{U_{m1}}{\Omega} \sin\Omega t = U_{m2} \sin\Omega t,\ U_{m2} = \frac{U_{m1}}{\Omega} \propto \frac{1}{F}$$

u_2 即为输入调相电路的信号，因此有

$$M'_p = k_p U_{m2} = \frac{k_p U_{m1}}{\Omega} \propto \frac{1}{F}$$

$$\Delta f_m = M'_p F = \frac{k_p U_{m1}}{2\pi F} \cdot F = \frac{k_p U_{m1}}{2\pi} \tag{7.3.11}$$

可见，由于各调制分量经过积分电路后，振幅减小，且减小后的振幅与频率成反比，因此造成不同调制频率分量在调相电路中所获得的实际最大相偏 M'_p 不一样，但最大线性频偏与频率无关。若各调制分量振幅相同，均为 U_{m1}，则只有最小调制频率 F_{min} 分量积分后得到的振幅最大，获得的 M'_p 也最大。因为只有 F_{min} 分量才能获得 0.5 这一实际最大相偏，故由式(7.3.10)可求得此间接调频电路可获得的最大线性频偏为

$$\Delta f_m = M'_p F_{min} = 0.5 \times 40 = 20\ \text{Hz}$$

其余调制频率分量虽然获得的 M'_p 小于 0.5，但根据式(7.3.11)，它们获得的最大频偏都是 20 Hz。

（3）因为间接调频电路仅能产生最大频偏为 20 Hz 的调频信号，与要求 75 kHz 相差甚远，故可以在较低载频 f_{c1} 上进行调频，然后用倍频方法同时增大载频与最大频偏。因为要求的相对频偏为

$$\frac{\Delta f_m}{f_c} = \frac{75 \times 10^3}{90 \times 10^6} = \frac{1}{1200}$$

故 $f_{c1} = 20 \times 1200 = 24\ \text{kHz}$。由于 24 kHz 作为载频太低，因此可采用倍频和混频相结合的方法。一种方案如图 7.3.7 所示。

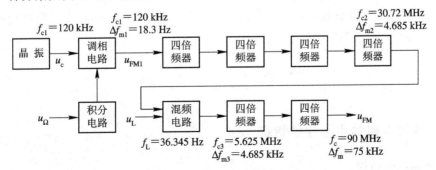

图 7.3.7　例 7.2 图

首先用间接调频电路在 120 kHz 载频上产生 $\Delta f_{m1} = 18.3$ Hz($M_p = 0.46$)的调频信号,然后经过四级四倍频电路,可得到载频为 30.72 MHz, $\Delta f_{m2} = 4.685$ kHz 的调频信号,再和 $f_L = 36.345$ MHz 的本振进行混频,得到载频为 5.625 MHz,最大频偏仍为 4.685 kHz 的调频信号,最后经过两级四倍频电路,就能得到载频为 90 MHz, $\Delta f_m = 75$ kHz 的调频信号了。

以上这个例子说明,倍频电路可以使载频和最大频偏同时增加相同的倍数,而混频电路可以改变载频,但是不改变最大频偏。

【例 7.3】 在图 7.3.6 所示三级单回路变容管间接调频电路中,已知变容管参数 $n = 3$, $U_B = 0.6$ V,回路有载品质因数 $Q_e = 20$,调制信号 $u_\Omega(t)$ 频率范围为 300~4000 Hz,若每级回路所产生的相移不超过 $\pi/6$,试求调制信号最大振幅 $U_{\Omega m}$ 和此电路产生的最大线性频偏 Δf_m。

解: 由图可知,积分电路输出信号(即变容管上的调制电压)为

$$u_i(t) = \frac{1}{RC} \int_0^t u_\Omega(\tau) \, \mathrm{d}\tau$$

根据例 7.2 中分析可知,只有最小调制频率分量才能获得最大的调相指数。在本题中,只有 300 Hz 分量才能获得 $\pi/6$ 的最大相移,所以在此对 300 Hz 单频调制表达式 $u_\Omega(t) = U_{\Omega m} \cos\Omega_{min} t$ 进行分析,有

$$u_i(t) = \frac{U_{\Omega m}}{RC\Omega_{min}} \sin\Omega_{min} t = U_{im} \sin\Omega_{min} t$$

其中积分电阻 $R = 470$ kΩ,积分电容 C 是三个 0.022 μF 电容并联,$U_{im} = U_{\Omega m}/(RC\Omega_{min})$, $\Omega_{min} = 2\pi \times 300$ rad/s。

从图上可以看到,变容管直流偏压 $U_Q = 4$ V,故电容调制度为

$$m = \frac{U_{im}}{U_B + U_Q} = \frac{U_{im}}{4.6}$$

从而可求得单级回路调相指数为

$$M_p = mnQ_e = \frac{60 U_{im}}{4.6}$$

因为必须满足 $M_p \leqslant \pi/6 \approx 0.52$,故 $U_{im} \leqslant 0.04$ V,所以调制信号振幅为

$$U_{\Omega m} = RC\Omega_{min} U_{im} = 470 \times 10^3 \times 3 \times 0.022 \times 10^{-6} \times 2\pi \times 300 U_{im}$$
$$= 58.44 U_{im} \leqslant 58.44 \times 0.04 = 2.34 \text{ V}$$

三级回路产生的总最大频偏为

$$\Delta f_m = 3M_p F_{min} = 3 \times 0.52 \times 300 = 468 \text{ Hz}$$

从此题的结果可以看到,虽然采用了三级相移网络,但产生的最大频偏仍然很小,仅为 468 Hz。这是间接调频的缺点。

7.4 鉴 频 电 路

7.4.1 鉴频电路的主要性能指标

1. 鉴频线性特性

鉴频电路的输出低频解调电压与输入调频信号瞬时频偏的关系称为鉴频特性,理想的

鉴频特性应是线性的。实际电路的非线性失真应该尽量减小。

2. 鉴频线性范围

由于输入调频信号的瞬时频率是在载频附近变化,因此鉴频特性曲线位于载频附近,其中线性部分大小称为鉴频线性范围。

3. 鉴频灵敏度

在鉴频线性范围内,单位频偏产生的解调信号电压的大小称为鉴频灵敏度 S_d。

7.4.2　LC 回路的频幅和频相转换特性

在第 7.2 节所介绍的两种鉴频方法中,频幅转换网络和频相转换网络是首先需要考虑的问题。显然,转换网络的线性特性是保证线性鉴频的基础。LC 并联回路具有的幅频特性和相频特性使之成为简单而实用的频幅转换和频相转换网络,应用非常广泛。

1. LC 并联回路的频相转换特性

在第 7.3 节中已经讨论了高频信号通过 LC 并联回路的三种不同情况,其中第二种情况说明调频信号通过参数恒定的 LC 回路后,其振幅和相位都发生了变化。现在我们来详细讨论这种情况。考虑到正交乘积鉴相的需要,为了获得 $90°$ 的固定相移,可以在 LC 并联回路输入端串联一个小电容 C_1,整个频相转换网络可看做是一个分压网络,如图 7.4.1(a)所示。

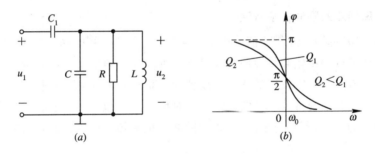

图 7.4.1　$90°$ 频相转换网络及其相频特性

根据图 7.4.1(a)可以写出网络电压传输函数

$$H(j\omega) = \frac{u_2}{u_1} = \frac{\dot{Z}_p}{\dot{Z}_p + \dfrac{1}{j\omega C_1}}$$

其中,$\dot{Z}_p$ 是 LCR 并联回路的等效阻抗。参照第 1.1 节中的分析方法,在失谐不大时,可求得

$$H(j\omega) = \frac{j\omega C_1 R}{1 + j2Q_e \Delta\omega/\omega_0}$$

其中

$$\omega_0 = \frac{1}{\sqrt{L(C + C_1)}}$$

$$Q_e = \frac{R}{\omega_0 L}$$

于是可得到网络的相移函数为 $H(j\omega)$ 中分子部分的相移减去分母部分的相移:

$$\Delta\varphi(t) = \frac{\pi}{2} - \arctan\frac{2Q_\mathrm{e}\Delta\omega(t)}{\omega_0} = \frac{\pi}{2} - \Delta\varphi_1(t)$$

若 $\Delta\omega(t)=0$，即输入信号角频率为 ω_0，则 $\Delta\varphi(t) = \pi/2$，此时网络相当于一个 90°相移器。

若 $|\Delta\varphi_1(t)| \leqslant \pi/6$，有

$$\Delta\varphi_1(t) \approx \frac{2Q_\mathrm{e}\Delta\omega(t)}{\omega_0} \tag{7.4.1}$$

设输入单频调频信号的相位为

$$\varphi_\mathrm{i}(t) = \omega_\mathrm{c}t + k_\mathrm{f}\int_0^t u_\Omega(\tau)\,\mathrm{d}\tau = \omega_\mathrm{c}t + M_\mathrm{f}\sin\Omega t$$

则在 $\omega_\mathrm{c}=\omega_0$ 的情况下，输出信号的相位为

$$\varphi_\mathrm{o}(t) = \varphi_\mathrm{i}(t) + \Delta\varphi(t) = \omega_\mathrm{c}t + M_\mathrm{f}\sin\Omega t + \frac{\pi}{2} - \frac{2Q_\mathrm{e}k_\mathrm{f}u_\Omega(t)}{\omega_\mathrm{c}} \tag{7.4.2}$$

由式(7.4.2)可知，输出信号与输入信号相比，不仅产生了 90°固定相移，而且产生了一个与调制信号 $u_\Omega(t)$ 成正比的瞬时相移，所以称此网络为 90°频相转换网络。显然，输出是一个调频—调相信号。

由以上分析和图 7.4.1(b)所示网络相频特性可知，在 $\omega=\omega_0$ 附近，相频特性曲线近似为直线，线性频相转换范围为 $\pm\pi/6$。另外，受网络幅频特性的影响，输出信号的振幅也会发生一些变化，不再是等幅信号了。

2. LC 并联回路的频幅转换特性

由图 7.3.5(a)可知，当调频信号中心角频率 ω_c 与 LC 并联回路中心角频率 ω_0 相同时，工作频率所处的网络幅频特性曲线较平坦，对输入调频信号的振幅变化影响不大，而且是非单调性变化。为取得较好的线性转换特性，可将 ω_c 置于幅频特性曲线下降段线性部分中点，如图 7.4.2 中的 A 点，显然，与 A 点对称的 B 点也可以。注意，A、B 两点处曲线的斜率不一样。为了方便起见，图 7.4.2 中回路阻抗幅频特性的纵轴参量表示为调频信号电压振幅 U。

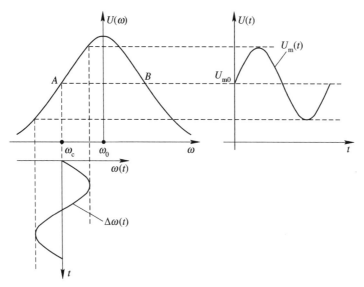

图 7.4.2 频幅转换原理图

设输入单频调频信号为

$$u_{FM}(t) = U_{cm} \cos\left[\omega_c t + k_f \int_0^t u_\Omega(\tau)\mathrm{d}\tau\right] \tag{7.4.3}$$

回路幅频特性曲线在 A 点处的斜率即为频幅转换灵敏度 $S_m = \dfrac{\mathrm{d}U}{\mathrm{d}\omega} \approx \dfrac{\Delta U}{\Delta \omega}$，$\Delta U$ 和 $\Delta \omega$ 分别是线性范围内的振幅变化量和角频率变化量。由图 7.4.2 可写出输出调频信号振幅的表达式

$$U_m(t) = U_{m0} + S_m \Delta\omega(t) = U_{m0} + S_m k_f u_\Omega(t) \tag{7.4.4}$$

可见，输出是一个调频—调幅信号。由于此工作频段对应回路相频特性曲线的非线性部分，因此引起的相移变化与调制电压不成正比，而且变化量很小。

除了 LC 并联回路之外，LC 互感耦合回路也是一种常用的频幅、频相转换网络。

3. LC 频幅、频相转换特性分析中应注意的几个问题

LC 频幅、频相转换网络是线性网络，对调频信号的频谱结构不会产生变化，但由于其中每个频率分量的振幅受到不同程度的衰减，相位产生不同大小的偏移，因此输出调频信号的振幅不再是恒定的了，相位也发生了变化。换言之，调频信号的频谱既没有产生线性搬移，更没有发生非线性变换，而仅仅是其中各个频率分量的振幅和相位发生了不同的变化而已。

在实际调频通信接收系统中，鉴频电路输入调频信号的最大相对频偏并不很大。例如广播电视伴音系统为 50 kHz/6.5 MHz$\approx$0.77%，调频广播系统为 75 kHz/10.7 MHz$\approx$0.70%。其中 6.5 MHz、10.7 MHz 分别是相应系统的中频。因为 LC 回路幅频、相频特性曲线的线性部分大小与其相对频率变化有关，所以要保证其线性转换范围大于鉴频系统的要求。

7.4.3　斜率鉴频电路

利用频幅转换网络将调频信号转换成调频—调幅信号，然后再经过检波电路取出原调制信号，这种方法称为斜率鉴频，因为在线性解调范围内，鉴频灵敏度和频幅转换网络特性曲线的斜率成正比。

在斜率鉴频电路中，频幅转换网络通常采用 LC 并联回路或 LC 互感耦合回路，检波电路通常采用差分检波电路或二极管包络检波电路。

1. 差分峰值鉴频电路

图 7.4.3 是差分峰值鉴频电路原理图。这种电路便于集成，仅 LC 回路元件需外接，且调试方便。为了扩大线性转换范围，提高鉴频灵敏度，在图中 $L_1 C_1$ 并联回路上又添加了一个电容 C_2，一起组成了频幅转换网络。检波部分由差分峰值包络检波器组成。

先来分析 $L_1 C_1 C_2$ 网络的电抗特性，假定 L_1 的损耗可以忽略。分别设 X_1 和 X_2 为 $L_1 C_1$ 并联回路和 C_2 的电抗，即

$$X_1 = \frac{\omega L_1}{1 - \omega^2 L_1 C_1}, \quad X_2 = -\frac{1}{\omega C_2}$$

$X_1 + X_2$ 是 $L_1 C_1$ 回路和 C_2 串联后的等效电抗，$X_1 /\!/ X_2$ 是 $L_1 C_1$ 回路和 C_2 并联后的等效电抗。

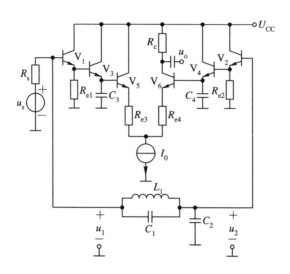

图 7.4.3　差分峰值鉴频电路原理图

图 7.4.4 给出了上述电抗随 ω 变化的曲线，其中 (b) 图的 X_1+X_2 曲线可由 (a) 图中两组曲线相加而成。

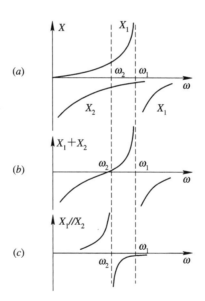

图 7.4.4　L_1C_1 回路与 C_2 串并联后的电抗特性

图中 L_1C_1 回路的并联谐振角频率 $\omega_1=\dfrac{1}{\sqrt{L_1C_1}}$，$L_1C_1$ 回路与 C_2 串联后的串联谐振角频率 $\omega_2=\dfrac{1}{\sqrt{L_1(C_1+C_2)}}$，$L_1C_1$ 回路与 C_2 并联后的并联谐振角频率也是 ω_2。输入调频信号瞬时角频率位于 ω_2 与 ω_1 之间。

考虑到 V_1、V_2 基极输入电阻非常大，故输入调频信号 u_s 在负载上产生的电压 u_1 的振幅 U_{1m} 主要由电抗曲线 X_1+X_2 决定。当 $\omega=\omega_2$ 时，$L_1C_1C_2$ 处于串联谐振，等效阻抗最小，故 U_{1m} 最小；当 $\omega=\omega_1$ 时，$L_1C_1C_2$ 处于并联谐振，等效阻抗最大，故 U_{1m} 最大。

　　从 V_2 基极处朝左看时,由于源电阻 R_s 很小,近似短路,而 V_2 基极的输入电阻非常大,故 C_2 上电压 u_2 的振幅 U_{2m} 主要由电抗曲线 $X_1 /\!/ X_2$ 决定。当 $\omega = \omega_2$ 时,$L_1 C_1 C_2$ 处于并联谐振,故 U_{2m} 最大;当 $\omega = \omega_1$ 时,$L_1 C_1 C_2$ 等效容抗很小,故 U_{2m} 很小。U_{1m}、U_{2m} 随 ω 变化的曲线见图 $7.4.5(a)$。

　　调频信号 u_s 经 $L_1 C_1 C_2$ 网络转换成两个不同的调频—调幅信号 u_1 和 u_2。u_1、u_2 分别从差分电路两端输入,先经 V_1、V_2 射随,然后经 V_3、V_4 峰值包络检波,(V_5、V_6 输入电阻作为低通滤波器电阻),V_5、V_6 差分放大,最后由 V_6 集电极单端输出解调信号 u_o。显然,u_o 与调频信号瞬时频偏 $\Delta\omega(t)$ 之间满足关系式

$$u_o(t) = S_d \Delta\omega(t)$$

其中,S_d 是差分峰值鉴频电路鉴频灵敏度。由图 $7.4.5(a)$ 曲线可画出 $(U_{1m} - U_{2m})(\omega)$ 曲线,如图 $7.4.5(b)$ 所示,这就是鉴频特性曲线。可见,在 $\omega = \dfrac{\omega_1 + \omega_2}{2}$ 附近,此鉴频特性线性较好,且鉴频灵敏度比单个 LC 并联回路有所提高。

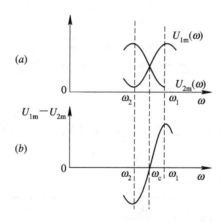

图 7.4.5　鉴频特性曲线

　　在实际电路中,通常固定 C_1 和 C_2,调整 L_1,得到所需的 ω_1 和 ω_2,并且使在载频 ω_c 处,$u_o(t) = 0$。7.6.3 节介绍的 AN5250 电视伴音通道集成电路中采用了这种鉴频电路。

2. 双失谐回路鉴频器

　　图 $7.4.6(a)$ 所示双失谐回路鉴频器利用两个失谐 LC 回路进行频幅转换,然后分别进行二极管包络检波,输出是两个检波电压的差值。

　　图中变压器初级 LC 回路调谐于 ω_c,次级两个 LC 回路分别调谐于 ω_1 和 ω_2,输入调频信号载频 ω_c 处于 ω_1 与 ω_2 的中点,如图 $7.4.6(b)$ 所示,其中两条虚线 $A_{1m}(\omega)$、$A_{2m}(\omega)$ 分别是次级两个 LC 回路的鉴频特性曲线,实线 $A_m(\omega) = A_{1m}(\omega) - A_{2m}(\omega)$ 是两个回路合成的鉴频特性曲线。这里已假定两个检波器参数相同。若检波效率 $\eta_d = 1$,则有

$$u_o(t) = u_1(t) - u_2(t) = S_d \Delta\omega(t)$$

　　若 ω_1 与 ω_2 位置合适,两回路鉴频特性曲线中的弯曲部分互相补偿,相减后的鉴频特性不但线性好,而且线性鉴频范围增大。S_d 是 $A_m(\omega)$ 线性部分的斜率,即鉴频灵敏度。

　　这种电路的主要缺点是调试比较困难,因为需要调整三个 LC 回路的参数使之满足要求。

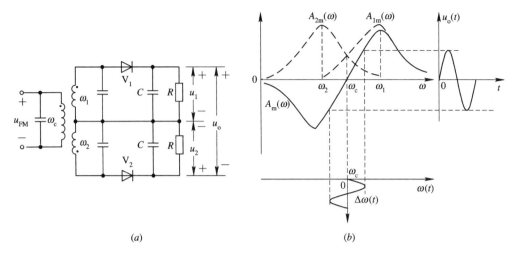

图 7.4.6 双失谐回路鉴频器及其鉴频特性

7.4.4 相位鉴频电路

利用频相转换网络将调频信号转换成调频—调相信号,然后经过鉴相器(相位检波器)取出原调制信号,这就是相位鉴频电路的工作原理。在相位鉴频电路中,目前越来越广泛地采用集成化的双差分正交移相式鉴频器。

双差分正交移相式鉴频电路由图 7.4.1(a)所示 90°频相转换网络和双差分乘积鉴相器组成,其中乘积鉴相原理已在第 7.2 节中讨论过。图 7.4.7 给出了其电路原理图。

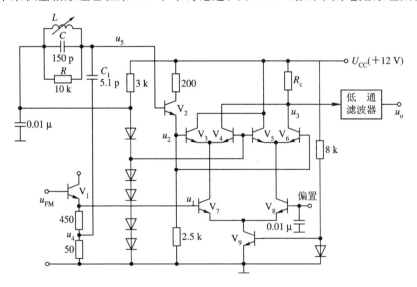

图 7.4.7 双差分正交移相式鉴频器原理图

调频信号经 V_1 射极跟随后,一路是大信号 u_1 从 V_7 单端输入,另一路是小信号 u_4 经 C_1、L、C 和 R 组成的 90°频相转换网络后得到调频—调相信号 u_5,再经 V_2 射极跟随后得到 u_2,从 V_3、V_6 的基极输入,V_4、V_5 的基极是固定偏置。

设输入单频调频信号为

$$u_1 = U_1 \cos\left[\omega_c t + k_f \int_0^t u_\Omega(\tau)\,\mathrm{d}\tau\right]$$

由式(7.4.2)可得到

$$u_2 = U_2 \cos\left[\omega_c t + k_f \int_0^t u_\Omega(\tau)\,\mathrm{d}\tau + \frac{\pi}{2} - \Delta\varphi_1\right]$$

$$= -U_2 \sin\left[\omega_c t + k_f \int_0^t u_\Omega(\tau)\,\mathrm{d}\tau - \Delta\varphi_1\right]$$

在 u_1、u_2 满足线性输入的条件下,乘法器输出为

$$u_3 = k u_1 u_2 = -\frac{k U_1 U_2}{2}\left\{\sin(-\Delta\varphi_1) + \sin\left[2\omega_c t + 2k_f \int_0^t u_\Omega(\tau)\,\mathrm{d}\tau - \Delta\varphi_1\right]\right\}$$

k 为乘法器增益。其中低频分量为

$$u_o = \frac{k U_1 U_2}{2}\sin\Delta\varphi_1$$

当 $|\Delta\varphi_1| \leqslant \pi/6$ 时:

$$u_o \approx \frac{k U_1 U_2}{2}\Delta\varphi_1 = \frac{k U_1 U_2 Q_e}{\omega_c}\Delta\omega = \frac{k k_f U_1 U_2 Q_e}{\omega_c} u_\Omega \tag{7.4.5}$$

假定低通滤波器增益为 1,则 u_o 就是输出的解调信号。

若 u_1 是很大信号,使乘法器工作在开关状态,则参照式(5.3.9),u_3 中将出现很多高次谐波分量,但低频分量仍与 $\sin\Delta\varphi_1$ 成线性关系。

从以上分析可以看出,产生一个与调频信号有 90°固定相移的调频—调相信号的目的是使乘法器输出的低频分量与正弦函数成线性关系,以便从中取出与瞬时角频偏 $\Delta\omega(t)$ 成正比的电压分量。

双差分正交移相式鉴频电路的优点是易于集成,外接元件少,调试简单,鉴频线性特性好,目前在通用或专用鉴频集成电路中应用非常广泛。通常固定 C 和 C_1,且 $C_1 \ll C$,只需调谐 L 即可。第 7.6 节将要介绍的 MC3361B FM 解调电路和 TA7680AP 彩电图像、伴音通道电路中都采用了这种电路。

7.4.5　限幅电路

已调波信号在发送、传输和接收过程中,不可避免地要受到各种干扰。有些干扰会使已调波信号的振幅发生变化,产生寄生调幅。调幅信号上叠加的寄生调幅很难消除。由于调频信号原本是等幅信号,故可以先用限幅电路把叠加的寄生调幅消除,使其重新成为等幅信号,然后再进行鉴频。

调频信号振幅上的寄生调幅对鉴频有什么危害呢?若采用斜率鉴频,需要把调频信号转换成调频—调幅信号,显然,寄生调幅会叠加在调频—调幅信号的振幅上,因此在振幅检波时会产生失真。若采用相位鉴频,由式(7.4.5)可知,仅在调频信号振幅 U_1、U_2 恒定的情况下,鉴频后的信号 u_o 才与原调制信号 u_Ω 成线性关系,所以寄生调幅对 U_1、U_2 的影响也会使 u_o 产生失真。

用于调频信号的限幅电路通常由三极管放大器或差分放大器后接带通滤波器组成。三极管放大器或差分放大器增益必须很大(通常采用多级放大),将疏密程度不同的正弦调频信号转换成宽度不同的方波调频信号;带通滤波器调谐于载频,带宽与调频信号带宽相

同,于是可从宽度不同的方波信号中重新恢复等幅的调频信号,消除了寄生调幅的影响。

某些限幅电路用低通滤波器代替带通滤波器,滤除方波调频信号中载频的二次及其以上的高次谐波分量。

综上所述,消除调频信号的寄生调幅是必须的,也是很容易做到的。所以,限幅电路是鉴频电路必不可少的辅助电路。

*7.4.6　加重电路与静噪电路

分析表明,在鉴频电路输出端,噪声功率谱密度与频率平方成正比,即大部分噪声功率分布在高频段,而话音、音乐等信号能量大部分却处于低频段,两者正好相反。为了改善信噪比,可以在鉴频电路输出端采用具有低通性质的网络滤除高频段噪声。但是这样一来,信号的高频部分也同时受到衰减,产生了失真,所以需要在发射机的调制电路之前采用具有高通性质的网络提升调制信号的高频部分,从而使接收机鉴频之后信号的高频部分既不会产生失真,同时又达到抑制噪声功率的目的。这种方法称为预加重、去加重技术,即发射时预先"加重"调制信号的高频分量,接收时去除解调信号中"加重"了的高频分量。

常用的 RC 预加重、去加重网络分别如图7.4.8(a)、(b)所示。

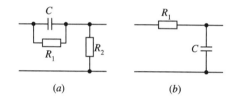

图 7.4.8　预加重网络和去加重网络

在鉴频电路中还经常采用静噪电路。当调频接收机没有信号输入或信噪比很小时,由于鉴频器对输入信噪比有门限要求(即输入信噪比低于门限时输出噪声很大),故此时鉴频器输出的噪声很大,所以应该将后面的音频功放关闭。当有信号输入,且信噪比较大时,鉴频器输出噪声明显下降,此时再将音频功放开启。实现以上功能的电路就是静噪电路。通常采用在鉴频器之前或之后用低通滤波器提取信号或噪声的平均电平,并根据其电平大小来控制音频功放的关闭和开启。若根据信号平均电平的大小进行控制,则称为信号型,通常从鉴频器之前接入;若根据噪声平均电平的大小进行控制,则称为噪声型,通常从鉴频器之后接入。图 7.4.9 是噪声型静噪电路组成与接入方式原理图。7.6.2 节介绍MC3361B 集成电路时给出了一个噪声型静噪电路的实例。

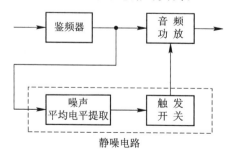

图 7.4.9　噪声型静噪电路组成与接入方式

7.5　自动频率控制电路

7.5.1　工作原理

自动频率控制（AFC）电路由频率误差信号提取电路、低通滤波器和可控频率器件三部分组成，其方框图如图 7.5.1 所示。

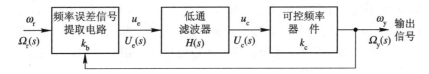

图 7.5.1　自动频率控制电路的组成

AFC 电路的控制参量是频率。可控频率器件通常是压控振荡器（VCO），其输出振荡角频率可写成

$$\omega_y(t) = \omega_{y0} + k_c u_c(t) \tag{7.5.1}$$

其中，ω_{y0} 是控制信号 $u_c(t)=0$ 时的振荡角频率，称为 VCO 的固有振荡角频率，k_c 是压控灵敏度。

频率误差信号提取电路通常有两种，一种是鉴频器，另一种是混频—鉴频器。

如果是鉴频器，则鉴频器的中心角频率 ω_0 起参考角频率 ω_r 的作用。输出误差电压为

$$u_e = k_b(\omega_0 - \omega_y) = k_b(\omega_r - \omega_y) \tag{7.5.2}$$

若输出信号角频率 ω_y 与鉴频器中心角频率 ω_0 不相等时，误差电压 $u_e \neq 0$，经低通滤波器后送出控制电压 u_c，调节 VCO 的振荡角频率，使之稳定在 ω_0 上。k_b 是鉴频灵敏度。所以，这种 AFC 电路可以起到稳定频率的作用。

如果是混频—鉴频器，则本振信号（角频率为 ω_L）先与输出信号（角频率为 ω_y）进行混频，输出差频 $\omega_d = \omega_y - \omega_L$，然后再进行鉴频。参考角频率 $\omega_r = \omega_0 + \omega_L$。鉴频器输出误差电压为

$$u_e = k_b(\omega_0 - \omega_d) = k_b[(\omega_0 + \omega_L) - \omega_y] = k_b(\omega_r - \omega_y) \tag{7.5.3}$$

若差频 ω_d 与 ω_0 不相等，则误差电压 $u_e \neq 0$，经低通滤波器后送出控制电压 u_c，调节 VCO 的振荡角频率 ω_y，使之与 ω_L 的差值 ω_d 稳定在 ω_0 上。若 ω_L 是变化的，则 ω_y 将跟随 ω_L 变化，保持其差频 ω_d 基本不变。这时，ω_L 可以看成是输入信号角频率 ω_i，而输出信号角频率 ω_y 跟随 ω_i 变化，所以这种 AFC 电路可以实现频率跟踪。

鉴频器和压控振荡器均是非线性器件，但在一定条件下，可工作在近似线性状态，则 k_b 与 k_c 均可视为常数。

7.5.2　应用

AFC 电路应用较广，择其主要简介如下。

1. 在调幅接收机中用于稳定中频频率

超外差式接收机是一种主要的现代接收系统。它是利用混频器将不同载频的高频已调波信号先变成载频为固定中频的已调波信号，再进行中频放大和解调。其整机增益和选择

性主要取决于中频放大器的性能,所以,这就要求中频频率稳定,为此常采用 AFC 电路。

图 7.5.2 是调幅接收机中的 AFC 电路方框图。

在正常工作情况下,接收信号载频为 ω_c,相应的本机振荡信号角频率为 ω_L,混频后输出中频角频率为 $\omega_I = \omega_L - \omega_c$。如果由于某种原因,本振角频率发生偏移 $\Delta\omega_L$ 而变成 $\omega_L + \Delta\omega_L$,则混频后的中频将变成 $\omega_I + \Delta\omega_I$。此中频信号经中放后送给鉴频器,鉴频器将产生相应的误差电压 u_e,

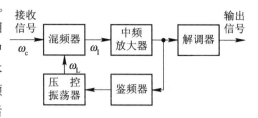

图 7.5.2 调幅接收机中的 AFC 电路方框图

经低通滤波后控制本振的角频率 ω_L,使其向相反方向变化,从而使混频后的中频也向相反方向变化,经过不断地循环反馈,系统达到新的稳定状态,实际中频与 ω_I 的偏离值将远小于 $\Delta\omega_I$,从而实现了稳定中频的目的。

2. 在调频接收机中用于改善解调质量

鉴频器对输入信噪比有一个门限要求。当输入信噪比高于解调门限,则解调后的输出信噪比较大;当输入信噪比低于解调门限,则解调后的输出信噪比急剧下降。所以,为了保证解调质量,必须使其输入信噪比高于门限值。由于鉴频器前级一般是中频放大器,因此与中放的输出信噪比直接有关。提高中放的信噪比可以通过降低其输出噪声来实现,而降低噪声又可采用压缩中放带宽的方法。采用 AFC 电路来压缩调频接收机的中放带宽,从而改善解调质量,这样的系统称为调频负反馈解调器,如图 7.5.3 所示。

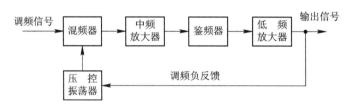

图 7.5.3 调频负反馈电路方框图

设接收调频信号的载频为 ω_c,角频偏为 $\Delta\omega_c$,压控振荡器组成的本振中心角频率为 ω_L,角频偏为 $\Delta\omega_L$,中频信号中心角频率为 ω_I,角频偏为 $\Delta\omega_I$。

根据第 1 章式(1.4.8)和图 7.5.1 可以写出 AFC 电路中角频率误差传递函数

$$T_e(s) = \frac{\Omega_e(s)}{\Omega_r(s)} = \frac{1}{1 + k_b k_c H(s)} \tag{7.5.4}$$

在图 7.5.3 中,上式中的 $\Omega_e(s)$ 和 $\Omega_r(s)$ 分别对应 $\Delta\omega_I$ 和 $\Delta\omega_c$,k_b 是混频—鉴频器输出误差电压与输入频率误差的比值(见式(7.5.3))。图 7.5.3 中中频放大器的作用是放大电压振幅,与频率变化无关,故在此不用考虑。k_c 是压控振荡器的压控灵敏度。

若具有低通滤波性能的低频放大器在通带内的传递函数 $H(s) = k_1$,可以进一步写出如下中频角频偏表达式:

$$\Delta\omega_I = \frac{\Delta\omega_c}{1 + k_b k_c k_1} \tag{7.5.5}$$

由上式可以看到,由于调频负反馈的作用,中频角频偏 $\Delta\omega_I$ 被压缩为输入信号角频偏 $\Delta\omega_c$ 的 $1/(1 + k_b k_c k_1)$,因此中频放大器的工作频带可以此压缩后的中频频偏为准而适当减小,从而减小了中放的输出噪声,提高了输出信噪比。

　　显然，采用调频负反馈方法虽然减小了中放的输出噪声，但由于中频频偏被压缩，使鉴频器输出解调信号动态范围减小，整体的鉴频灵敏度降低，这一点是不利的。所以，是否采用调频负反馈方式以及反馈量的大小应根据实际情况而决定。

　　调幅接收机中频稳定电路与调频负反馈电路虽然都是用 AFC 电路实现的，但两者的目的和参数选择是不一样的：前者的目的是尽量减小中频信号的频率偏移，理想情况是频率偏移为零。所以，稳态时频偏越小，则系统性能越好。后者的目的是适当减小输入信号的频偏，但并不希望它为零，因为如频偏为零，则调制信息就丢失了，只要中频频偏的大小所对应的中放带宽能使中放输出信噪比高于鉴频器解调门限或满足要求就可以了。在 AFC 低通滤波器截止频率的选择上，前者应使其带宽足够窄，从而使加在 VCO 上的控制电压仅仅反映中频频率偏移的缓变电压；后者应使其带宽足够宽，以便不失真地让解调后的调制信号通过。通常将前者称为载波跟踪型，将后者称为调制跟踪型。

　　【例 7.4】 图 7.5.4(a)是在调频振荡器中用以稳定载频的 AFC 电路方框图。已知调频压控振荡器中心频率 $f_c = 60$ MHz，未加 AFC 时因频率不稳引起的最大频率漂移为 200 kHz；晶振的振荡频率为 5.9 MHz，因频率不稳引起的最大频率漂移为 90 Hz；混频器输出频率为两输入频率之差；鉴频器中心频率 f_0 为 1 MHz，输出误差电压 $u_e = k_b(f - f_0)$；低通滤波器增益为 1，带宽小于调制信号最低频率；$k_1 k_b k_c = 100$。试求加入 AFC 电路后，调频振荡器输出载频的最大频率漂移 Δf_y。

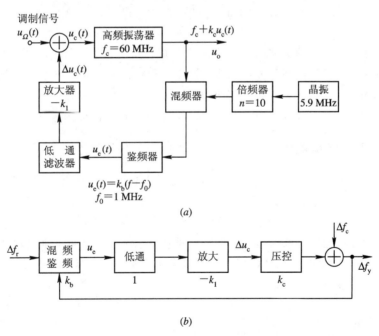

图 7.5.4　例 7.4 图

　　解：由题意可知，这是一个载波跟踪型电路。加入 AFC 后使载波的最大频率漂移减小，所以将最大频率漂移 Δf 作为被控变量。设 VCO 输出载频的最大频率漂移为 Δf_y，VCO 本身的最大频率漂移为 Δf_c。(b)图是以 Δf 为变量的 AFC 控制原理图。为方便起见，将 VCO 本身的最大频率漂移 Δf_c 作为输入量另外画出，这样 VCO 就可以视为一个无频率漂移的器件。

未加 AFC 时，$u_c(t)=u_\Omega(t)$，控制信号 $u_c(t)$ 使 VCO 的瞬时频率发生变化，产生调频波。这时，$\Delta f_y = \Delta f_c = 200$ kHz。

加入 AFC 后，$u_c(t)=u_\Omega(t)+\Delta u_c(t)$。令 Δu_c 是 $\Delta u_c(t)$ 的最大值，则 $k_c\Delta u_c$ 是 VCO 产生的附加最大频率漂移。这时，$\Delta f_y = \Delta f_c + k_c\Delta u_c$。由于晶振的中心频率为 5.9 MHz，最大频率漂移为 90 Hz，经 10 倍频后中心频率为 59 MHz，最大频率漂移 $\Delta f_r = 900$ Hz，因此混频器输出差频为 1 MHz，最大频率漂移为 $\Delta f_y - \Delta f_r$。鉴频器中心频率为 1 MHz，输出最大误差电压为 $u_e = k_b(\Delta f_y - \Delta f_r)$。

根据以上分析，可写出关系式如下：

$$\Delta f_y = \Delta f_c + k_c\Delta u_c = \Delta f_c - k_1 k_b k_c (\Delta f_y - \Delta f_r)$$

所以

$$\Delta f_y = \frac{\Delta f_c + k_1 k_b k_c \Delta f_r}{1 + k_1 k_b k_c}$$

代入已知数据，可以求得输出载频的最大频率漂移为

$$\Delta f_y = 2871 \text{ Hz}$$

需要注意的是，闭环中最大频率漂移虽然开始时高达数百千赫兹，稳定时也有近 3 kHz，然而漂移的变化是很缓慢的，即误差电压 u_e 是一个低频信号，低于调制信号的最低频率。由于低通滤波器的带宽小于调制信号的最低频率，因此调制信号不会产生反馈。

7.6　集成调频、鉴频电路芯片介绍

调频制由于抗干扰性好，因而广泛应用于广播、移动通信、无绳电话、电视伴音等许多方面，也相继出现了各种型号的通用或专用集成电路芯片。本小节先介绍 Motorola 公司调频电路和解调电路中的两种典型产品及其应用实例，然后分析彩色电视机伴音通道专用芯片中斜率鉴频和双差分正交移相式鉴频的实际电路，使读者对此有进一步的了解。

7.6.1　MC2833 调频电路

Motorola 公司生产的 MC2831A 和 MC2833 都是单片集成 FM 低功率发射器电路，适用于无绳电话和其他调频通信设备，两者差别不大。现仅介绍 MC2833 的电路原理和应用。

图 7.6.1 是 MC2833 内部结构和由它组成的调频发射机电路。

MC2833 内部包括话筒放大器、射频压控振荡器、缓冲器、两个辅助晶体管放大器等几个主要部分，需要外接晶体、LC 选频网络以及少量电阻、电容和电感。

MC2833 的电源电压范围较宽，为 2.8～9.0 V。当电源电压为 4.0 V，载频为 16.6 MHz 时，最大频偏可达 10 kHz，调制灵敏度可达 15 Hz/mV，输出最大功率为 10 mW(50 Ω负载)。

话筒产生的音频信号从⑤脚输入，经放大后控制可变电抗元件。可变电抗元件的直流偏压由片内参考电压 U_{REF} 经电阻分压后提供。由片内振荡电路、可变电抗元件、外接晶体和⑮、⑯脚两个外接电容组成的晶振直接调频电路(Pierce 电路)产生载频为 16.5667 MHz 的调频信号。与晶体串联的 3.3 μH 电感用于扩展最大线性频偏(参看 4.5.3 节解释)。缓冲器通过⑭脚外接三倍频网络将调频信号载频提高到 49.7 MHz，同时也将最大线性频偏扩展为原来的三倍，然后从⑬脚返回片内，经两级放大后从⑨脚输出。

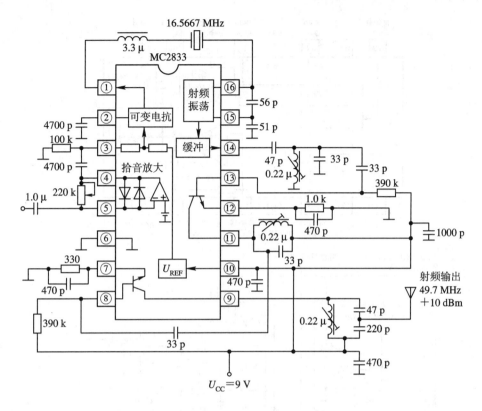

图 7.6.1　MC2833 组成的调频发射机电路

MC2833 输出的调频信号可以直接用天线发射,也可以接其他集成功放电路后再发射出去。

7.6.2　MC3361B FM 解调电路

从 20 世纪 80 年代以来,Motorola 公司陆续推出了 FM 中频电路系列 MC3357/3359/3361B/3371/3372 和 FM 接收电路系列 MC3362/3363。它们都采用二次混频,即将输入调频信号的载频先变换到 10.7 MHz 的第一中频,然后降到 455 kHz 的第二中频,再进行鉴频。不同之处在于 FM 中频电路系列芯片比 FM 接收电路系列芯片缺少射频放大和第一混频电路,而 FM 接收电路系列芯片则相当于一个完整的单片接收机。两个系列均采用双差分正交移相式鉴频方式。现仅介绍 MC3361B。

在第 6 章 6.8 节中已经介绍了 MC3361B 的主要性能参数和其中混频器电路部分。图 7.6.2(a)是 MC3361B 内部功能框图,(b)是典型应用电路。

从⑯脚输入第一中频为 10.7 MHz 的调频信号,与 10.245 MHz 的晶振进行第二次混频,产生的 455 kHz 调频信号从③脚外接的带通滤波器 FL1 取出,然后由⑤脚进入限幅放大器。⑧脚外接的 LC 并联网络和片内的 10 pF 小电容组成 90°频相转换网络。相位鉴频器解调出音频分量由片内放大器放大后,从⑨脚输出,其中一路由外接 R_3、C_7 组成的去加重电路送往音频功放,另一路进入⑩脚内的放大器。

MC3361B 采用了噪声型静噪电路,由 $V_{19} \sim V_{30}$ 组成的反相放大器、$V_{31} \sim V_{35}$ 组成的静噪触发器和⑩、⑪、⑫、⑭脚外接元件构成,图 7.6.2(c)是内部反相放大器和静噪触发器部

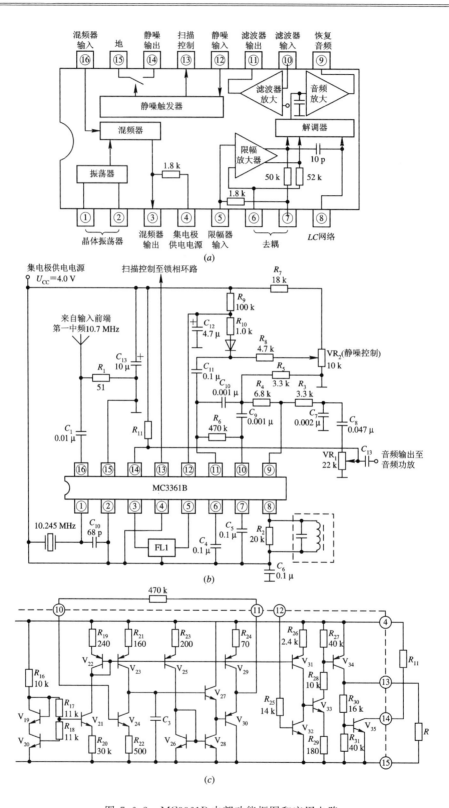

图 7.6.2 MC3361B 内部功能框图和应用电路

分电路图。⑩、⑪脚内接反相放大器，与外接元件 R_4、R_5、R_6、C_9 和 C_{10} 组成了带通滤波器。其中小电容 C_9 阻止音频分量通过，小电容 C_{10} 对高频分量提供负反馈通路，从而衰减了高频分量。所以，带通滤波器取出的是位于音频以上一个频率区间内的纯噪声分量。从⑪脚输出的纯噪声经 C_{11} 耦合，通过开关二极管进入由 R_{10}、R_{12} 组成的窄带低通滤波器，取出其中的平均分量作为静噪控制电压从⑫脚输入静噪触发器中 V_{32} 的基极。开关二极管能否导通取决于其负极电位，此处电位由调节可变电阻 VR_2 产生的基准直流电平和⑪脚输出交流噪声相加而成。若没有接收调频信号或信号很弱，则鉴频器输出噪声很大，因此⑪脚输出噪声幅度很大，使二极管负极电位下降，二极管导通，产生的静噪控制电压使⑫脚电位下降，V_{32} 截止，V_{33}、V_{34} 相继导通，故 V_{35} 处于饱和导通状态，⑭脚电平接近地电位，从而使音频功放的输入端与地短路，即关闭了音频功放。若接收到调频信号且信号较大，则鉴频器输出噪声很小，因此⑪脚输出噪声幅度很小，使二极管负极电位变化很小，二极管截止，⑫脚电位较高，使 V_{32} 导通，V_{33}、V_{34} 和 V_{35} 相继截止，⑭脚开路，所以对送往音频功放的解调信号没有影响，即开启了音频功放。

7.6.3　AN5250 电视伴音通道电路

AN5250 是日本松下公司的产品，适用于黑白和彩色电视机伴音通道，包括伴音中频限幅放大、有源低通滤波、差分峰值鉴频、音频放大和内部稳压等功能。图 7.6.3 是其中部分电路图。

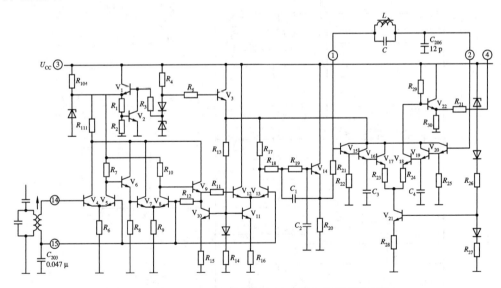

图 7.6.3　AN5250 中的限幅电路和差分峰值鉴频电路

从⑭、⑮脚双端输入的调频伴音信号(载频为 6.5 MHz)经 V_4~V_{13} 组成的三级差分限幅放大器后，由 V_{14}、R_{18}~R_{20}、C_1 和 C_2 组成的有源低通滤除 6.5 MHz 伴音中频的高次谐波，然后进入由 V_{15}~V_{21} 组成的差分峰值鉴频器，①、②脚外接 LC 回路和 12 pF 电容组成频幅转换网络。鉴频器输出经 V_{22} 射随后从④脚输出。

7.6.4　TA7680AP 中的伴音通道

TA7680AP 中伴音通道采用了正交移相式鉴频电路，有关电路如图 7.6.4 所示。

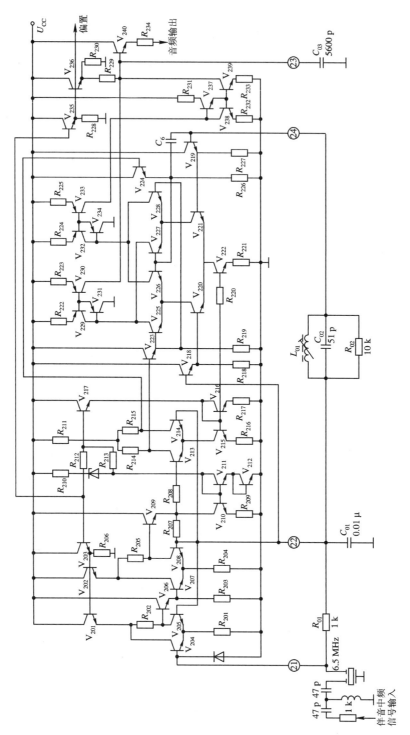

图 7.6.4 TA7680AP 中的限幅电路和正交移相式鉴频电路

　　视频全电视信号经外接 6.5 MHz 伴音中频晶体带通滤波后,取出伴音调频信号,从㉑脚进入由 $V_{204} \sim V_{216}$ 组成的三级差分限幅器(因为此三级差分放大电路均无 LC 选频网络,且电压增益很大,故必然产生限幅,输出方波调频信号)。其中 V_{206}、V_{209} 为射随器,不仅起级间隔离和缓冲作用,还可起直流电平位移作用。$V_{210} \sim V_{212}$、V_{215}、V_{216} 是恒流源。为了提高限幅放大器直流工作点的稳定性,加入了深度直流负反馈,由 V_{209} 的发射极通过 R_{207} 反馈到 V_{205}、V_{208} 的基极。㉒脚外接电容 C_{01} 使交流接地,所以不会形成交流负反馈,避免了电压增益的减小。

　　$V_{218} \sim V_{234}$ 组成正交移相式鉴频电路,其中 $V_{220} \sim V_{228}$ 组成双差分模拟乘法器。从第三级限幅器 V_{213}、V_{214} 双端输出的等幅方波调频信号经 V_{223}、V_{224} 射随后,分别加到 $V_{225} \sim V_{228}$ 的基极,作为乘法器的一路输入。㉒脚与㉔脚之间外接的 L_{01}、C_{02}、R_{02} 和片内小电容 C_6 组成 90°频相转换网络,对 V_{224} 射随后的方波调频信号进行处理,同时利用谐振回路的选频作用,滤除 6.5 MHz 伴音中频的高次谐波。V_{218} 的基极处于高频交流地电位,所以 90°移相后的信号经 V_{219} 射随后,从 V_{221} 的基极单端输入由 V_{220} 和 V_{221} 组成的差分电路,这是一个等幅调频—调相正弦信号,作为乘法器的另一路输入。

　　$V_{229} \sim V_{234}$ 组成两个改进型 PNP 镜像恒流源,作为 $V_{225} \sim V_{228}$ 的集电极恒流源负载,$V_{237} \sim V_{239}$ 组成另一个改进型 NPN 镜像恒流源,作为 V_{233} 的集电极恒流源负载。从 V_{225} 集电极恒流源负载上单端输出的伴音解调信号经 V_{240} 射随后送往音频放大电路。㉓脚外接电容 C_{03} 是去加重电容。

7.7　章　末　小　结

　　(1) 调频信号的瞬时频率变化 $\Delta f(t)$ 与调制电压成线性关系,调相信号的瞬时相位变化 $\Delta \varphi(t)$ 与调制电压成线性关系,两者都是等幅信号。对于单频调频或调相信号来说,只要调制指数相同,则频谱结构与参数相同,均由载频与无穷多对上下边频组成,即频带无限宽。但是,当调制信号由多个频率分量组成时,相应的调频信号和调相信号的频谱不相同,而且各自的频谱都并非只是单个频率分量调制后所得频谱的简单叠加。这些都说明了非线性频率变换与线性频率变换是不一样的。

　　(2) 最大频偏 Δf_m、最大相偏 $\Delta \varphi_m$(即调制指数 M_f 或 M_p)和带宽 BW 是调角信号的三个重要参数。要注意区别 Δf_m 和 BW 两个不同概念,注意区别调频信号和调相信号中 Δf_m、$\Delta \varphi_m$ 与其他参数的不同关系。

　　(3) 直接调频方式可获得较大的线性频偏,但载频稳定度较差;间接调频方式载频稳定度较高,但可获得的线性频偏较小。前者的最大相对线性频偏受限制,后者的最大绝对线性频偏受限制。采用晶振、多级单元级联、倍频和混频等措施可改善两种调频方式的载频稳定度或最大线性频偏等性能指标。

　　(4) 斜率鉴频和相位鉴频是两种主要鉴频方式,其中差分峰值鉴频和正交移相式鉴频两种实用电路便于集成、调谐容易、线性性能较好,故得到了普遍应用,尤其是后者,应用更为广泛。

　　(5) 在鉴频电路中,LC 并联回路作为线性网络,利用其幅频特性和相频特性,分别可将调频信号转换成调频—调幅信号和调频—调相信号,为频率解调准备了条件。在调频电路中,由变容二极管(或其他可变电抗元件)组成的 LC 并联回路作为非线性网络,更是经常用到的关键部件。

(6) 限幅电路是鉴频电路前端不可缺少的重要部分，它可以消除叠加在调频信号上面的寄生调幅，从而可减小鉴频失真。预加重、去加重电路可以改善鉴频信噪比。静噪电路可以在无接收信号或信噪比很小时关闭音频功放，从而避免扬声器输出大的噪声。

(7) AFC 电路可以用来稳定调幅接收机的中频频率，也可以用于调频接收机中改善鉴频信噪比。前者称为载波跟踪型，后者称为调制跟踪型。

习　题

7.1　已知调制信号 u_Ω 由 1 kHz 和 2 kHz 两个频率组成，振幅分别是 1.5 V 和 0.5 V，若载波信号 $u_c = 5 \cos 2\pi \times 10^8 t$ V，且单位调制电压产生的频偏和相偏分别为 4 kHz/V 和 0.2 rad/V，试分别写出调频信号和调相信号的表达式。

7.2　已知调角信号 $u(t) = 10 \cos(2\pi \times 10^8 t + \cos 4\pi \times 10^3 t)$ V。

(1) 若 $u(t)$ 是调频信号，试写出载波频率 f_c、调制频率 F、调频指数 M_f 和最大频偏 Δf_m。

(2) 若 $u(t)$ 是调相信号，试写出载波频率 f_c、调制频率 F、调相指数 M_p 和最大频偏 Δf_m。

7.3　对于单频调频信号 $u_{FM}(t)$，若其调制信号振幅不变，频率 F 增大一倍，试问 $u_{FM}(t)$ 的最大频偏 Δf_m 和带宽 BW 有何变化？若调制信号频率不变，振幅 $U_{\Omega m}$ 增大一倍，试问 $u_{FM}(t)$ 的最大频偏和带宽有何变化？若同时将调制信号的振幅和频率加倍，则 $u_{FM}(t)$ 的最大频偏和带宽又有何变化？

7.4　若调制信号振幅不变而频率改变，试比较相应的调幅信号、调频信号和调相信号的频谱和带宽如何变化。

7.5　已知调频信号 $u_{FM}(t)$ 和调相信号 $u_{PM}(t)$ 所对应的单频调制信号频率均为 0.5 kHz，M_f 和 M_p 分别为 3 rad。

(1) 试求 $u_{FM}(t)$ 和 $u_{PM}(t)$ 的最大频偏 Δf_m 和带宽 BW。

(2) 若调制系数 $k_f(k_p)$ 不变，调制信号振幅不变，频率改为 1 kHz，试求这两种调角信号的 Δf_m 和 BW。

(3) 若调制系数 $k_f(k_p)$ 不变，调制信号频率不变，仍为 0.5 kHz，而振幅降低为原来的 1/2，试求这两种调角信号的 Δf_m 和 BW。

7.6　已知调频信号最大频偏 $\Delta f_m = 50$ kHz，试求调制信号频率为 300 Hz、1 kHz、3 kHz、10 kHz 时分别对应的频带宽度。

7.7　在小信号谐振放大器、正弦波振荡器和斜率鉴频器(或相位鉴频器)中都要用到 LC 并联回路，试比较在以上不同电路里选择 LC 回路的目的和性能指标有何不同。

7.8　在题图 7.8 所示晶振变容二极管调频电路中，若石英谐振器的串联谐振频率 $f_s = 10$ MHz，串联电容 C_q 与未加调制信号时变容管的静态结电容 C_{jQ} 之比为 2×10^{-3}，并联电容 C_0 可以忽略，又变容二极管参数 $n = 2$，$U_B = 0.6$ V，加在变容管上的反向偏压 $U_Q = 2$ V，调制电压振幅为 $U_{\Omega m} = 1.5$ V。

(1) 分别画出变容二极管直流通路、低频交流通路和高频等效电路，并说明这是哪一种振荡电路。

（2）求出最大线性频偏 Δf_m。

（提示：$\Delta f_m = \dfrac{n}{2} p m f_c$，其中载频 f_c 与 f_s 相同，变容二极管接入系数 $p = \dfrac{C}{C_{jQ}}$，C 是 C_{jQ} 与 C_q 串联后的等效电容值。）

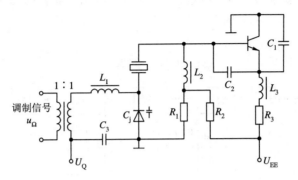

题图 7.8

7.9　在题图 7.9 所示变容管调频电路中，变容管结电容 $C_j = 100(U_Q + u_\Omega)^{-\frac{1}{2}}$ pF，调制信号 $u_\Omega = U_{\Omega m} \cos 2\pi \times 10^4 t$ V，$M_f = 5$ rad，载频 $f_c = 5$ MHz。

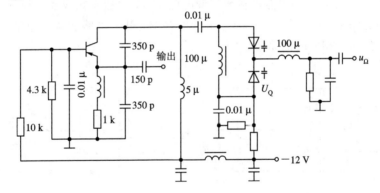

题图 7.9

（1）分别画出变容二极管直流通路、低频交流通路和高频等效电路。

（2）试求直流偏压 U_Q。

（3）试求调制电压振幅 $U_{\Omega m}$ 和最大频偏 Δf_m。

7.10　已知题图 7.10 是间接调频电路方框图，$u_\Omega(t)$ 是调制信号，输出 $u_o(t)$ 是调相信号，试写出 $u_o(t)$ 的表达式，并且说明在什么条件下此电路可以实现间接调频。

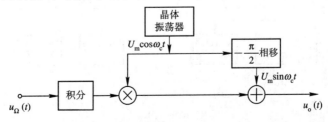

题图 7.10

7.11 在图 7.3.4 所示变容管调相电路中，加在变容管上的调制信号 $u_\Omega = U_{\Omega m} \cos \Omega t$，变容管参数 $n = 2$，$U_B = 1$ V，LC 回路有载品质因数 $Q_e = 20$。若 $U_{\Omega m} = 0.1$ V，$\Omega = 2\pi \times 10^3$ rad/s，试求调相指数 M_p 和最大频偏 Δf_m。

7.12 在题图 7.12 所示调频电路方框中，已知调制信号频率 $F = 100$ Hz～15 kHz，载频 $f_c = 100$ MHz，要求最大线性频偏 $\Delta f_m = 75$ kHz，若调相器的调相指数 $M_p = 0.2$ rad，混频器输出频率 $f_3 = f_L - f_2$，试求：

(1) 倍频次数 n_1 和 n_2。

(2) 各单元输出频率 $f_1(t)$、$f_2(t)$ 和 $f_3(t)$ 的表达式。

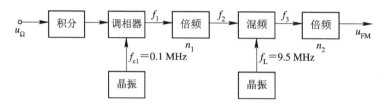

题图 7.12

7.13 已知鉴频电路输入调频信号 $u_{FM}(t) = 5 \cos(\omega_c t + 4 \cos 4\pi \times 10^3 t)$ V，鉴频灵敏度 $S_d = 10$ mV/kHz，求鉴频电路的输出解调电压 $u_o(t)$。(假定在线性鉴频范围内)

7.14 在题图 7.14 所示两个平衡二极管电路中，哪个电路能实现包络检波？哪个电路能实现斜率鉴频？相应的回路中心频率 f_{01} 和 f_{02} 应如何设置？

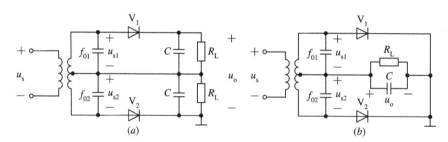

题图 7.14

7.15 题图 7.15 是调频接收机 AGC 电路的两种设计方案，试分析哪一种方案可行，并加以说明。

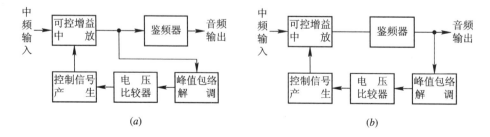

题图 7.15

7.16 题图 7.16 所示为某调频接收机 AFC 方框图，它与一般调频接收机 AFC 系统比较有何差别? 优点是什么? 如果将低通滤波器去掉能否正常工作? 能否将低通滤波器合并在其他环节里?

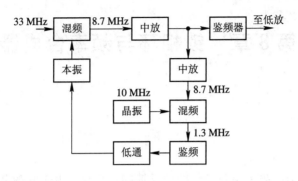

题图 7.16

7.17　题图 7.17 所示为调频负反馈解调电路。已知低通滤波器增益为 1。当环路输入单音调制的调频波 $u_i(t) = U_m \cos(\omega_c t + M_f \sin\Omega t)$ 时, 要求加到中频放大器输入端调频波的调频指数为 $M_f/10$, 试求 $k_b k_c$ 的乘积值。(其中 k_b 是混频—鉴频器的鉴频灵敏度, k_c 是 VCO 的压控灵敏度。)

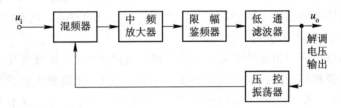

题图 7.17

第8章 锁相环与频率合成器

8.1 概　　述

AFC 电路是以消除频率误差为目的的反馈控制电路。由于它的基本原理是利用频率误差电压去消除频率误差，因此当电路达到平衡状态之后，必然有剩余频率误差存在，即频差不可能为零。这是一个不可克服的缺点。

锁相环电路也是一种以消除频率误差为目的的反馈控制电路，但它的基本原理是利用相位误差电压去消除频率误差，所以当电路达到平衡状态之后，虽然有剩余相位误差存在，但频率误差可以降低到零，从而实现无频差的频率跟踪和相位跟踪。而且，锁相环电路还具有可以不用电感线圈、易于集成化、性能优越等许多优点，因此广泛应用于通信、雷达、制导、导航、仪表和电机等方面。

锁相环电路分为模拟锁相环电路和数字锁相环电路两大类，本章仅介绍前者。

本章讨论了锁相环电路的数学模型和工作原理，以 L562 集成电路为例，分析了锁相环电路的内部结构，然后给出了锁相环电路的应用实例，最后介绍了锁相频率合成器和直接数字频率合成器。

8.2 锁相环电路的基本原理

8.2.1 数学模型

锁相环电路主要由鉴相器、环路滤波器和压控振荡器三部分组成，如图 8.2.1 所示。被控参量是相位。

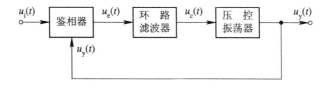

图 8.2.1　锁相环电路的组成

如何利用相位误差信号实现无频差的频率跟踪，可用图 8.2.2 所示的旋转矢量说明。

设旋转矢量 $\dot{U}_i$ 和 $\dot{U}_y$ 分别表示鉴相器输入参考信号 $u_i(t)$ 和压控振荡器输出信号 $u_y(t)$，它们的瞬时角速度和瞬时相位分别为 $\omega_i(t)$、$\omega_y(t)$ 和 $\varphi_i(t)$、$\varphi_y(t)$。若 $\omega_i(t)$ 固定为

ω_i，而 $\omega_y(t)$ 与 ω_i 不相等，比如说，$\omega_y(t) < \omega_i$，表示 $\dot{U}_y$ 比 $\dot{U}_i$ 旋转得慢一些，这时瞬时相位差 $\Delta\varphi(t) = [\varphi_i(t) - \varphi_y(t)]$ 将随时间增大（这种情况称为失锁）。于是鉴相器将产生一个误差电压。该误差电压通过环路滤波器（实际上是一个低通滤波器）后，作为控制电压调整 VCO 的振荡角频率，使其增大，从而使瞬时相位差减小。经过不断地循环反馈，$\dot{U}_y$ 矢量的旋转角速度逐渐加快，直到与 $\dot{U}_i$ 旋转角速度相同，实现 $\omega_y = \omega_i$，这时瞬时相位差 $\Delta\varphi$ 为恒值，鉴相器输

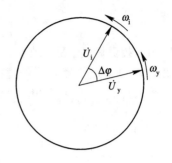

图 8.2.2　用旋转矢量说明锁相环电路的频率跟踪原理

出恒定的误差电压。此误差电压通过环路滤波器后产生的控制电压使振荡器的振荡频率维持在 ω_i 上。这种情况称为锁定。

为了建立锁相环电路的数学模型，需要先求出鉴相器、环路滤波器和压控振荡器的数学模型。

1. 鉴相器

设鉴相器输入参考信号 $u_i(t)$ 和 VCO 输出信号 $u_y(t)$ 均为单频正弦波。一般情况下，这两个信号的频率是不同的。设 ω_{y0} 和 $\omega_{y0}t + \varphi_{y0}$ 分别是 VCO 未加控制电压时的中心振荡角频率和相位，其中 φ_{y0} 是初相位，又 $\varphi_1(t)$ 和 $\varphi_2(t)$ 分别是 $u_i(t)$ 和 $u_y(t)$ 与未加控制电压时 VCO 输出信号的相位差，即

$$\left.\begin{array}{l}\varphi_1(t) = \varphi_i(t) - (\omega_{y0}t + \varphi_{y0}) \\ \varphi_2(t) = \varphi_y(t) - (\omega_{y0}t + \varphi_{y0})\end{array}\right\} \tag{8.2.1}$$

所以

$$\varphi_1(t) - \varphi_2(t) = \varphi_i(t) - \varphi_y(t) \tag{8.2.2}$$

若鉴相器采用模拟乘法器组成的乘积型鉴相器，根据鉴相特性和式(8.2.2)，其输出误差电压为

$$u_e(t) = k_b \sin[\varphi_1(t) - \varphi_2(t)] = k_b \sin\varphi_e(t) \tag{8.2.3}$$

其中，k_b 为鉴相器增益，是一常数。

2. 环路滤波器

环路滤波器是一个低通滤波器，其作用是滤除鉴相器输出电流中的无用组合频率分量及其他干扰分量，以保证电路所要求的性能，并提高环路的稳定性。

设环路滤波器的传递函数为 $H(s)$，则有

$$H(s) = \frac{U_c(s)}{U_e(s)}$$

将 $H(s)$ 中的 s 用微分算子 $p = \mathrm{d}/\mathrm{d}t$ 替换，可以写出对应的微分方程如下：

$$H(p) = \frac{u_c(t)}{u_e(t)} \tag{8.2.4}$$

3. 压控振荡器

在有限的控制电压范围内，VCO 的振荡角频率 $\omega_y(t)$ 与其控制电压可写成线性关系，

即

$$\omega_{y}(t) = \omega_{y0} + k_{c}u_{c}(t)$$

其中，k_{c} 为压控灵敏度，是一常数。

因此，VCO 输出信号 $u_{y}(t)$ 的相位为

$$\varphi_{y}(t) = \int_{0}^{t} \omega_{y}(\tau)\mathrm{d}\tau + \varphi_{y0} = \omega_{y0}t + k_{c}\int_{0}^{t} u_{c}(\tau)\mathrm{d}\tau + \varphi_{y0}$$

参照式(8.2.1)可求得

$$\varphi_{2}(t) = k_{c}\int_{0}^{t} u_{c}(\tau)\mathrm{d}\tau$$

虽然 VCO 的振荡角频率 $\omega_{y}(t)$ 与控制电压 $u_{c}(t)$ 呈线性关系，但其瞬时相位变化 $\varphi_{2}(t)$ 与 $u_{c}(t)$ 却是积分关系。因此对于锁相环电路来说，VCO 被视为一个积分器。若用积分算子 $\dfrac{1}{p}\left[\dfrac{1}{p} = \int_{0}^{t}(\ )\mathrm{d}\tau\right]$ 来表示，则上式可写成

$$\varphi_{2}(t) = k_{c}\frac{u_{c}(t)}{p} \tag{8.2.5}$$

4. 环路相位模型

按照式(8.2.3)、式(8.2.4)和式(8.2.5)所确立的鉴相器、环路滤波器和 VCO 的数学模型，根据图 8.2.1 的方框图，可建立锁相环电路的相位模型，如图 8.2.3 所示，并可写出一个统一的方程式，即

$$\varphi_{e}(t) = \varphi_{1}(t) - \varphi_{2}(t) = \varphi_{1}(t) - \frac{k_{c}k_{b}H(p)\sin\varphi_{e}(t)}{p}$$

对上式两边微分，可得

$$p\varphi_{e}(t) = p\varphi_{1}(t) - k_{c}k_{b}H(p)\sin\varphi_{e}(t) \tag{8.2.6}$$

式(8.2.6)被称为基本环路方程。

在式(8.2.6)中，$p\varphi_{e}(t)$ 和 $p\varphi_{1}(t)$ 分别表示瞬时相位误差 $\varphi_{e}(t)$ 和输入信号相位误差 $\varphi_{1}(t)$ 随时间的变化率，所以分别称为瞬时频差和固有频差。固有频差也就是输入信号频率与 VCO 中心频率的差值。$k_{c}k_{b}H(p)\sin\varphi_{e}(t)$ 称为控制频差，因为这一项是由控制电压 $u_{c}(t)$ 产生的。

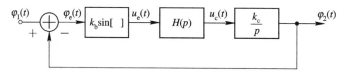

图 8.2.3 锁相环电路的相位模型

基本环路方程的意义在于它从数学上描述了锁相环电路相位调节的动态过程，说明了在环路闭合以后，任何时刻的瞬时频差都等于固有频差减去控制频差。当环路锁定时，瞬时频差为零，控制频差与固有频差相等，相位误差 $\varphi_{e}(t)$ 为一常数，用 $\varphi_{e\infty}$ 表示，称为稳态相位误差。

由于基本环路方程中包含了正弦函数，因此是一个非线性微分方程。因为 VCO 作为积分器其阶数是 1，所以微分方程的最高阶数取决于环路滤波器的阶数加 1。一般情况下，环路滤波器用一阶电路实现，所以相应的基本环路方程是二阶非线性微分方程。

基本环路方程是分析和设计锁相环电路的基础。

8.2.2 跟踪过程与捕捉过程分析

锁相环电路有两种不同的自动调节过程，一是跟踪过程，二是捕捉过程。

1. 环路的跟踪过程

在环路锁定之后，若输入信号频率发生变化，产生了瞬时频差，从而使瞬时相位差发生变化，则环路将及时调节误差电压去控制 VCO，使 VCO 输出信号频率随之变化，即产生新的控制频差，使 VCO 输出频率及时跟踪输入信号频率。当控制频差等于固有频差时，瞬时频差再次为零，继续维持锁定。这就是跟踪过程。显然，输入信号频率变化越大，产生的瞬时频差、误差电压和控制电压越大，需要 VCO 产生的频率增量也越大。由于鉴相器产生的最大误差电压和 VCO 的频率控制范围都是有限的，因此输入信号频率的变化范围也受到限制。在锁定后能够经过跟踪过程继续维持锁定所允许的最大固有角频差 $\pm \Delta \omega_{1m}$（或 $2\Delta\omega_{1m}$）称为跟踪带或同步带。

2. 环路的捕捉过程

环路由失锁状态进入锁定状态的过程称为捕捉过程。捕捉过程的分析应采用非线性分析方法，比较复杂。以下仅对捕捉过程作一简单的定性分析。

设 $t=0$ 时环路开始闭合，此前输入信号角频率 ω_i 不等于 VCO 输出振荡角频率 ω_{y0}（因控制电压 $u_c=0$），环路处于失锁状态。假定 ω_i 是一定值，二者有一固有角频差 $\Delta\omega_1 = \omega_i - \omega_{y0}$，固有相位差 $\Delta\omega_1 t$ 随时间线性增长，因此鉴相器输出误差电压 $u_e(t)=k_b \sin\Delta\omega_1 t$ 将是一个周期为 $2\pi/\Delta\omega_1$ 的正弦函数，称为正弦差拍电压。所谓差拍电压，是指其角频率（此处是 $\Delta\omega_1$）为两个角频率（此处 ω_i 与 ω_{y0}）的差值。角频差 $\Delta\omega_1$ 的数值大小不同，环路的工作情况也不同。

若 $\Delta\omega_1$ 较小，处于环路滤波器的通频带内，则差拍误差电压 $u_e(t)$ 能顺利通过环路滤波器加到 VCO 上，控制 VCO 的振荡频率，使其随差拍电压的变化而变化，所以 VCO 输出是一个调频波，即 $\omega_y(t)$ 将在 ω_{y0} 上下摆动。由于 $\Delta\omega_1$ 较小，因此 $\omega_y(t)$ 很容易摆动到 ω_i，环路进入锁定状态，鉴相器将输出一个与稳态相位差对应的直流电压，维持环路的动态平衡。这一过程称为快捕。

若 $\Delta\omega_1$ 数值较大，即差拍电压 $u_e(t)$ 的频率较高，处于环路滤波器通频带外附近，于是它的幅度在经过环路滤波器后会受到一些衰减，这样 VCO 的输出振荡角频率 $\omega_y(t)$ 上下摆动的范围也比理想情况要减小一些，故需要多次摆动才能靠近输入角频率 ω_i，也就是说需要许多个差拍周期。此时差拍误差电压 $u_e(t)$ 的角频率将不再是固定的 $\Delta\omega_1$，而是随时间变化的瞬时角频差 $\Delta\omega_e(t)=\omega_i-\omega_y(t)$，且正、负半周波形也不对称，其中包含的直流分量作为控制信号使 VCO 的输出角频率 $\omega_y(t)$ 逐渐朝 ω_i 方向靠近，$\Delta\omega_e(t)$ 逐渐减小，$u_e(t)$ 的振荡周期越来越长。通常将这一过程称为频率牵引过程。当 $\omega_y(t)$ 摆动到 ω_i 附近，两者之间的角频差很小时，环路进入快捕过程，然后很快到达锁定状态。因此，捕捉过程可以包括频率牵引和快捕两个过程。图 8.2.4 是捕捉过程中差拍误差电压 $u_e(t)$ 波形变化示意图。

若 $\Delta\omega_1$ 太大，远远超出环路滤波器通频带，则产生的控制电压趋于零，将无法捕捉到，环路一直处于失锁状态。能够由失锁经过捕捉过程进入锁定所允许的最大固有角频差

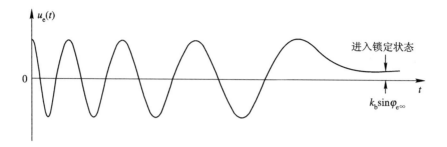

图 8.2.4　捕捉过程中 $u_e(t)$ 的波形变化

$\pm\Delta\omega'_{1m}$(或 $2\Delta\omega'_{1m}$)称为环路的捕捉带。一般来说，捕捉带小于跟踪带。

当环路处于跟踪状态时，只要 $|\varphi_e(t)|<\pi/6$，则有 $\sin\varphi_e(t)\approx\varphi_e(t)$，可认为环路处于线性跟踪状态。这时基本环路方程可写成

$$p\varphi_e(t) = p\varphi_1(t) - k_c k_b H(p)\varphi_e(t)$$

对上式求拉氏变换，得到

$$s\Phi_e(s) = s\Phi_1(s) - k_c k_b H(s)\Phi_e(s) \qquad (8.2.7)$$

相应的环路线性化相位模型如图 8.2.5 所示。在线性化相位模型中，k_b 可视为鉴相灵敏度。

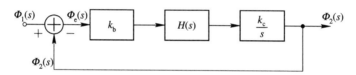

图 8.2.5　锁相环电路的线性化相位模型

由式(8.2.7)可求得环路闭环传递函数和误差传递函数。闭环传递函数为

$$T(s) = \frac{\Phi_2(s)}{\Phi_1(s)} = \frac{k_b k_c H(s)}{s + k_b k_c H(s)} \qquad (8.2.8)$$

误差传递函数为

$$T_e(s) = \frac{\Phi_e(s)}{\Phi_1(s)} = \frac{s}{s + k_b k_c H(s)} \qquad (8.2.9)$$

【例 8.1】　在图 8.2.6 所示锁相环中，已知 $k_b=25$ mV/rad，$k_c=1000$ rad/s·V，$RC=1$ ms。当输入角频率发生阶跃变化，即 $\Delta\omega_i=100$ rad/s 时，要求环路的稳态相位误差为 0.1 rad，试确定放大器增益 k_1，并且求出相位误差函数 $\varphi_e(t)$ 和环路带宽 BW。

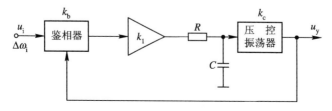

图 8.2.6　例 8.1 图

解： RC 低通滤波器的传递函数为

$$H(s) = \frac{1}{1+\tau s} \qquad \tau = RC$$

代入式(8.2.8)和式(8.2.9)，分别可求出相应的闭环传递函数和误差传递函数，即

$$T(s) = \frac{\omega_n^2}{s^2 + 2\zeta\omega_n s + \omega_n^2} \qquad\qquad (8.2.10)$$

$$T_e(s) = \frac{s^2 + 2\zeta\omega_n s}{s^2 + 2\zeta\omega_n s + \omega_n^2} \qquad\qquad (8.2.11)$$

其中

$$\left.\begin{array}{l} \zeta = \dfrac{1}{2}\left(\dfrac{1}{k_b k_c k_1 \tau}\right)^{\frac{1}{2}} \\[3mm] \omega_n = \left(\dfrac{k_b k_c k_1}{\tau}\right)^{\frac{1}{2}} \end{array}\right\} \qquad\qquad (8.2.12)$$

这是一个二阶环路，ζ 称为阻尼系数，ω_n 是 $\zeta=0$ 时系统的无阻尼振荡角频率，亦称为自然谐振角频率。

设 $t<0$ 时，环路锁定，且有 $\omega_i = \omega_y = \omega_{y0}$，$\varphi_1(t)=0$。在 $t=0$ 时，输入信号角频率 ω_i 产生了一个幅度为 $\Delta\omega_i$ 的阶跃变化，因此在 $t>0$ 以后的固有相位差为

$$\varphi_1(t) = \int_0^t \Delta\omega_i \,\mathrm{d}\tau = \Delta\omega_i t$$

其拉氏变换为

$$\Phi_1(s) = \frac{\Delta\omega_i}{s^2}$$

因此

$$\Phi_e(s) = T_e(s)\Phi_1(s) = \frac{\Delta\omega_i(s + 2\zeta\omega_n)}{s(s^2 + 2\zeta\omega_n s + \omega_n^2)}$$

$$\begin{aligned} \varphi_e(t) &= \mathscr{L}^{-1}[\Phi_e(s)] \\ &= 2\zeta\frac{\Delta\omega_i}{\omega_n} + \frac{\Delta\omega_i}{\omega_n}e^{-\zeta\omega_n t}\left[\frac{1-2\zeta^2}{(1-\zeta^2)^{\frac{1}{2}}}\sin\omega_n(1-\zeta^2)^{\frac{1}{2}}t - 2\zeta\cos\omega_n(1-\zeta^2)^{\frac{1}{2}}t\right] \end{aligned}$$

$$\qquad\qquad (8.2.13)$$

式(8.2.13)中，等式右边第一项为稳态相位误差，即

$$\varphi_{e\infty} = 2\zeta\frac{\Delta\omega_i}{\omega_n} = \frac{\Delta\omega_i}{k_b k_c k_1} \qquad\qquad (8.2.14)$$

等式右边第二项是振幅为指数衰减函数的两个正弦振荡的差值。这两个正弦振荡的角频率相同(其值与 k_b、k_c、τ 有关)，相位差为 $\pi/2$，振幅不同。当 $t\to\infty$ 时，该项值趋于零，所以是暂态相位误差。图 8.2.7 画出了阻尼系数 ζ 为不同值时，相位误差的归一化响应 $\varphi_e(t)/\varphi_{e\infty}$。

由式(8.2.14)、式(8.2.12)和图 8.2.7 可以看到，增大 k_b、k_c 和 k_1 的值(即增大环路直流增益)可以减小稳态相位误差 $\varphi_{e\infty}$，但相应的阻尼系数 ζ 也会减小，从而使环路恢复到锁定状态所需的时间延长，且会出现过冲。所以，在响应的误差与速度两者之间应折中考虑，通常选择 $\zeta=0.7$。

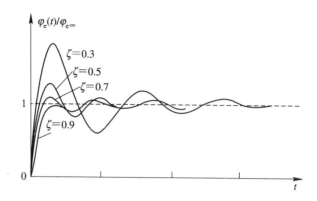

图 8.2.7　相位误差信号的归一化响应

在式(8.2.14)中代入已知数据，可求得

$$k_1 = \frac{\Delta\omega_{\mathrm{i}}}{k_{\mathrm{b}}k_{\mathrm{c}}\varphi_{\mathrm{e}\infty}} = \frac{100}{25 \times 10^{-3} \times 10^3 \times 0.1} = 40$$

由式(8.2.12)可知

$$\zeta = \frac{1}{2}\left(\frac{1}{k_{\mathrm{b}}k_{\mathrm{c}}k_1\tau}\right)^{\frac{1}{2}} = \frac{1}{2}\left(\frac{1}{25 \times 10^{-3} \times 10^3 \times 40 \times 10^{-3}}\right)^{\frac{1}{2}} = \frac{1}{2}$$

$$\omega_{\mathrm{n}} = \left(\frac{k_{\mathrm{b}}k_{\mathrm{c}}k_1}{\tau}\right)^{\frac{1}{2}} = \left(\frac{25 \times 10^{-3} \times 10^3 \times 40}{1 \times 10^{-3}}\right)^{\frac{1}{2}} = 1000 \text{ rad/s}$$

根据式(8.2.13)可求得相位误差函数为

$$\varphi_{\mathrm{e}}(t) = 0.1 + 0.1\mathrm{e}^{-500t}\left(\frac{\sqrt{3}}{3}\sin 500\sqrt{3}\,t - \cos 500\sqrt{3}\,t\right) \text{ rad}$$

由式(8.2.10)可求得相应的幅频特性为

$$H(\omega) = \frac{1}{\sqrt{\left(1 - \frac{\omega^2}{\omega_{\mathrm{n}}^2}\right)^2 + \left(2\zeta\frac{\omega}{\omega_{\mathrm{n}}}\right)^2}} \tag{8.2.15}$$

所以，环路带宽为

$$\mathrm{BW} = \omega_{\mathrm{n}}\left(1 - 2\zeta^2 + \sqrt{4\zeta^4 - 4\zeta^2 + 2}\right)^{\frac{1}{2}} \tag{8.2.16}$$

代入已知条件和 $k_1 = 40$，$\zeta = \frac{1}{2}$，可求出相应带宽为

$$\mathrm{BW} = \omega_{\mathrm{n}}\left(\frac{1 + \sqrt{5}}{2}\right)^{\frac{1}{2}} \approx 1272 \text{ rad/s} \approx 203 \text{ Hz}$$

8.3　集成锁相环电路

由于锁相环电路的应用日益广泛，迫切要求降低成本、提高可靠性，因而不断促使其向集成化、数字化、小型化和通用化的方向发展。目前已生产出数百种型号的集成锁相环电路。

　　集成锁相环电路的特点是不用电感线圈，依靠调节环路滤波器和环路增益，可对输入信号的频率和相位进行自动跟踪，对噪声进行窄带过滤，现已成为继运算放大器之后第二种通用的集成器件。

　　集成锁相环电路有两大类，一类是主要由模拟电路组成的模拟锁相环，另一类是主要由数字电路组成的数字锁相环。每一类按其用途又可分成通用型和专用型。

　　通用型集成锁相环电路的内部电路主要是鉴相器和压控振荡器，环路滤波器一般需外接，如果采用有源滤波器，则放大器部分在集成电路内部，RC 元件外接。

　　常用的模拟鉴相器是双差分乘积鉴相器，数字鉴相器有异或门鉴相器、鉴频—鉴相器等。

　　常用的压控振荡器有射极耦合多谐振荡器、积分—施密特触发型多谐振荡器等。采用多谐振荡器作 VCO 的优点是可控范围大、线性度好、控制灵敏度高、不需要电感线圈等，缺点是频率稳定度较差。

　　目前已出现了由数字鉴相器、数字滤波器和数字控制振荡器组成的全数字锁相环电路，其中部分功能也可由软件实现，比如可用单片微机实现的数字波形合成器作数字控制振荡器。

　　按照最高工作频率的不同，集成锁相环电路可分成低频（1 MHz 以下）、高频（1～30 MHz）、超高频（30 MHz 以上）几种类型。各种集成锁相环电路所采用的集成工艺不同，其内部电路也有些不同。

　　双差分乘积鉴相器在第 7 章已有介绍，下面首先着重介绍一下射极耦合多谐振荡器，然后以 L562（国外型号为 NE562）为例，对集成锁相环电路作一整体介绍。

8.3.1　射极耦合多谐振荡器

　　图 8.3.1(a)是射极耦合多谐振荡器原理电路图。

　　受电压 u_c 控制的两个相同电流源 I_{03} 和 I_{04} 分别接在交叉耦合的两个晶体管 V_1、V_2 的发射极上，$(I_{03} = I_{04} = I_0)$，定时电容 C_T 接在 V_1 和 V_2 的发射极之间。采用瞬时极性判断法，有 $u_{B1} \uparrow \rightarrow u_{C1}(u_{B3}) \downarrow \rightarrow u_{E3}(u_{B2}) \downarrow \rightarrow u_{E2} \downarrow \rightarrow u_{E1} \rightarrow u_{BE1} \uparrow \rightarrow u_{C1} \downarrow$，可见是正反馈。同理，$V_2$、$V_4$、$V_1$ 和 C_T 也构成一个正反馈回路。由图可见，V_3、V_4 两管总是导通的。

　　设两个相同二极管 V_5、V_6 的导通电压与四个晶体管的 b、e 极导通电压均为 U_D。若开始时 V_1 管微弱导通，则由于正反馈作用，V_1 管很快进入导通状态，且 V_2 管迅速截止（因 u_{B2} 急速下降），V_5 管导通（因 u_{C1} 下降），V_6 管截止（因 V_2 截止使 u_{C2} 上升），从而有 $u_{C1} = U_{CC} - U_D$，$u_{E1} = u_{B2} = U_{CC} - 2U_D$，$u_{C2} = U_{CC}$。$V_1$ 管导通后，其发射极电流给 C_T 充电，充电电流为 I_0，因 V_2 管已截止，其发射极上电流源电流 I_0 全部流过 C_T，而 V_1 管发射极电流是两个电流源电流之和 $2I_0$。充电使 C_T 上电压增大。由于 V_1 管导通，且发射极电位 $u_{E1} = U_{CC} - 2U_D$ 已被固定，因此迫使 V_2 管发射极电位 u_{E2} 下降。当 u_{E2} 下降到 $U_{CC} - 3U_D$ 时，V_2 管导通，V_1 管截止。此时 C_T 上的电压 $u_T = U_D$。V_1 管截止，使得 $u_{C1} = U_{CC}$，从而 $u_{B2} = U_{CC} - U_D$，$u_{E2} = U_{CC} - 2U_D$，即 u_{B2} 和 u_{E2} 分别向上跳变了一个 U_D。由于电容 C_T 上电压不能突变，因此 u_{E1} 也向上跳变了一个 U_D，变成 $U_{CC} - U_D$。继而又开始由 V_2 管发射极电流给 C_T 反方向充电（或 C_T 正方向放电）。有关各点的波形变化如图 8.3.1(b)所示。

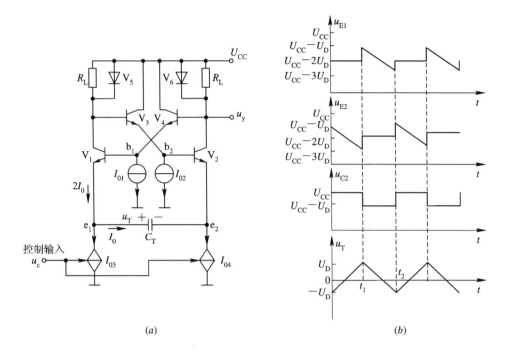

图 8.3.1　射极耦合多谐振荡器电路

(a) 电路图；(b) 波形图

由图 8.3.1(b)可见，从 V_2 管集电极输出的波形为方波，其高电平为 U_{CC}，低电平为 $U_{CC} - U_D$，电容 C_T 上充放电电压波形为三角波，高度为 $2U_D$。在充电的半个周期内(t 从 0 到 t_1)，充电电流为 I_0，是常数，电容电压增量为 $2U_D$，根据电容电压与电流的关系

$$I_0 = C\frac{\mathrm{d}u_c}{\mathrm{d}t} = C\frac{2U_D}{T/2} = \frac{4CU_D}{T}$$

所以三角波周期为

$$T = \frac{4CU_D}{I_0}$$

因为电容上三角波电压周期与 V_2 管集电极输出方波周期相同，所以输出方波的基波频率为

$$f = \frac{1}{T} = \frac{I_0}{4CU_D} \tag{8.3.1}$$

可见，基波振荡频率与电流源 I_0 成正比，只要控制 I_0 的大小，就可以在较宽的线性范围内控制振荡频率的变化。

设电流源跨导为 g_m，则 I_0 与控制电压 u_c 的关系为

$$I_0 = I_Q + g_m u_c$$

所以

$$f = \frac{I_Q}{4CU_D} + k_c u_c = f_0 + \Delta f \tag{8.3.2}$$

其中，I_Q 是电流源 I_0 中的恒流部分，$g_m u_c$ 为可控部分，$k_c = g_m/(4CU_D)$ 即为用射极耦合多谐振荡器构成的 VCO 的压控灵敏度。

这种电路形式简单,晶体管没有工作在饱和状态,而且正反馈强,所以导通和截止速度快,工作频率较高,可达 60 MHz。如采用 ECL 电路,工作频率可达 155 MHz。

8.3.2　L562 集成锁相环电路

L562(国外型号为 NE562)是目前广泛使用的集成锁相环电路之一,其内部电路方框图见图 8.3.2(a)。由图可见,L562 中鉴相器与 VCO 是断开的,可以插入分频器或混频器作频率合成器和移频用。电路最高工作频率为 30 MHz,最大锁定范围为 $\pm15\%f_{y0}$(f_{y0} 是 VCO 中心频率),工作电压为 16～30 V,典型工作电流为 12 mA。

L562 主要由鉴相器、VCO、放大器三部分组成,环路滤波器中的电容元件需外接,另外还采用了一系列稳压偏置和温度补偿电路。图 8.3.2(b)是 L562 内部电路图,现简介如下。

(1) 鉴相器。鉴相器由双差分模拟乘法器 $V_1\sim V_6$ 组成。输入信号 u_i 从⑪、⑫脚双端输入,VCO 输出的方波经外电路后从②、⑮脚双端输入,使乘法器工作在开关状态。相乘后,双端输出信号经过低通滤波器后取出误差电压 u_e,一路经射随器 V_{10} 加到 VCO 中 V_{25}、V_{26} 的基极上,另一路经射随器 V_{12} 和 V_{14} 加到 VCO 中 V_{25}、V_{26} 的发射极上。所以,误差电压 u_e 是加在 V_{25}、V_{26} 的 b、e 极之间的。低通滤波器由 R_1、R_2 和⑬、⑭脚外接阻容元件组成。

(2) 压控振荡器。VCO 采用射极耦合多谐振荡器。与图 8.3.1 原理图对照,L562 中 V_{20}、V_{21} 组成交叉耦合的正反馈级,相当于原理图中的 V_1、V_2,V_{19}、V_{22} 相当于原理图中的 V_3、V_4,外接定时电容 C_T 接于⑤、⑥脚之间,V_{23}、V_{28} 相当于原理图中的电流源 I_{01}、I_{02},V_{24}、V_{25} 和 V_{27}、V_{26} 分别相当于原理图中可控电流源 I_{03} 和 I_{04},其中 V_{24} 和 V_{27} 是恒流的,V_{25} 和 V_{26} 的集电极电流是受 u_e 控制的。

鉴相器输出误差电压作为控制电压加到 V_{25}、V_{26} 的基极与发射极之间,控制这两管的集电极电流变化。V_{20}、V_{21} 的集电极输出方波信号。VCO 工作原理与上一小节介绍的相同,不再赘述。

(3) 放大器。由于 VCO 输出电压振幅较小,仅为二极管的正向压降(约 0.7 V),而鉴相器又要求②、⑮脚输入为开关信号,因此加入放大器 A_3,分别由 V_{30}、V_{32} 和 V_{31}、V_{33} 组成两路共射—共集放大器,从③、④脚输出。

(4) 辅助电路。稳压电路由 $V_{35}\sim V_{42}$ 组成。若电源电压 U_{CC} 取 16 V,则在 V_{35} 与 V_{36} 的发射极上得到 14 V,经稳压二极管 V_{16} 后①脚处的电位为 7.7 V,分别为鉴相器和 VCO 提供稳定的集电极电压。V_{41}、V_{42} 及其有关电阻也为鉴相器电路提供稳定的偏压。

另外,V_{43} 与 V_{44} 为 V_{23}、V_{24}、$V_{27}\sim V_{29}$ 提供稳定的基极偏压并起温度补偿作用。

V_{29} 作为可控电流源 V_{25}、V_{26} 的发射极电流源,其输出集电极电流受⑦脚注入电流的控制。当⑦脚注入电流较小时,V_{29} 发射极电位较低,由于 V_{29} 基极偏压恒定,因此集电极电流较大,集电极电位较低。由于误差电压 u_e 是叠加在 V_{29} 集电极与 V_{25}、V_{26} 基极之间,因此这时候 VCO 控制范围较大。反之,若⑦脚注入电流增大,使 V_{29} 发射极电位升高,集电极电流减小,集电极电位升高,则 VCO 控制范围减小。若⑦脚注入电流太大,使 V_{29} 截止,V_{25} 与 V_{26} 也截止,则 VCO 处于失控状态。因此,V_{29} 又被称为限幅器,指它在⑦脚注入电流的控制下,能够限制 VCO 控制电压幅度的大小。

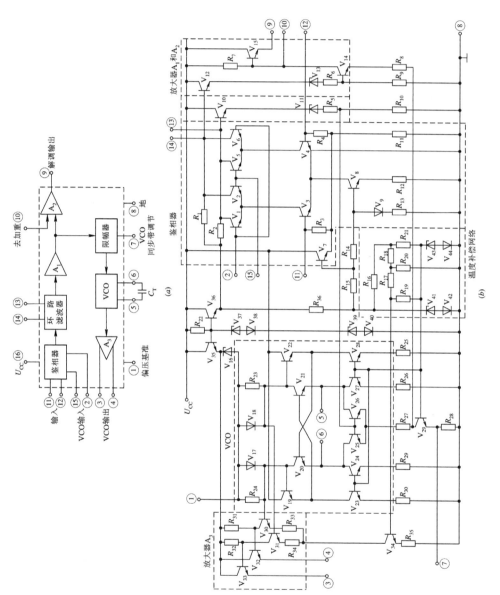

图 8.3.2　集成锁相环相电路 L562 电路图

8.4 锁相环电路的应用

锁相环电路主要的优良性能和应用领域如下：

（1）良好的频率跟踪特性。锁相环电路的输出信号频率可以精确地跟踪输入信号频率的变化，这点在通信、雷达、导航、电机控制等方面有着广泛的应用。

例如，在通信系统中，将锁相环电路设计成窄带，使其仅对载波频率保持跟踪，可做成"载波跟踪环"或"窄带滤波器"，用于窄带调频、同步信号提取、消除多普勒频移影响的锁相接收等方面；或者将锁相环电路设计成宽带，使其对输入信号的瞬时频率进行跟踪，可做成"调制跟踪环"，用于宽带调频信号的解调等。

（2）相位锁定时无剩余频差。锁相环电路对固定的输入频率锁定之后，可实现输出无剩余频差，因此是一个理想的频率变换控制系统，这使它在自动频率控制和频率合成技术等方面获得了广泛的应用。

（3）良好的低门限特性。普通鉴频器对输入信噪比有一个门限效应，即当输入信噪比低于某一数值时，输出信噪比将急剧下降。虽然采用第 7.5 节介绍的调频负反馈电路可有效地解决这个问题，但它是以压缩输入信号频偏为代价的，使鉴频灵敏度降低。用锁相环电路做成鉴频器也有门限效应，但由于相位反馈作用，使其在相同输入噪声情况下，输出噪声远小于普通鉴频器的输出噪声，即输出信噪比大于普通鉴频器的输出信噪比，且环路带宽越窄，输出信噪比越大。由于锁相环电路的门限比普通鉴频器低，因此可用来做成性能优良的锁相鉴频器。

下面，择其几个主要应用分别作一简单介绍。由于锁相频率合成技术的广泛应用，已有各种集成电路的问世，因此在 8.5 节专门介绍锁相频率合成电路。

8.4.1 锁相倍频、分频和混频

在基本锁相环的反馈通道中插入分频器，就组成了锁相倍频电路，如图 8.4.1 所示。

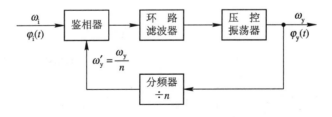

图 8.4.1 锁相倍频电路的组成

当环路锁定时，鉴相器输入信号角频率与反馈信号角频率相等，即 $\omega_i = \omega_y'$。而 ω_y' 是 VCO 输出信号经 n 次分频后的角频率，所以 VCO 输出角频率 ω_y 是输入信号角频率 ω_i 的 n 倍，即 $\omega_y = n\omega_i$。若输入信号由高稳定度的晶振产生，分频器的分频比是可变的，则可以得到一系列稳定的间隔为 ω_i 的频率信号输出。

显然，如将分频器改为倍频器，则可以组成锁相分频电路，即 $\omega_y = \omega_i / n$。

在基本锁相环的反馈通道中插入混频器和中频放大器，还可以组成锁相混频电路，如图 8.4.2 所示。

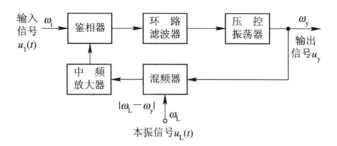

图 8.4.2　锁相混频电路的组成

设混频器输入本振信号角频率为 ω_L，则当环路锁定时，有 $\omega_i = |\omega_L - \omega_y|$，即 $\omega_y = \omega_L \pm \omega_i$，从而实现混频作用。

8.4.2　锁相调频与鉴频

图 8.4.3 是锁相直接调频电路方框图。这种电路可以使输出调频信号的中心频率锁定在晶振频率上，所以频率稳定度可以做得很高。为了使环路仅对 VCO 中心频率不稳定所引起的缓变分量有所反映，因此环路滤波器的通频带应该很窄，保证调制信号频谱分量处于低通滤波器频带之外而不能形成交流反馈。显然，这是一种载波跟踪环。

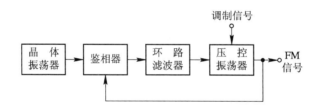

图 8.4.3　锁相直接调频电路的组成

将锁相调频电路与例 7.4 分析的 AFC 调频电路进行比较，两者所完成的功能是一样的，都是稳定调频波的载频，但前者的频率稳定度远远高于后者，即频率漂移可以做得很小。

图 8.4.4 是锁相鉴频电路方框图。现简述利用锁相环电路进行鉴频的原理。

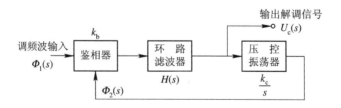

图 8.4.4　锁相鉴频电路的组成

设输入调频信号为

$$u_{FM}(t) = U_m \sin\left[\omega_c t + k_f \int u_\Omega(t)\,dt\right] = U_m \sin\left[\omega_c t + \varphi_1(t)\right]$$

其中，$u_\Omega(t)$ 为调制信号，k_f 为调频比例系数，ω_c 为载频。调节 VCO 中心角频率 ω_{y0}，使 $\omega_{y0} = \omega_c$，则有

$$\Phi_e(s) = T_e(s)\Phi_1(s) \tag{8.4.1}$$

因为

$$u_\Omega(t) = \frac{1}{k_f}\frac{\mathrm{d}\varphi_1(t)}{\mathrm{d}t} \tag{8.4.2}$$

所以

$$U_\Omega(s) = \frac{1}{k_f}s\,\Phi_1(s) \tag{8.4.3}$$

由图 8.4.4 可知，从环路滤波器之后输出的解调信号 $u_c(t)$ 的拉氏变换为

$$U_c(s) = k_b\,\Phi_e(s)H(s)$$

根据式(8.4.1)、(8.2.9)、(8.4.3)和(8.2.8)，上式可写成

$$U_c(s) = k_b T_e(s)\Phi_1(s)H(s) = \frac{k_b s\,\Phi_1(s)H(s)}{s + k_b k_c H(s)}$$

$$= \frac{k_f k_b U_\Omega(s)H(s)}{s + k_b k_c H(s)} = \frac{k_f T(s)U_\Omega(s)}{k_c} \tag{8.4.4}$$

将上式中闭环传递函数 $T(s)$ 转换成闭环频率特性函数 $T(\mathrm{j}\omega)$。若在调制信号频率范围内，闭环幅频特性近似为恒定值且相频特性为线性，则可将其视为常数，写成 k_T。对式(8.4.4)取拉氏反变换，可以得到

$$u_c(t) = \frac{k_f k_T}{k_c}u_\Omega(t) \tag{8.4.5}$$

所以，输出解调信号 $u_c(t)$ 与调制信号 $u_\Omega(t)$ 成正比。环路滤波器的作用在于滤除调制信号 $u_\Omega(t)$ 带宽以外的无用频率分量，保证不失真解调，所以其通频带要足够宽，使调制信号顺利通过。可见，这是一种调制跟踪环。

【例 8.2】　图 8.4.5 所示是锁相环鉴频电路。已知 $k_1 = -40$，$k_b = 250$ mV/rad，$k_c = 50\pi \times 10^3$ rad/s·V，有源低通滤波器的参数 $R_1 = 17.7$ kΩ，$R_2 = 0.94$ kΩ，$C = 0.03$ μF。若环路输入调频信号为 $u_i(t) = U_m \sin[\omega_c t + 10\sin(2\pi \times 10^3 t)]$，求放大器输出 1 kHz 单频调制信号的电压振幅。

解：图示有源低通滤波器又称为有源理想积分滤波器，其传递函数为

$$H(s) = -\frac{\tau_2 s + 1}{\tau_1 s}$$

其中，$\tau_1 = R_1 C$，$\tau_2 = R_2 C$，代入 R_1、R_2、C 的数据，可求得

$$H(s) = -\frac{28 \times 10^{-6}s + 1}{531 \times 10^{-6}s}$$

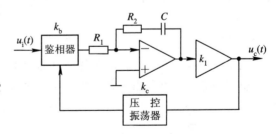

图 8.4.5　例 8.2 图

参照式(8.2.8)，可求得闭环传递函数为

$$T(s) = \frac{k_b k_c k_1 H(s)}{s + k_b k_c k_1 H(s)}$$

代入已知数据，可求得

$$T(s) = \frac{83.4 \times 10^3(s + 35.5 \times 10^3)}{s^2 + 83.4 \times 10^3 s + 2.96 \times 10^9}$$

将 $T(s)$ 转换成 $T(\mathrm{j}\omega)$，ω 取调制信号角频率 $2\pi \times 10^3$ rad，则可求得 1 kHz 频率处的幅频特

性值为 $T(\mathrm{j}2\pi \times 10^3) \approx 1$。

上式说明,对于 1 kHz 的调制信号,该锁相环闭环传递函数的幅值近似为 1,相位近似为 0。

由式(8.4.5)可知放大器输出电压 $u_c(t)$ 即为解调信号。根据式(8.4.2),有

$$k_f u_\Omega(t) = \frac{\mathrm{d}\,\varphi_1(t)}{\mathrm{d}t} = \frac{\mathrm{d}}{\mathrm{d}t}[10\,\sin(2\pi \times 10^3 t)] = 20\pi \times 10^3 \cos(2\pi \times 10^3 t)$$

又

$$T(\mathrm{j}\omega) = T(\mathrm{j}2\pi \times 10^3) \approx 1 = k_T$$

代入式(8.4.5),可求得

$$u_c(t) \approx \frac{20\pi \times 10^3}{50\pi \times 10^3} \cos(2\pi \times 10^3)t = 0.4\,\cos(2\pi \times 10^3 t)\ \mathrm{V}$$

故所求电压振幅 $U_{cm} = 0.4$ V。

*8.4.3 平方环和科斯塔斯环

利用锁相环电路无频差的频率跟踪特性可以组成平方环和科斯塔斯环,具有从接收信号中恢复载波的功能。

1. 平方环

图 8.4.6 是平方环电路组成方框图。其中平方器可以由晶体管、场效应管或模拟乘法器组成。因为在晶体管、场效应管的输出电流中包含有输入电压的平方项,而两个相同信号相乘后也会产生平方项。

图 8.4.6 平方环电路方框图

设接收信号为单频调制的双边带信号

$$u_i(t) = U_{im}\cos\Omega t\,\cos(\omega_c t + \varphi_i)$$

则平方后用带通滤波器取出其中的二倍频分量为 $\frac{1}{4}U_{im}^2 \cos(2\omega_c t + 2\varphi_i)$,当环路锁定时,锁相环电路输出信号为 $\frac{1}{4}kU_{im}^2 \cos(2\omega_c t + 2\varphi_o)$,而最后二分频电路输出为 $\frac{1}{4}kU_{im}^2 \cos(\omega_c t + \varphi_o)$。以上假定带通滤波器和二分频电路的增益均为 1,且相移均为 0。k 是锁相环电路增益。

根据图 8.2.3 可写出平方环中鉴相器输出误差电压的表达式(即鉴相特性),即

$$u_e(t) = k_b\,\sin 2\Delta\varphi(t) \tag{8.4.6}$$

其中,$2\Delta\varphi(t)$ 即为式(8.2.3)中的 $\varphi_e(t)$。

当环路锁定时,误差电压很小,设其为

$$u_{e\infty} = k_b\,\sin 2\Delta\varphi_\infty \tag{8.4.7}$$

此时鉴相器输入信号相位误差为

$$\varphi_{e\infty} = 2\Delta\varphi_\infty = 2\varphi_o - 2\varphi_i \tag{8.4.8}$$

所以,$\Delta\varphi_\infty = \varphi_o - \varphi_i$ 是平方环输出输入信号的稳态相位差。

由式(8.4.6)可知,平方环中鉴相特性($u_e(t)$ 随 $\Delta\varphi(t)$ 的变化特性)是以 π 为周期的。这就是说,在捕捉过程中,误差电压随 $\Delta\varphi(t)$ 变化而最终稳定为一个很小值时,$\Delta\varphi(t)$ 的大

小变化往往要经历许多个周期，而每一周期长度是 π。对于式(8.4.7)，当 $u_{e\infty}$、k_b 确定时，若 $\Delta\varphi_\infty = x$ 能够满足该式，则 $\Delta\varphi_\infty = x + n\pi$ 也能够满足该式，因为 $\sin2(x + n\pi) = \sin2x$。由于最终锁定时，$u_{e\infty}$ 接近于 0，故 x 是一个很小的数，即 $\Delta\varphi_\infty \approx n\pi(n$ 为整数)。

以上分析说明，平方环提取的载波与发送端载波虽然频率相同，但相位差 $\Delta\varphi_\infty$ 可能是 $0(n$ 是 0 或偶数)，即同相，也可能是 $\pi(n$ 是奇数)，即反相，存在着不确定性，这种现象称为"相位模糊"。

在模拟调幅信号解调时，如果用平方环电路提取载波，因"相位模糊"而可能产生的载波反相会使解调出来的模拟语音信号反相(参看 6.2.1 节分析)，然而对收听没有影响。但在数字已调波信号同步解调时，载波的"相位模糊"可能造成误码，9.3 节将讨论这一问题。

2. 科斯塔斯(Costas)环

图 8.4.7 是科斯塔斯环组成原理图。

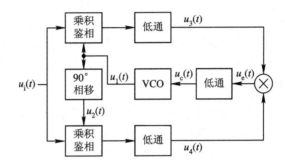

图 8.4.7　科斯塔斯环组成方框图

科斯塔斯环是由同相支路和正交支路构成的一种特殊锁相环电路，又称为同相—正交环。它具有载波提取和同步解调的双重功能。

设输入信号为

$$u_i(t) = x(t)\cos(\omega_c t + \varphi_i) \tag{8.4.9}$$

其中，$x(t)$ 是低频调制信号。

当环路锁定后，VCO 输出为

$$u_1(t) = U_m\cos(\omega_c t + \varphi_o) \tag{8.4.10}$$

经 90°相移后：

$$u_2(t) = U_m\sin(\omega_c t + \varphi_o) \tag{8.4.11}$$

两个乘积鉴相器输出经低通后的信号分别是

$$\left.\begin{aligned} u_3(t) &= \frac{1}{2}k_1 U_m x(t)\cos\varphi_e \\ u_4(t) &= \frac{1}{2}k_2 U_m x(t)\sin\varphi_e \end{aligned}\right\} \tag{8.4.12}$$

其中，$\varphi_e = \varphi_o - \varphi_i$。

相乘后得到的误差电压为

$$u_e(t) = \frac{1}{8}k_1 k_2 k_3 U_m^2 x^2(t)\sin2\varphi_e \tag{8.4.13}$$

经低通滤除 $x(t)$ 分量后得到的控制信号 $u_c(t) \propto \sin2\varphi_e$。

k_1、k_2、k_3 分别是鉴相器和乘法器增益，两个低通和 90°相移器增益假定为 1。

从以上分析可以得出科斯塔斯环的几个特点：

（1）由于 φ_e 很小，因此 VCO 输出 $u_1(t)$ 就是从输入信号中提取的载波信号。

（2）由于 $\cos\varphi_e \approx 1$，因此同相信号 $u_3(t)$ 与调制信号 $x(t)$ 成正比，也就是从 $u_3(t)$ 中可直接得到解调信号。

（3）与平方环相比，科斯塔斯环工作角频率是 ω_c，比平方环工作角频率 $2\omega_c$ 低，而且不需要平方器和分频器。

（4）由式(8.4.13)可知，科斯塔斯环的鉴相特性也是以 π 为周期，故同样存在载波"相位模糊"问题。

8.5 锁相频率合成器

频率合成器是利用一个(或多个)高稳定度的基准频率，通过一定的变换与处理后，产生出一系列离散频率的信号源。利用锁相环电路可以构成性能良好的频率合成器。这是目前广泛采用的一种频率合成技术。

1. 单环频率合成器

采用锁相倍频电路可以组成频率合成器。为了减小相邻两个输出频率的间隔，增加输出频率的数目，可在晶体振荡器和鉴相器之间插入前置可变分频器，如图 8.5.1 所示。这样组成的频率合成器称为单环频率合成器，其输出频率为

$$f_y = \frac{n}{m}f_i \qquad n = 1, 2, \cdots, N；m = 1, 2, \cdots, M$$

最小频率间隔(步长)为 $\frac{1}{M}f_i$，频率范围为 $\frac{1}{M}f_i \sim Nf_i$。

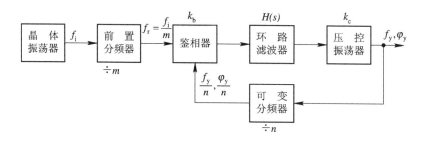

图 8.5.1　单环频率合成器

锁相频率合成器的主要性能指标有输出频率范围和频率数目、频率间隔和频率转换时间。其中频率转换时间的经验公式为

$$t_s = \frac{25}{f_r} \tag{8.5.1}$$

式中，f_r 指鉴相器输入参考频率。对于图 8.5.1 所示加有前置分频器的锁相环，有 $f_r = f_i/m$。

单环频率合成器结构简单，制作和调试容易，但是性能指标较差。

为了得到良好的频率分辨力，要求频率间隔必须很小，对于单环频率合成器来说，则要求降低参考频率 f_r。由于环路滤波器必须滤除鉴相器输出电流中的无用频率分量，包括

输入参考频率 f_r 及其谐波，因此其通频带必须小于参考频率 f_r，然而降低 f_r 将会使环路带宽变窄。这样，当频率变换时，环路的捕捉时间或跟踪时间就会加长，由式（8.5.1）可知，频率转换时间与 f_r 成反比。通常单环频率合成器的参考频率 f_r 不能小于 1 kHz，这也就是它的最小频率间隔。

单环频率合成器的第二个缺点是输出频率数目受限制。因为若要增加输出频率数目，则需增大分频比 n。由于分频器输出相位 $\varphi_y'(t) = \varphi_y(t)/n$，根据图 8.5.1 可写出相应的误差传递函数

$$T_e(s) = \cfrac{s}{s + \cfrac{1}{n}k_c k_b H(s)}$$

当 n 大幅度变化时，将使误差传递函数变化很大，从而使环路的跟踪特性急剧变化。

第三，频率合成器中必然要使用编程处理的可变分频器，而可变分频器能够实现的最高工作频率要比固定分频器低很多。对于图 8.5.1 所示单环频率合成器来说，可变分频器的工作频率就是 f_y，这就限制了频率合成器的最高输出频率。

2. 变模频率合成器

变模频率合成器（又称吞脉冲频率合成器）是单环频率合成器的一种改进，它可以增大最高输出频率，其组成方框图见图 8.5.2。

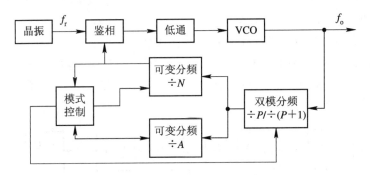

图 8.5.2　变模频率合成器

在变模频率合成器中，双模分频器是具有 P 和 $P+1$ 两种分频比模式的固定分频器，当模式控制电路输出高电平或低电平时，它的分频比分别为 $P+1$ 和 P。另外两个可变分频器的分频比分别为 N 和 A，且规定 $N>A$。设 N 分频器每输出一个脉冲为一个工作周期，而每一工作周期又可分为两个时段。在第一时段开始时，两个可变分频器应先预置初始值，模式控制电路输出高电平，双模分频器分频比为 $P+1$，然后，输出频率为 f_o 的合成器输出脉冲经 $P+1$ 分频后同时进入两个可变分频器作减法计数。当 A 分频器计数为零时，使模式控制电路输出变为低电平，双模分频器分频比变成 P，开始进入第二时段。显然，此时 N 分频器计数为 $N-A$，而在第一时段内频率合成器输出脉冲数为 $(P+1)A$。在第二时段内，同时进入两个可变分频器的脉冲频率为 f_o/P，当 N 分频器计数为零时，N 分频器输出一个脉冲给鉴相器，同时使模式控制电路输出重新变为高电平，又开始第二个周期计数。在第二时段内，频率合成器输出脉冲数为 $P(N-A)$。可见，一个周期内频率合成器输出脉冲数为

$$M = (P+1)A + P(N-A) = PN + A$$

所以总的分频比即为$M=PN+A$，合成器输出频率为

$$f_\text{o} = (PN + A)f_\text{r} \tag{8.5.2}$$

变模频率合成器与普通单环频率合成器的频率间隔相同，但频率数增加。由于两个可变分频器最高工作频率为f_o/P，因此变模频率合成器的最高输出频率可以提高为普通单环频率合成器的P倍。

【例8.3】 在图8.5.2所示变模频率合成器中，已知$f_\text{r}=1\ \text{kHz}$，$N=3\sim127$，$A=3\sim15$，$P=10$，求分频比范围、输出频率范围、频率间隔和可变分频器最高工作频率。

解：若$A=3$，则$N=4\sim127(N>A)$，最小分频比为

$$PN_\text{min} + A = 10\times4 + 3 = 43$$

最大分频比为

$$PN_\text{max} + A = 10\times127 + 3 = 1273$$

若$A=15$，则$N=16\sim127(N>A)$，则最小和最大分频比分别为175和1285。

所以，此频率合成器分频比范围为$43\sim1285$，相应的输出频率范围是$43\sim1285\ \text{kHz}$，频率间隔为$1\ \text{kHz}$，总频率数为1243个。可变分频器最高工作频率为$1285/10=128.5\ \text{kHz}$。

3. 多环频率合成器

为了减小频率间隔同时又不降低参考频率f_r，可以采用多环形式。在多环频率合成器里增添了混频器和滤波器。

【例8.4】 图8.5.3所示是一个双环频率合成器，由两个锁相环和一个混频滤波电路组成。两个输入频率$f_\text{i1}=1\ \text{kHz}$，$f_\text{i2}=100\ \text{kHz}$。可变分频器的分频比范围分别为$n_1=10\ 000\sim11\ 000$，$n_2=720\sim1000$。固定分频器的分频比$n_3=10$。求输出频率$f_\text{y}$的频率调节范围和步长（即频率间隔）。

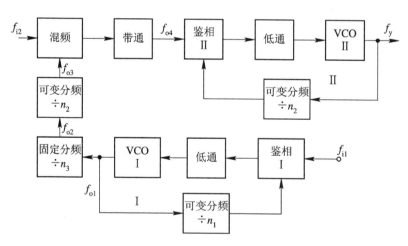

图8.5.3 例8.4图

解：环路Ⅰ是锁相倍频电路。输出频率为

$$f_\text{o1} = n_1 f_\text{i1}$$

f_o1经过n_3固定分频后，输出

$$f_{o2} = \frac{n_1}{n_3} f_{i1}$$

f_{o2} 经过 n_2 可变分频后，输出

$$f_{o3} = \frac{n_1}{n_2 n_3} f_{i1}$$

设混频器输出端用带通滤波器取出和频信号，则有

$$f_{o4} = f_{i2} + \frac{n_1}{n_2 n_3} f_{i1}$$

环路 Ⅱ 也是锁相倍频电路，所以输出频率为

$$f_y = n_2 f_{o4} = n_2 f_{i2} + \frac{n_1}{n_3} f_{i1} = n_2 f_{i2} + f_{o2}$$

由上式可见，输出合成频率 f_y 由两部分之和组成。前一部分 $n_2 f_{i2}$ 调节范围为 72～100 MHz，频率间隔为 0.1 MHz，后一部分 $n_1 f_{i1}/n_3$ 的调节范围为 1～1.1 MHz，频率间隔为 100 Hz。所以，f_y 的总调节范围为 73～101.1 MHz，步长为 100 Hz，总频率数为 281 001 个。环路 Ⅰ 的参考频率为 1 kHz，环路 Ⅱ 的参考频率为 101～101.53 kHz，根据式 (8.5.1) 可求得最大转换时间为 25 ms。

从此题结果可以看到，双环频率合成器的输出频率间隔可以小于参考频率。

锁相频率合成器的主要缺点是频率转换时间慢。

8.6　直接数字频率合成器

1. 数字频率合成的基本原理

直接数字频率合成器（Direct Digital Frequency Synthesizer，简称 DDS）是 20 世纪 70 年代发展起来的一种新型频率合成器。直接数字频率合成器的工作原理与锁相频率合成器不一样，它是从相位与频率的关系出发，利用信号相位与幅度的对应关系，采用数字采样存储的方法进行频率合成。

在信号相位与频率的关系式 $\varphi(t) = 2\pi f t$ 中（令初相位为零），设 t 为采样时间步长 Δt，则对应的采样相位步长为 $\Delta\varphi = 2\pi f \Delta t$，故频率 $f = \Delta\varphi/(2\pi \Delta t)$。所以，若采样时间步长固定，则频率与相位步长成正比，即改变采样相位步长就可以改变信号的频率。

设一个完整的相位圆有 2^N 个采样点，则最小相位步长（最小相位分辨率）为

$$\Delta\varphi_{min} = \frac{2\pi}{2^N} \tag{8.6.1}$$

现在用一个单位长度旋转矢量来表示正弦信号。旋转矢量与 X 轴正方向的夹角为 $\varphi(t)$，旋转矢量在 Y 轴上的投影，即其正弦函数值 $\sin\varphi(t)$，是对应的幅度值。设 $N=4$，则一周有 16 个相位采样点，最小相位步长为 $\pi/8$。图 8.6.1 中左边是每一次采样的相位值与幅度值的一一对应关系。预先把所有的相位值和对应的幅度值转换为二进制编码，放在存储器中。然后在时钟控制下（时钟频率即采样频率），依次将对旋转矢量采样得到的相位值所对应的幅度码输出，经过 D/A 转换，就可以产生离散阶梯状正弦信号，再经过低通滤波，最终生成模拟正弦信号。图 8.6.1 中右边即为对应的离散阶梯状正弦信号。

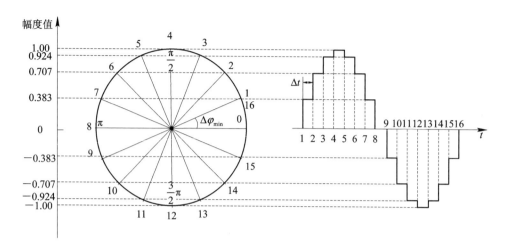

图 8.6.1 正弦信号采样相位值与幅度值的对应关系以及相应的离散阶梯状信号

2. 直接数字频率合成器的结构与工作原理

图 8.6.2 是直接数字频率合成器的结构图。其中波形存储器中是正弦信号的 N 位相位编码值与 M 位幅度编码值一一对应的查询表。

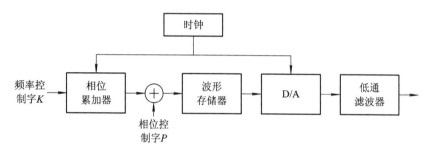

图 8.6.2 直接数字频率合成器结构图

先假定不考虑相位控制字 P，即 $P=0$。在参考频率为 f_r 的时钟的作用下，每隔 Δt ($\Delta t=1/f_r$)时间在相位累加器中增加一个相位步长 $\Delta\varphi$，输出一个累加的 N 位相位码，然后去波形存储器进行查询，找出对应的幅度码，从而完成相位—幅度变换。$\Delta\varphi=K\Delta\varphi_{min}$，$K=1，2，3\cdots$。即，若相位累加器起始状态为零，每次在 N 位的相位累加器中加 K，累积数目为 2^N 后满量溢出，相位累加器重新置零，从而完成正弦信号一个周期的采样。故相位累加器就是一个计数器，它的溢出频率就是频率合成器输出的信号频率 f_o。

$$f_o = \frac{\Delta\varphi}{2\pi\Delta t} = \frac{Kf_r}{2^N} \qquad (8.6.2)$$

从上式可见，K 影响输出频率，故称为频率控制字。若 f_r 与 N 固定，则输出频率数目与 K 的取值数目相同，而最小频率间隔为 $K=1$ 时的频率值 $f_r/2^N$。显然，N 越大，最小相位步长越小，最小频率间隔越小；M 越大，幅度值精度越高。

D/A 转换器在时钟控制下，每隔 Δt 时间将对应的幅度码转换为幅度电平输出，形成阶梯状正弦信号，最后经过低通滤波平滑，便可得到模拟正弦信号。

假定 $N=6$，则一周内有 64 个采样点，最小相位步长为 $\Delta\varphi_{min}=\pi/32$。若 $K=1$，则

$\Delta\varphi=\pi/32$，产生的正弦信号频率 f。为 $f_\mathrm{r}/64$。若 $K=2$，则 $\Delta\varphi=\pi/16$，产生的正弦信号频率 $f_\mathrm{o}=f_\mathrm{r}/32$。

若相位控制字 $P\neq0$，则需要在相位累加器的输出相位上再加上一个偏移量 $2\pi P/2^L$，（其中 L 是相位控制码的长度），然后再去波形存储器中查询。显然，此时的实际相位步长有所改变。

从以上分析可知，如果改变频率控制字或相位控制字的大小，使其受调制信号的控制，就可以分别实现调频或调相。另外，如果用振幅控制字去改变波形存储器输出的幅度码，还可以实现调幅。显然，如果在波形存储器中存有其他函数信号相位与幅度一一对应的数据，则还可以分别得到方波、三角波、锯齿波等各种不同的信号波形输出。

DDS 的主要优点是输出信号的频率、相位甚至振幅都能够精确、快速而灵活地变化，只需要输入相应的控制字就可以很容易实现。另外，它的频率分辨率和相位分辨率都可以做得很高，频率转换速度快。主要缺点是最高输出频率受时钟频率限制（根据奈奎斯特采样定理，输出频率最高不能超过采样频率的一半），相位噪声和杂散噪声比较大。

3. DDS 芯片实例介绍

图 8.6.3 是 DDS 芯片 AD9834 内部主要电路方框图。

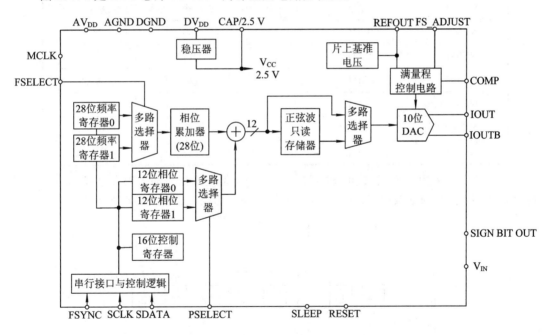

图 8.6.3　AD9834 内部主要电路方框图

AD9834 时钟频率为 50 MHz，最高可以输出 25 MHz 的正弦信号。它为模拟电路部分和数字电路部分各提供了一个独立电源输入端 AV_{DD} 和 DV_{DD}，取值范围均为 2.3～5.5 V，AGND 和 DGND 分别是模拟接地和数字接地，另外还有一个标准的三线串行接口。

AD9834 有 20 个管脚，内部包括频率寄存器、相位寄存器、相位累加器、加法器、波形存储器和 D/A 转换器等几个主要部分。

MCLK 是数字时钟输入端。频率控制字 K 存放在两个 28 位频率寄存器中，相位控制字 P 存放在两个 12 位相位寄存器中，K 和 P 可以通过串行接口进行灵活选择和改变。通过两个多路选择器，FSELECT 和 PSELECT 两个管脚输入的高低电平可以分别选通其中一个频率寄存器和一个相位寄存器。28 位相位累加器的输出相位值与相位寄存器输出的偏移相位值相加，产生实际相位值。加法器输出的 12 位相位数据作为查表地址，在波形存储器中找出对应的振幅数据，经 10 位 D/A 转换器产生离散阶梯状正弦信号后输出。低通滤波器需要外接。

8.7 集成锁相环电路的选用与实例介绍

在选用集成锁相环电路时，首先要注意工作频率这个重要参数，其次是工作电流、最大锁定范围和电源电压等，除了环路滤波器必须外接以外，其余还需要外接哪些元件也应注意。由于环路滤波器的低通性能对整个锁相环电路性能的影响很大，因此要选用合适的 R、C 元件和滤波器形式。

表 8.7.1 给出了几种常用集成锁相环电路的主要性能指标。其中 NE562 是 L562 的国外型号，NE565 是 L565 的国外型号，其余类推。

表 8.7.1 常用锁相环电路的性能指标

型 号	工作频率	工作电流/mA	最大锁定范围	电源电压/V
NE565	≤500 kHz	8	$\pm 60\% f_0$	$\pm 6 \sim \pm 12$
NE567	≤500 kHz	7	$\pm 14\% f_0$	$4.75 \sim 9$
NE560	≤30 MHz	9	$\pm 15\% f_0$	$16 \sim 26$
NE561	≤30 MHz	10	$\pm 15\% f_0$	$16 \sim 26$
NE562	≤30 MHz	12	$\pm 15\% f_0$	$16 \sim 30$
NE564	≤50 MHz	60	$\pm 12\% f_0$	$5 \sim 12$

图 8.7.1 是采用 L562 组成的 FM 解调电路。C_s 是 FM 信号输入耦合电容。C_T 是定时电容，由 FM 信号的载频而定。C_c 是耦合电容，L562 片内 VCO 的输出经电阻分压后由 C_c

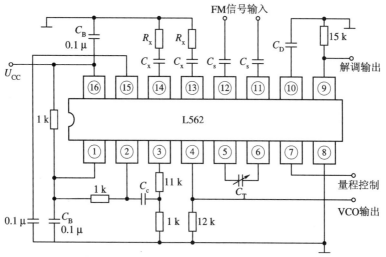

图 8.7.1 FM 解调电路

耦合到鉴相器的输入端。C_D 是去加重电容。⑬、⑭脚外接 C_x、R_x 与片内的 R_1、R_2 组成比例积分式环路滤波器，其传递函数为

$$H(s) = \frac{1 + R_x C_x s}{1 + (R_x + R) C_x s}$$

其中，$R = 6\ \text{k}\Omega$，即 L562 片内 R_1、R_2 的值。由于 FM 解调时属于调制跟踪环，因此设计环路滤波器带宽时必须保证调制信号能顺利通过。FM 信号从⑪、⑫脚之间输入，解调后的低频信号从第⑨脚输出。

锁相频率合成器可通过在单片集成锁相环路内插入可变分频器、外接混频器、滤波器等方法组合而成，也可以由各种集成锁相环频率合成器组成。集成锁相环频率合成器一般是将鉴相器、预置固定分频器、可变计数器、晶体振荡器等集成在一块芯片上，需要外接 VCO、低通滤波器和晶体等。

MC145152 是 MC14515 集成频率合成器系列中的一种。它包括参考振荡器、三个可编程计数器(一个 12 位，分频比 R 为 8、64、128、256、512、1024、1160、2048；一个 10 位，分频比 N 为 $3 \sim 1023$；一个 6 位，分频比 A 为 $0 \sim 63$)、模式控制电路、鉴相器、锁定检测器和 12×8 ROM 参考译码器。晶体、环路滤波器、VCO 和双模分频器需外接。图 8.7.2 是其组成方框图。

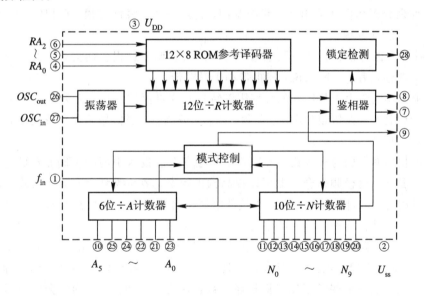

图 8.7.2　MC145152 组成方框图

$RA_0 \sim RA_2$(④~⑥脚)是参考地址码输入端。地址码经参考译码器后设定参考分频比 R。㉖、㉗脚外接晶体与内部放大器组成晶体振荡器经 R 分频后产生参考频率 f_r。分频比 N 和 A 分别由输入数据通过 $N_0 \sim N_9$(⑪~⑳)和 $A_0 \sim A_5$(㉓、㉑、㉒、㉔、㉕、⑩脚)预置。①脚输入外接双模分频器信号，⑨脚将模式控制信号输出给双模分频器。鉴相器输出经⑦、⑧脚送到环路滤波器和 VCO。

图 8.7.3 是由 MC145152、双模分频器 MC12011、固定 8 分频器 MC10178、VCO 等器件组成的移动电台频率合成器。MC12011 的分频比是 8/9，与 MC10178 串接组成 $P/(P+1) = 64/65$ 的双模分频器。参考分频比 $R = 1024$，参考频率即频率间隔

$f_r=12.5$ kHz。设定 $N=507\sim587$，$A=0\sim63$，则频率合成器输出频率范围为 $405.6\sim470.3875$ MHz，共 5184 个频率。

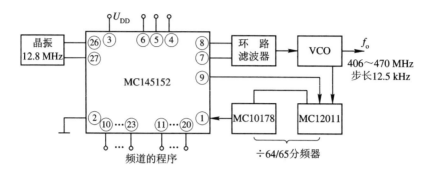

图 8.7.3　移动电台频率合成器

8.8　章 末 小 结

（1）锁相环电路是由鉴相器、环路滤波器和压控振荡器组成的相位误差控制系统。基本环路方程是分析和设计锁相环电路的基础，它是一个非线性方程，在相位误差很小时可以近似为一个线性方程。

（2）捕捉和跟踪是锁相环电路中两种不同的自动调节过程。捕捉是非线性过程，而跟踪可近似为线性过程。一般来说，捕捉带小于跟踪带。

（3）锁相环电路由于其良好的频率跟踪特性和窄带滤波特性，无频差的理想频率控制特性和低门限特性，在倍频、分频、混频、调制、解调、微弱信号接收和载波提取等许多方面有着广泛的应用。

（4）锁相频率合成与直接数字频率合成是频率合成技术中两种不同原理的方法。在锁相频率合成法中，变模频率合成器可以提高输出频率；多环频率合成器可以减小输出频率间隔，并且还可以增加输出频率数。直接数字频率合成法的主要优点是频率分辨力高，频率转换速度快。结合两种技术所产生的 DDS＋PLL 组合式频率合成器目前已经广泛应用。

（5）锁相环电路易于集成，在实际应用上已日益广泛。虽然锁相环电路的理论分析较复杂（因为是非线性控制电路），但作为一般工程应用，读者只要了解其工作原理，掌握其线性分析方法，熟悉一些常用集成锁相环电路芯片的组成和特性，则将会感到用锁相环电路构成各种实用电路并不是一件很困难的事情。

习　　题

8.1　在图 8.2.5 所示锁相环路中，$k_b=0.63$ V/rad，$k_c=40$ kHz/V，VCO 中心频率 $f_0=2.5$ MHz，环路滤波器 $H(s)=1$。在输入载波信号作用下环路锁定，控制频差为 10 kHz。试求锁定时输入信号频率 f_i、环路控制电压 $u_c(\infty)$ 和稳态相差 $\varphi_e(\infty)$。

8.2　AGC、AFC、APC 电压分别与输入信号的振幅、频率、相位有关，那么，在调幅接收机和调频接收机中是否可分别采用 AGC、AFC、APC 电路? 如能采用, 各起什么作用? 各应注意什么问题?

8.3　题图 8.3 是锁相可变倍频环路。已知鉴相灵敏度 $k_b = 0.1$ V/rad, 压控灵敏度 $k_c = 1.1 \times 10^7$ rad/s·V, 参考频率 $f_r = 12.5$ kHz, 固定分频器的分频比 $n_1 = 8$, 可变分频器的分频比 $n_2 = 653 \sim 793$, 试求 VCO 输出信号的频率范围、频率间隔和转换时间。

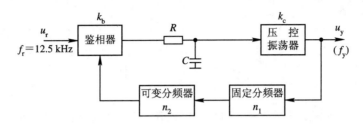

题图 8.3

8.4　题图 8.4 是频率合成器方框图, 其中 f_r 是高稳定晶振电路产生的标准频率。试推导频率合成器输出频率 f_y 与 f_r 的关系式。假定 $f_y = f_2 - f_1$。

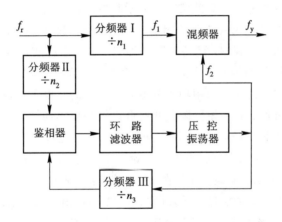

题图 8.4

8.5　锁相环电路的频率特性为什么不等于环路滤波器的频率特性? 锁相环电路中低通滤波器的作用是什么?

8.6　在锁相环电路中, 能否将鉴相器改用相位鉴频器? 为什么?

8.7　若频率合成器 MC145152 内振荡器频率为 2.048 MHz, 参考分频比 $R = 1024$, $N = 384 \sim 511$, $A = 0 \sim 63$, $P = 15$, 求频率合成器输出频率范围、频率间隔和总频率个数。

8.8　在图 8.4.7 所示科斯塔斯环组成方框图中, 乘积鉴相器和乘法器的输入输出信号频率范围是否有差别? 三个低通滤波器的截止频率是否有差别? 对乘积鉴相器、乘法器和三个低通滤波器的性能各有什么要求?

第9章　数字调制与解调电路

9.1　概　　述

采用数字信号对载波进行调制，称为数字调制。数字调制信号可以是二进制的，也可以是多进制的。本书仅讨论二进制数字信号的调制与解调。载波一般仍采用正弦波信号。

与模拟调制相同，数字调制仍然是用数字调制信号(或称为数字基带信号)去分别控制正弦载波的振幅、频率或相位三个参量。但是，由于数字信号仅有高、低电平两个离散状态，因此可以用正弦载波的某些离散状态来表示相应的数字信息"1"或"0"，例如载波的有或无，两种载波频率的跳变或载波两种相位的跳变等等。数字调制的三种基本类型仍然是振幅调制、频率调制和相位调制，而每种基本类型又包括多种实现方式。

因为数字基带信号是编码后产生的二进制随机矩形信号，且往往具有直流和丰富的低频分量，所以分析它的频谱应该采用功率频谱，这一点是和模拟调制与解调不一样的。另外，数字振幅调制与解调、数字相位调制和解调以及相位不连续数字频率调制与解调等几种方式属于线性频率变换(或称为线性调制与解调)，相位连续数字频率调制与解调等方式属于非线性频率变换(或称为非线性调制与解调)，这一点也和模拟调制/解调有些差别。

数字调制和解调涉及的基本电路有放大器、滤波器、乘法器、振荡器、平衡调制器、检波器、限幅器、90°相移器、加法器、载波提取电路、同步信号提取电路、微分或积分电路、取样判决电路和延时电路等等。这些电路中大部分是模拟电路，且在本书前几章已经介绍过了；少部分是数字电路，在"数字电路"课程中也已经学习过了。所以，本章主要以方框图的形式对有关数字调制和解调电路进行讨论，一般不再涉及内部的具体电路。

数字调制技术的优点在于抗干扰和噪声的能力强，可以同时传输各种不同速率或带宽的信号(例如声音、图像和数据信号等等)，易于采用加密的方式传送信息。但是，由于数字基带信号的频谱较宽，因此如何充分有效地利用有限的频带是数字调制中重要的研究课题，这也是许多种调制方式产生的原因。限于篇幅，本章仅介绍了其中一些典型的调制和解调方式。

9.2　数字振幅调制与解调电路

数字调幅又称为振幅键控(Amplitude Shift Keying，简称 ASK)。

1. ASK 信号的表达式、波形、功率频谱和带宽

设载波信号为 $u_c(t) = \cos\omega_c t$(此为振幅归一化信号，以后各信号类似)，$\omega_c = 2\pi f_c$，数

字基带信号为单极性随机矩形脉冲序列 $s(t) = \sum_n a_n g(t-nT_s)$，则 ASK 信号可写成

$$u_{AK}(t) = \left[\sum_n a_n g(t-nT_s) \right] \cos\omega_c t \tag{9.2.1}$$

其中，$g(t)$ 是码元宽度为 T_s、高度为 1 的非归零码矩形脉冲，a_n 为二进制随机变量，且有

$$a_n = \begin{cases} 0 & \text{出现概率为 } P \\ 1 & \text{出现概率为 } 1-P \end{cases}$$

图 9.2.1 给出了 $s(t)$、$u_c(t)$ 和 $u_{AK}(t)$ 的波形图。

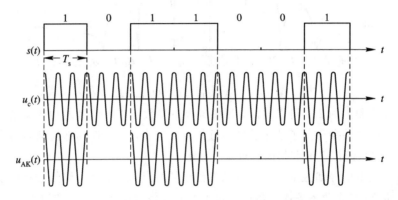

图 9.2.1　ASK 信号波形

根据随机信号分析的知识，$s(t)$ 的功率频谱密度表达式为

$$P_s(f) = f_s P(1-P) |G(f)|^2 + f_s^2 (1-P)^2 |G(0)|^2 \delta(f) \tag{9.2.2}$$

其中，$f_s = 1/T_s = \omega_s/2\pi$，门函数 $g(t)$ 的频谱，即其傅氏变换为

$$G(f) = T_s \left(\frac{\sin\pi fT_s}{\pi fT_s} \right)$$

可见，$P_s(f)$ 中前一项含有直流分量和连续交流分量，后一项是离散直流分量。ASK 信号 $u_{AK}(t)$ 的双边功率频谱密度表达式为

$$P_{AK}(f) = \frac{1}{4} f_s P(1-P) \left[|G(f+f_c)|^2 + |G(f-f_c)|^2 \right]$$

$$+ \frac{1}{4} f_s^2 (1-P)^2 |G(0)|^2 [\delta(f+f_c) + \delta(f-f_c)] \tag{9.2.3}$$

图 9.2.2 和图 9.2.3 分别给出了 $s(t)$ 和 $u_{AK}(t)$ 的功率频谱。因为对称，故只画出了 $u_{AK}(t)$ 的单边功率频谱。

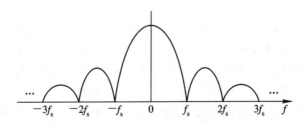

图 9.2.2　$s(t)$ 的功率频谱

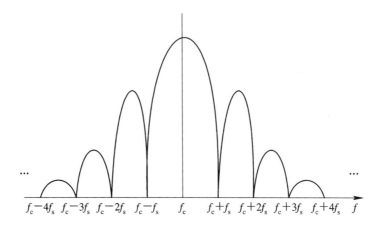

图 9.2.3　ASK 信号单边功率频谱

由图 9.2.2 和图 9.2.3 可以看出，振幅键控是将数字基带信号的功率频谱从位于直流附近的较低频段线性搬移到了位于载频附近的较高频率段，且振幅键控信号包含了离散的载频分量。这些与模拟普通调幅的原理是一致的。

根据数字基带信号和振幅键控信号功率频谱的特点，通常将它们的带宽以功率频谱的主瓣宽度来定义(因为功率频谱主瓣里包含了大部分信号功率)，称为"谱零点带宽"。由图 9.2.2 和图 9.2.3 可见，振幅键控信号的带宽为 $2f_s$，是数字基带信号带宽的两倍。这一点也与模拟普通调幅相同。

2. 振幅键控信号的产生和解调

常用的 ASK 调制方法有两种：相乘法和通断键控法(On-Off Keying，简称 OOK)，如图 9.2.4 所示。前一种方法的原理和模拟振幅调制的相乘法原理相同。后一种方法的原理从 ASK 信号的时域波形可以很容易理解，即 $s(t)=1$ 时控制开关闭合，输出载波信号；$s(t)=0$ 时控制开关断开，输出信号为 0。

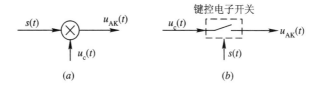

图 9.2.4　ASK 调制方式

(a)相乘法；(b)通断键控法

ASK 解调通常也有两种方法：包络检波与同步检波，与模拟普通调幅波的解调基本相同。但是，由于数字振幅解调时从低通滤波器取出的仅仅是数字基带信号中的低频分量，其波形还不是矩形脉冲序列，因此还必须在每个码元的中间位置进行取样判决，才能恢复出发送端的数字基带信号。

ASK 的主要优点是实现简单，缺点是频带利用率和功率利用率不高。采用类似于模拟振幅调制的单边带方式和残留边带方式虽然可以有所改善，但后来逐渐被正交双边带调制方式代替了。

9.3　数字相位调制与解调电路

9.3.1　相移键控（PSK）

1. PSK 信号的表达式、波形、功率频谱和带宽

设载波为 $u_c(t) = \cos\omega_c t$，数字基带信号仍为 $s(t) = \sum_n a_n g(t - nT_s)$，则相移键控 （Phase Shift Keying，简称 PSK）信号为

$$u_{PK}(t) = \left[\sum_n b_n g(t - nT_s)\right]\cos\omega_c t \tag{9.3.1}$$

其中

$$b_n = \begin{cases} -1 & \text{当 } a_n = 0 \text{ 时，出现概率为 } P \\ 1 & \text{当 } a_n = 1 \text{ 时，出现概率为 } 1-P \end{cases} \tag{9.3.2}$$

图 9.3.1 给出了 $s(t)$、$u_c(t)$ 和 $u_{PK}(t)$ 的波形图。

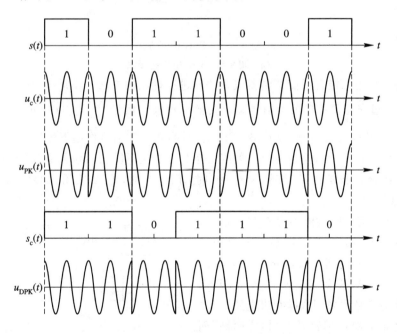

图 9.3.1　PSK 和 DPSK 信号波形

$u_{PK}(t)$ 的双边功率频谱密度表达式为

$$P_{PK}(f) = f_s P(1-P)\left[\,|\,G(f+f_c)\,|^2 + |\,G(f-f_c)\,|^2\,\right]$$
$$+ \frac{1}{4}f_s^2(1-2P)^2\,|\,G(0)\,|^2\left[\delta(f+f_c) + \delta(f-f_c)\right] \tag{9.3.3}$$

从式（9.3.1）和图 9.3.1 可以看出，PSK 波形在 $s(t)$ 中码元"1"和"0"起始时刻的初相位分别是 0 和 π，所以在每两个码元的交替时刻可能存在着相位突变，这与 T_s 和 T_c （$T_c = 1/f_c$）之间的大小有关。

比较式（9.3.3）和式（9.2.3），可见 PSK 和 ASK 的功率频谱几乎相同，也是一种线性

频谱搬移。除了各频率分量的大小略有不同外,最大的区别在于当 $P=0.5$,即 $s(t)$ 中"1"码与"0"码的概率相同时,PSK 的功率频谱中无载频分量,此时的 PSK 相当于抑制载波的双边带调制,功率利用率较高。

PSK 的带宽也是以"谱零点带宽"来定义的,它的带宽也是 $2f_s$。

2. PSK 信号的产生和解调

PSK 信号的产生有调相法和相位选择法两种,如图 9.3.2 所示。

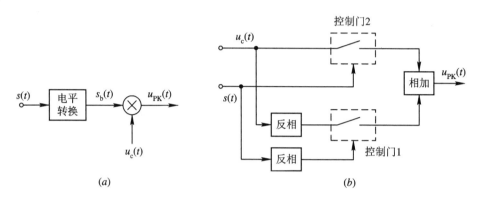

图 9.3.2　PSK 调制方式

(a) 调相法;(b) 相位选择法

调相法是采用二极管平衡调制器或乘法器进行调制的方法,其原理和模拟普通调幅的原理相似,不过先需要将单极性信号 $s(t)$ 变换成双极性信号 $\sum_n b_n g(t-nT_s)$。其中 b_n 满足式(9.3.2)。从式(9.3.1)可以看出,PSK 信号是双极性信号作用下的调幅信号。

相位选择法是用 $s(t)$ 控制两个门电路,分别选择让不同初相位的载波输出,然后用加法器将它们组合后形成 PSK 信号。$s(t)=0$ 时,门 1 导通,门 2 关闭;$s(t)=1$ 时,门 1 关闭,门 2 导通。

由于 PSK 信号中可能不存在载波信号,因此通常情况下将其视为抑制载波的双边带信号,因而只能采用同步检波的方法,如图 9.3.3 所示。与 ASK 信号的解调相同,PSK 信号的解调仍然必须采用取样判决电路。

PSK 的最大缺点是容易因"相位模糊"而产生解调出错。在 PSK 信号解调时,最关键

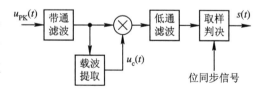

图 9.3.3　PSK 信号同步检波

的一点在于载波提取。采用 8.4.3 节介绍的平方环电路可以从 PSK 信号中提取载波,但这种方法可能产生载波的"相位模糊"。如果载波的初相位发生 $180°$ 的错误,则取样判决后的码元信息将完全相反。基于以上几点,所以 PSK 很少应用。

9.3.2　差分相移键控(DPSK)

差分相移键控(Differential Phase Shift Keying,简称 DPSK)克服了"相位模糊"带来的缺点,具有广泛的应用场合。

DPSK 信号与 PSK 信号的区别仅仅是，在调制前先要将数字基带信号 $s(t)$ 通过差分编码电路转变为单极性差分码基带信号 $s_c(t) = \sum_n c_n g(t - nT_s)$，再将 $s_c(t)$ 转变为双极性差分码基带信号 $s_d(t)$，$s_d(t) = \sum_n d_n g(t - nT_s)$。也就是说，将单极性绝对码序列 $\{a_n\}$ 转变成双极性差分码序列 $\{d_n\}$。其中

$$d_n = \begin{cases} -1 & \text{当 } c_n = 0 \text{ 时} \\ 1 & \text{当 } c_n = 1 \text{ 时} \end{cases}$$

且有

$$c_n = a_n \oplus c_{n-1} \tag{9.3.4}$$

DPSK 信号波形如图 9.3.1 所示。

由图可见，DPSK 信号波形与 PSK 信号波形不同，它不是以每一码元起始时刻的相位是"0"或是"π"来表示其信息是"1"或是"0"，而是以每一码元起始时刻相位是否有 180°跳变来表示其信息的（有跳变是"1"，无跳变是"0"）。所以，DSPK 信号解调时不需要某一个固定的载波相位初始值。只要相邻码元的载波相位关系不发生错误，即使接收端提取的载波与发送端载波有 180°的初始相位误差，也能进行正确解调。

设差分译码电路输出 y_n 与输入 x_n 的关系式为

$$y_n = x_n \oplus x_{n-1} \tag{9.3.5}$$

若接收端产生的载波初相位正确，则解调后能得到单极性差分码序列 $\{c_n\}$，即 $x_n = c_n$，代入式(9.3.5)和式(9.3.4)，可求得

$$y_n = c_n \oplus c_{n-1} = a_n \oplus c_{n-1} \oplus c_{n-1} = a_n \oplus 0 = a_n$$

若接收端产生的载波初相位与发送端反相，即 $x_n = \overline{c_n}$，则有

$$y_n = \overline{c_n} \oplus \overline{c_{n-1}} = c_n \oplus c_{n-1} = a_n$$

所以，无论是否出现载波的"相位模糊"，接收端经过差分译码后都能恢复原始基带信号序列 $\{a_n\}$。

如果将 $s_d(t)$ 代替 $s(t)$ 作为数字基带信号，则 DPSK 信号的功率频谱、带宽与 PSK 相同。

DPSK 信号解调方法主要有以下两种。

(1) 先采用 PSK 信号解调方式对 DPSK 信号进行解调，得到 $s_c(t)$，然后再经过差分译码电路输出原始基带信号 $s(t)$。

(2) 将 DPSK 信号延迟一个码元间隔 T_s，然后比较两个相邻码元的载波相位差而得到 $s(t)$，如图 9.3.4 所示。

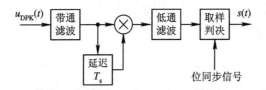

图 9.3.4　DPSK 信号的一种解调方法：相位比较法

若相邻码元的载波相位差为 0（即无跳变），则相乘后有 $\cos\omega_c t \cdot \cos\omega_c t = (1 + \cos 2\omega_c t)/2$，经低通滤波器后输出正的直流分量；若相邻码元的载波相位差为 π（即有

跳变），则相乘后有 $\cos\omega_c t \cdot \cos(\omega_c t + \pi) = -(1 + \cos 2\omega_c t)/2$ ，经低通滤波器后输出负的直流分量。然后经取样判决后得出止电压为"0"，负电压为"1"。显然，这就是原始数字基带信号 $s(t)$ 的码元，不需要再进行差分译码了。但是，这种方法的困难在于如何精确地将接收信号延迟 T_s 时间。

【例 9.1】 已知数字基带信号序列 $s(t) = \{1\ 1\ 0\ 1\ 0\ 0\ 1\ 0\ 1\}$ ，$T_s = 10\ \mu s$ ，载波频率 $f_c = 200\ \text{kHz}$ ，画出对应的 $u_{PK}(t)$ 和 $u_{DPK}(t)$ 波形。若接收端提取的载波产生了 180°相移，PSK 信号和 DPSK 信号解调后的数字基带信号序列有什么不同？画出有关波形。

解：图 9.3.5 中(a)、(b)分别是发送端载波和 $s(t)$ ，(c)、(e)分别是对应的 PSK 信号和 DPSK 信号波形图，(f)是与发送端载波反相的载波波形图，(g)、(h)和(j)分别是 PSK 信号与反相后的载波相乘、低通滤波和取样判决后恢复的基带信号波形图，(k)、(l)、(m)和(n)分别是 DPSK 信号与反相后的载波相乘、低通滤波、取样判决和差分译码后恢复的基带信号波形图。

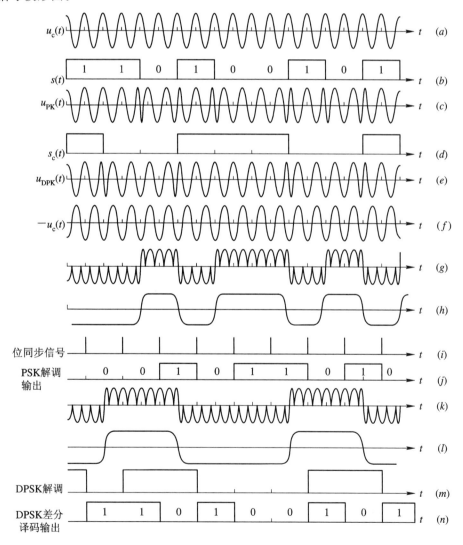

图 9.3.5 例 9.1 图

由图可见，当出现载波"相位模糊"时，DPSK 信号的解调不受影响，而 PSK 信号解调后信息完全相反。

9.4　数字频率调制与解调电路

数字频率调制的基本方式是频移键控（Frequency Shift Keying，简称 FSK），其中又分成相位不连续频移键控（Discrete Phase FSK，简称 DPFSK）和相位连续频移键控（Continuous Phase FSK，简称 CPFSK）两种。在 CPFSK 的基础上，又产生了多种新的调制方式，如 MSK、GMSK 等。除了 DPFSK 属于线性调制外，CPFSK、MSK 和 GMSK 等均属于非线性调制。

9.4.1　相位不连续频移键控（DPFSK）

1. DPFSK 信号的表达式、波形、功率频谱和带宽

设两个正弦信号分别为 $u_1(t) = \cos\omega_1 t$ 和 $u_2(t) = \cos\omega_2 t$，数字基带信号为 $s(t) = \sum\limits_n a_n g(t - nT_s)$，则 DPFSK 信号为

$$u_{DFK}(t) = \left[\sum_n a_n g(t - nT_s) \right] \cos(\omega_1 t + \varphi_n) + \left[\sum_n \overline{a_n} g(t - nT_s) \right] \cos(\omega_2 t + \theta_n)$$

$$(9.4.1)$$

其中，a_n 的定义与式（9.2.1）相同，且 $\overline{a_n}$ 是 a_n 的反码，φ_n、θ_n 分别是第 n 个码元期间对应的两个正弦信号的初相位。

可见，DPFSK 信号是用两个不同角频率 ω_1、ω_2（或不同频率 f_1、f_2）的正弦波来分别传送相应的两个不同信息"0"和"1"，两个不同正弦波的振荡波形衔接时，它们的相位一般是不连续的，即 φ_n 与 θ_n 没有关联，n 为不同值时 φ_n（或 θ_n）相互之间也无关联，如图 9.4.1 所示。

根据式（9.4.1），DPFSK 信号可以看成是两个 ASK 信号的叠加，其功率频谱密度表达式为

$$P_{DFK}(f) = \frac{1}{4} f_s P(1 - P) \left[| G(f + f_1) |^2 + | G(f - f_1) |^2 \right]$$

$$+ \frac{1}{4} f_s P(1 - P) \left[| G(f + f_2) |^2 + | G(f - f_2) |^2 \right]$$

$$+ \frac{1}{4} f_s^2 (1 - P)^2 | G(0) |^2 \left[\delta(f + f_1) + \delta(f - f_1) \right]$$

$$+ \frac{1}{4} f_s^2 P^2 | G(0) |^2 \left[\delta(f + f_2) + \delta(f - f_2) \right] \quad (9.4.2)$$

定义频移键控指数为

$$h = \frac{| f_2 - f_1 |}{f_s} \quad (9.4.3)$$

图 9.4.2 分别给出了 h 为不同值时 DPFSK 信号的单边功率频谱。设 $f_2 > f_1$。

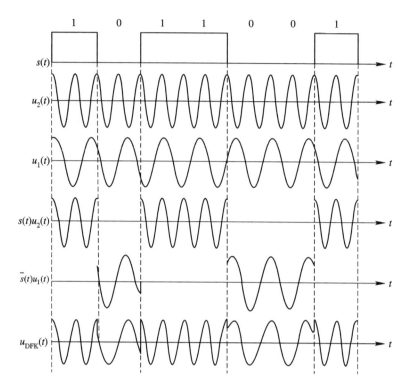

图 9.4.1 DPFSK 信号波形

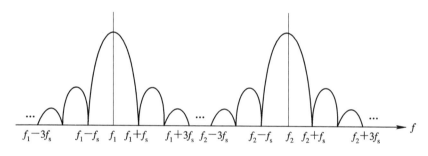

图 9.4.2 DPFSK 信号单边功率频谱

由式(9.4.2)和图 9.4.2 可以看出,DPFSK 信号功率频谱具有以下几个特点:

(1) DPFSK 信号功率频谱由两个双边带连续频谱和离散频谱组成,离散频谱的位置处于 f_1、f_2 处,可以看成是两个 ASK 信号功率频谱的叠加。

(2) 若 h 值逐渐减小,即两个正弦波频率 f_1、f_2 的差值逐渐减小,则组成 DPFSK 信号的两个双边带频谱将逐渐靠拢叠加。

参照 ASK 信号带宽的定义,可以得出 DPFSK 信号的带宽 $BW = |f_2 - f_1| + 2f_s$,比 ASK、PSK 和 DPSK 信号的带宽要宽一些。

2. DPFSK 信号的产生和解调

DPFSK 信号的产生通常采用频率键控法,其原理方框图见图 9.4.3。

频率键控法是用 $s(t)$ 控制开关电路分别接通两个正弦波振荡器的输出,将它们相加后得到 $u_{DFK}(t)$。

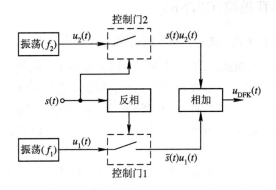

图 9.4.3　DPFSK 信号调制方法

一方面，DPFSK 信号可看成是两个 ASK 信号的叠加，所以可采用 ASK 信号的解调方式(如包络检波和同步检波)进行解调，不过需要先用两个带通滤波器分别取出两个正弦信号，然后分别进行检波后再作取样判决，从而恢复出原数字基带信号。另一方面，作为频率调制的 DPFSK 信号也可以采用模拟鉴频法等频率解调的方法。

采用第一种解调方式时，为了便于用滤波器分离出两个正弦信号，DPFSK 信号的两个频率 f_1 和 f_2 之间的频差应该足够大，使其两部分频谱的叠加部分足够少。如果采用两个带通滤波器进行分路的解调方法，通常取 $|f_2 - f_1| = 4f_s$，因此相应带宽 $\text{BW} = 6f_s$，是 ASK 信号带宽的 3 倍。

DPFSK 信号解调方法的原理方框图如图 9.4.4 所示。

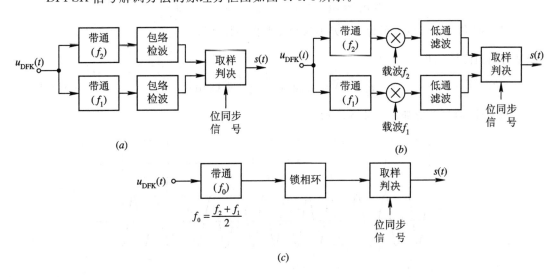

图 9.4.4　DPFSK 信号解调方法

(*a*) 包络检波；(*b*) 同步检波；(*c*) 锁相鉴频

由于 DPFSK 信号在不同码元交替时刻相位不连续，因此将造成相位突变，导致较强的高频谐波分量产生，形成较明显的杂波干扰。

9.4.2 相位连续频移键控(CPFSK)

1. CPFSK 信号的表达式、波形、功率频谱和带宽

CPFSK 信号仍然可以用式(9.4.1)表示，不同之处在于，φ_n 与 θ_n 不仅与其序号有关，而且相互之间应有一定关系，保证在相邻码元交替时刻，前后两个正弦波的相位相同，从而实现相位连续。根据相位连续的特点，CPFSK 信号在第 n 个码元期间的表达式可以写成

$$u_{CFKn}(t) = \cos\left[(\omega_c + \Delta\omega)t + \varphi_n\right] \qquad nT_s \leqslant t \leqslant (n+1)T_s; \, n = 0, 1, 2\cdots$$
(9.4.4)

其中，$\Delta\omega = b_n(\omega_2 - \omega_1)/2$，$b_n$ 的定义同式(9.3.2)，表明是双极性数字基带信号。$\omega_c = 2\pi f_c = (\omega_1 + \omega_2)/2$，$\omega_1 = 2\pi f_1$ 和 $\omega_2 = 2\pi f_2$ 分别是两个正弦信号角频率，且有 $\omega_2 > \omega_1$。φ_n 是第 n 个码元期间 CPFSK 信号表达式的相位常数。根据式(9.4.3)可得到

$$\begin{cases} \text{当 } b_n = 1 \text{ 时}, & \omega_2 = \omega_c + \dfrac{h\omega_s}{2} \\ \text{当 } b_n = -1 \text{ 时}, & \omega_1 = \omega_c - \dfrac{h\omega_s}{2} \end{cases}$$
(9.4.5)

由于在 $t = nT_s$ 时刻相位连续，因此相邻两个码元期间信号的相位在 $t = nT_s$ 时相等，满足

$$nT_s\left(\omega_c + \frac{b_{n-1}h\omega_s}{2}\right) + \varphi_{n-1} = nT_s\left(\omega_c + \frac{b_n h\omega_s}{2}\right) + \varphi_n$$

所以
$$\varphi_n = \varphi_{n-1} + nh\pi(b_{n-1} - b_n)$$

$$\begin{cases} \text{当 } b_n = b_{n-1} \text{ 时}, & \varphi_n = \varphi_{n-1} \\ \text{当 } b_n \neq b_{n-1} \text{ 时}, & \varphi_n = \varphi_{n-1} \pm 2nh\pi \end{cases}$$
(9.4.6)

CPFSK 信号也可以表示为一个瞬时频率受双极性数字基带信号 $s_b(t) = \sum\limits_n b_n g(t - nT_s)$ 控制的调频信号，即

$$u_{CFK}(t) = \cos\left[\omega_c t + k_f \int_0^t s_b(\tau)\mathrm{d}\tau\right]$$
(9.4.7)

CPFSK 信号波形如图 9.4.5 所示。

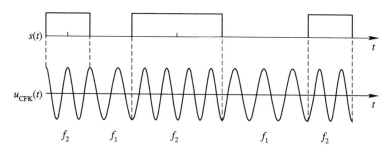

图 9.4.5 CPFSK 信号波形

由式(9.4.7)可知，CPFSK 类似于模拟调频，是非线性调制。CPFSK 信号的功率频谱分析很复杂，图 9.4.6 给出了在频移键控指数 h 取不同值时相对应的单边功率频谱。

由图 9.4.6 可以看出，CPFSK 信号功率频谱具有以下几个特点：

(1) 功率频谱由对称于 f_c 的连续频谱组成。

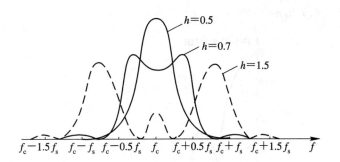

图 9.4.6　CPFSK 信号单边功率频谱

（2）若 h 值逐渐减小，即两个正弦波频率的差值逐渐减小，则功率频谱将逐渐向 f_c 收缩，其大致形状从双主峰变成马鞍形，再变成单主峰；若 h 值逐渐增大，则功率频谱将逐渐扩展，并向 f_1、f_2 两个频率点集中；当 h 值较大时，将与 DPFSK 信号功率频谱特性基本相似。

CPFSK 信号的带宽在 h 值较大时（$h>2$），约为 $|f_2-f_1|+2f_s=(h+2)f_s$；在 h 值较小时，约为 $2f_s$ 左右；在 $h=0.6\sim0.7$ 时，约为 $1.5f_s$。所以，CPFSK 信号的带宽可以比 DPFSK 信号的带宽窄。

2. CPFSK 信号的产生和解调

由式（9.4.7）可知，CPFSK 信号的产生和解调可以采用第 7 章介绍的模拟 FM 信号调频和鉴频的方法。

9.4.3　最小频移键控（MSK）

1. MSK 信号的表达式、波形、功率频谱和带宽

最小频移键控（Minimum frequency Shift Keying，简称 MSK）是 CPFSK 在 $h=0.5$ 时的一种特殊形式。参照式（9.4.4）、（9.4.5）和（9.4.6），MSK 信号在第 n 个码元期间的表达式为

$$u_{\mathrm{MK}n}(t)=\cos\left[\left(\omega_c+\frac{b_n\omega_s}{4}\right)t+\varphi_n\right]\quad nT_s\leqslant t\leqslant(n+1)T_s;\ n=0,1,2,\cdots$$

$$(9.4.8)$$

$$\begin{cases}\text{当 } b_n=1 \text{ 时}, \omega_2=\omega_c+\dfrac{\omega_s}{4}\\[2mm]\text{当 } b_n=-1 \text{ 时}, \omega_1=\omega_c-\dfrac{\omega_s}{4}\\[2mm]\text{当 } b_n=b_{n-1} \text{ 时}, \varphi_n=\varphi_{n-1}\\[2mm]\text{当 } b_n\neq b_{n-1} \text{ 时}, \begin{cases}\varphi_n=\varphi_{n-1} & n \text{ 为偶数}\\ \varphi_n=\varphi_{n-1}\pm\pi(\text{模为 } 2\pi) & n \text{ 为奇数}\end{cases}\end{cases}\quad(9.4.9)$$

若设 $\varphi_0=0$，则 φ_n 只有 0 和 π 两个值（模为 2π）。

分析表明，当 $h=0.5,1,1.5$ 等值时（h 值越小，表示频差 $\omega_2-\omega_1$ 越小），组成 CPFSK 信号两个角频率为 ω_1 和 ω_2 的正弦分量之间的相关系数为零，即这两个分量正交。所以，MSK 是一种两个组成信号分量满足正交条件，且频差最小的 CPFSK，故而得名。MSK 信

号功率频谱如图 9.4.7 所示。

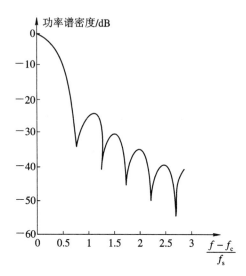

图 9.4.7 MSK 信号功率频谱

MSK 信号的功率频谱密度表达式为

$$P_{MK}(f) = \frac{16}{\pi^2 f_s} \left[\frac{\cos[2\pi(f - f_c)/f_s]}{1 - [4(f - f_c)/f_s]^2} \right]^2 \qquad (9.4.10)$$

由图 9.4.7 可见，MSK 信号的主要能量位于较宽的主瓣内，主瓣宽度为 $1.5 f_s$，中心频率位于 f_c 处，但离散频率分量 f_c 不存在，这从式(9.4.10)中可以明显看出。在主瓣以外，副瓣下降得很快。经计算，包含 99% 功率的带宽为 $1.17 f_s$，-3 dB 带宽为 $0.59 f_s$。因为 MSK 信号带宽很窄，在相同的频带内可以比一般 FSK 信号传输更高速率的码元，所以又称为快速频移键控(FFSK)。

2. MSK 信号的产生和解调

将式(9.4.8)展开，有

$$u_{MKn}(t) = \cos\left[\omega_c t + \left(\frac{b_n \omega_s}{4} t + \varphi_n\right)\right] = \cos\omega_c t \cos\theta(t) - \sin\omega_c t \sin\theta(t)$$

因为 $\varphi_n = 0$ 或 π，故 $\sin\varphi_n = 0$。因为 $b_n = \pm 1$，故

$$\cos\frac{b_n \omega_s}{4} t = \cos\frac{\omega_s}{4} t, \quad \sin\frac{b_n \omega_s}{4} t = b_n \sin\frac{\omega_s}{4} t$$

所以

$$\cos\theta(t) = \cos\left(\frac{b_n \omega_s}{4} t + \varphi_n\right) = \cos\frac{\omega_s}{4} t \cos\varphi_n$$

$$\sin\theta(t) = \sin\left(\frac{b_n \omega_s}{4} t + \varphi_n\right) = b_n \sin\frac{\omega_s}{4} t \cos\varphi_n$$

最后可得

$$u_{MKn}(t) = \cos\varphi_n \cos\frac{\omega_s}{4} t \cos\omega_c t - b_n \cos\varphi_n \sin\frac{\omega_s}{4} t \sin\omega_c t$$

$$= I_n \cos\frac{\omega_s}{4} t \cos\omega_c t + Q_n \sin\frac{\omega_s}{4} t \sin\omega_c t = u_I(t) + u_Q(t)$$

其中

$$I_n = \cos\varphi_n, \quad Q_n = -b_n \cos\varphi_n \tag{9.4.11}$$

MSK 信号参数有以下几个特点：

(1) 从式(9.4.11)可知，MSK 信号由两个相互正交的载波分量(同相分量 $u_1(t)$ 和正交分量 $u_Q(t)$)组成。由于 I_n 和 Q_n 的取值均为 ± 1，$\cos\frac{\omega_s}{4}t$ 和 $\sin\frac{\omega_s}{4}t$ 是频率相同而相位差为 $\pi/2$ 的正弦信号，因此每一个载波分量又可以分别看成是一个双边带调幅信号。两个双边带调幅信号的边频均为固定的 $f_1 = f_c - f_s/4$ 和 $f_2 = f_c + f_s/4$ 两个值，但其幅度的两个取值 1 和 -1 受数字基带信号 $\{b_n\}$ 的控制。载频 f_c 已被抑制。

综上所述，MSK 可以看成是一种特殊的正交振幅调制。由于在一路信号带宽内可以实现两路相互正交信号的同时传输，因此使频带利用率提高了一倍。这是正交调幅的优点。

(2) 因为 $b_n = \pm 1$，所以在一个码元期间内，附加相移 $\theta(t) = \frac{b_n\omega_s}{4}t + \varphi_n$ 是随时间线性增长的，其增量为

$$\Delta\theta = \pm\frac{\omega_s}{4} \cdot T_s = \pm\frac{\pi}{2} \tag{9.4.12}$$

当 $b_n = 1$ 时，$\Delta\theta = \pi/2$；当 $b_n = -1$ 时，$\Delta\theta = -\pi/2$。

(3) 从式(9.4.9)和式(9.4.11)可以看出，仅当 n 为奇数，且 $b_n \neq b_{n-1}$ 时，$\varphi_n \neq \varphi_{n-1}$，才有 $I_n \neq I_{n-1}$，即 I_n 才有可能发生变化，所以 I_n 的变化周期是 $2T_s$ 或 $2T_s$ 的整数倍，且变化时刻 $t = (2m-1)T_s$，$m = 1, 2, 3, \cdots$；仅当 n 为偶数，且 $b_n \neq b_{n-1}$ 时，$\varphi_n = \varphi_{n-1}$，才有 $Q_n \neq Q_{n-1}$，即 Q_n 才有可能发生变化，所以 Q_n 的变化周期也是 $2T_s$ 或 $2T_s$ 的整数倍，且变化时刻 $t = 2mT_s$，$m = 1, 2, 3, \cdots$。不过，I_n 与 Q_n 是否变化，还取决于 b_n 和 φ_n 的值。

根据以上分析，图 9.4.8 给出了 MSK 调制电路的方框图。其中串/并变换电路是根据 b_n 和 φ_n 的值，在 n 为奇数和偶数时分别产生 I_n 和 Q_n，然后分别传达到两条支路上。n 为偶数时，I_n 保持不变；n 为奇数时，Q_n 保持不变。同相支路和正交支路上的 I_n、Q_n 分别进行两次相乘，然后将得到的同相信号和正交信号相加就是 MSK 信号了。

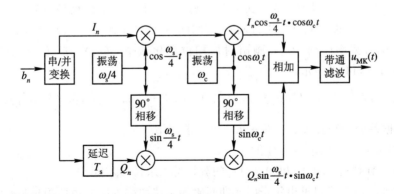

图 9.4.8 MSK 调制电路原理图

可以将 MSK 信号看成是调频信号而采用模拟鉴频电路进行解调，也可以将其看成是两个相互正交的双边带调幅信号的叠加而采用同步检波方式进行乘积解调。由于 MSK 信

号中无载波分量,因此同步解调需要先采用平方环或科斯塔斯环等方法从输入 MSK 信号中提取载波分量 $\cos\omega_c t$,然后将输入 MSK 信号中两个相互正交的分量看成是两个双边带调幅信号,分别进行同步检波、取样判决取出 I_n 和 Q_n,然后经并/串变换电路恢复原数字信号序列 $\{b_n\}$。同步解调方框图见图 9.4.9。

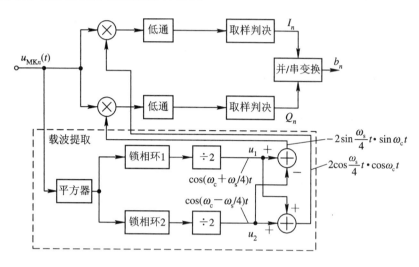

图 9.4.9   MSK 信号的同步解调

图 9.4.9 中,两个平方环分别提取出角频率为 $\omega_c + \dfrac{\omega_s}{4}$ 和 $\omega_c - \dfrac{\omega_s}{4}$ 的两个同步载波信号 u_1 和 u_2。

为了避免接收端在载波提取时出现"相位模糊"现象而导致判决错误,可以在调制前先将双极性数字基带信号 $s_b(t) = \sum\limits_n b_n g(t - nT_s)$ 通过差分编码电路转变为双极性差分信号 $s_d(t) = \sum\limits_n d_n g(t - nT_s)$,$d_n = b_n \oplus d_{n-1}$,然后再送入串/并变换电路。这样,在解调后须将并/串变换电路的输出数据再进行一次差分解码。

【例 9.2】 已知输入双极性数字基带信号序列 $\{b_n\} = \{1\ -1\ 1\ 1\ 1\ -1\ -1\ 1\ -1\ 1\}$,$n = 0,1,\cdots$,且 $\varphi_0 = 0$。将 $\{b_n\}$ 先经过差分编码电路转换为双极性信号序列 $\{d_n\}$,然后再送入图 9.4.8 所示 MSK 调制器中进行调制。求对应的信号序列 $\{d_n\}$、$\{I_n\}$ 和 $\{Q_n\}$,相位序列 $\{\varphi_n\}$,MSK 信号频率序列 $\{f_n\}$,画出附加相位变化轨迹 $\Delta\theta(t)$。若 $T_s = 62.5\ \mu s$,$f_c = 20\ kHz$,画出下列有关波形:

$$\cos\frac{\omega_s t}{4},\ \sin\frac{\omega_s t}{4},\ I_n\cos\frac{\omega_s t}{4},\ Q_n\sin\frac{\omega_s t}{4},\ I_n\cos\frac{\omega_s t}{4}\cos\omega_c t,\ Q_n\sin\frac{\omega_s t}{4}\sin\omega_c t,\ u_{MK}(t)$$

解: 根据差分编码公式 $d_n = b_n \oplus d_{n-1}$ 可以求得 $\{d_n\}$。

根据式(9.4.9)可以求得 $\{\varphi_n\}$ 和 $\{f_n\}$。

根据本小节对式(9.4.9)和(9.4.11)的分析可以求得 $\{I_n\}$ 和 $\{Q_n\}$。

根据式(9.4.12)可以求出每个码元期间附加相移增量 $\Delta\theta$,并由此画出 $\Delta\theta(t)$。

注意在以上求解过程中(除了求 $\{d_n\}$ 外)应该将有关公式和分析结果中的 b_n 改成 d_n,因为输入数据已从 b_n 转变为 d_n 了。

输出 MSK 信号 $u_{MK}(t)$ 的波形类似一个相位连续的 FSK 信号，它的两个频率分别是 f_1 和 f_2，即为

$$f_1 = f_c - \frac{f_s}{4} = 16 \text{ kHz}$$

$$f_2 = f_c + \frac{f_s}{4} = 24 \text{ kHz}$$

求解结果如表 9.4.1 所示。若 $T_s = 62.5 \ \mu s$，$f_c = 20 \text{ kHz}$，则波形图如图 9.4.10 所示。

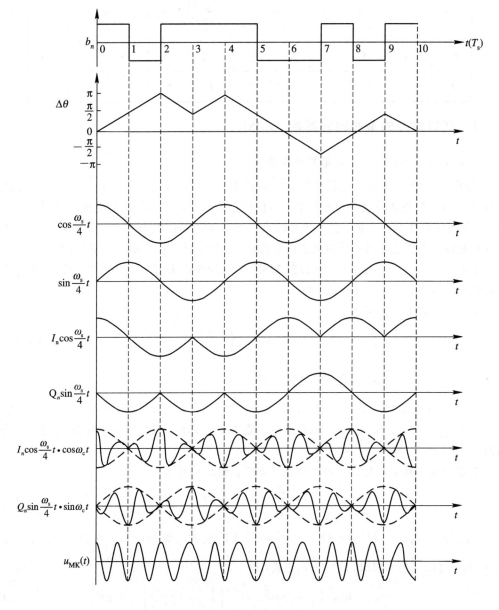

图 9.4.10　例 9.2 图

表 9.4.1 例 9.2 表

n	0	1	2	3	4	5	6	7	8	9
b_n	1	-1	1	1	1	-1	-1	1	-1	1
d_n	1	1	-1	1	-1	-1	-1	1	1	-1
φ_n	0	π	π	π	π	0	0	π	π	0
$\cos\varphi_n$	1	-1	-1	-1	-1	1	1	-1	-1	1
I_n	1	1	1	-1	-1	-1	-1	1	1	-1
Q_n	-1	-1	1	1	-1	-1	-1	-1	-1	-1
f_n	f_2	f_2	f_1	f_2	f_1	f_1	f_1	f_2	f_2	f_1

9.4.4 高斯滤波的最小频移键控(GMSK)

1. GMSK 信号的特点、功率频谱和带宽

MSK 信号的功率频谱比较紧凑，但仍嫌不好。从图 9.4.10 所示 MSK 相位变化图 $\Delta\theta(t)$ 上可见，虽然相位变化是连续的，但在相邻码元交替时刻相位曲线是一个拐点，不平滑，故仍可能产生高频杂波。其原因和输入数字基带信号的波形有关。由于随机矩形脉冲序列具有较宽的频谱，因此作为调制信号将导致 MSK 信号在主瓣之外衰减较慢。

GMSK(Gaussian filtered MSK)是 MSK 的一种改进方式，即让数字基带信号先经过高斯低通滤波器后再进行 MSK 调制。

高斯滤波器的传递函数为

$$H(f) = \exp\left(\frac{-f^2}{\alpha^2}\right) \tag{9.4.13}$$

其中，$\alpha = \sqrt{\dfrac{2}{\ln 2}} B_G$，$B_G$ 是高斯滤波器 3 dB 带宽。

图 9.4.11 是高斯滤波器在 B_G/f_s 取不同值时对宽度为 T_s 的单个矩形脉冲的响应波形 $g_G(t)$。$f_s = 1/T_s$。$B_G/f_s = \infty$ 即高斯滤波器带宽无穷大，相当于无滤波器，也就是 MSK 情况。

单极性数字基带信号 $s(t)$ 经高斯滤波器后的输出信号为

$$s_G(t) = \sum_n a_n g_G\left(t - nT_s - \frac{T_s}{2}\right) \tag{9.4.14}$$

其中，$g_G\left(t - nT_s - \dfrac{T_s}{2}\right)$ 是中心位于 $t = \left(n + \dfrac{1}{2}\right)T_s$ 处的高斯形脉冲。参照式(9.4.7)和式(9.4.8)，可以写出 GMSK 信号的表达式，即

$$u_{GMK}(t) = \cos\left[\omega_c t + \frac{\omega_s}{4}\int_{-\infty}^{t} s_G(\tau)\mathrm{d}\tau\right] \tag{9.4.15}$$

图 9.4.12 是在 B_G/f_s 取不同值时 GMSK 信号的功率频谱。

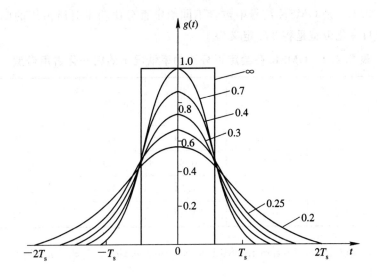

图 9.4.11　高斯滤波器的矩形脉冲响应

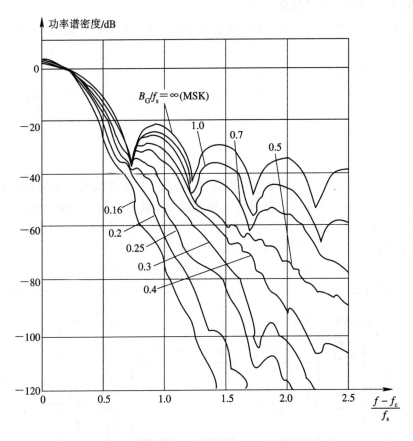

图 9.4.12　GMSK 信号的功率频谱

由图 9.4.11 和图 9.4.12 可以明显看出，随着 B_G/f_s 的逐渐减小，经过高斯滤波器后的调制信号波形 $g_G(t)$ 将变得比较平缓，带宽变窄，功率频谱衰减很快。分析 GMSK 信号的相位变化轨迹可知，它不是一条折线，而是一条较平滑的曲线，在码元交替时刻也是平滑过渡的。表9.4.2是GMSK信号中包含不同给定百分比功率时所占用的归一化带宽一览表。此处的归一化带宽是将$2f_s$定义为1。

表 9.4.2　GMSK 在给定百分比功率情况下的归一化占用带宽

B_G/f_s ＼ ％	90	99	99.9	99.99
0.2	0.52	0.79	0.99	1.22
0.25	0.57	0.86	1.09	1.37
0.5	0.69	1.04	1.33	2.08
∞(MSK)	0.78	1.20	2.76	6.00

在 GSM 系统(Global System for Mobile communication，全球移动通信系统)中，采用了 GMSK 技术。

2. GMSK 信号的产生和解调

GMSK 信号的产生可以采用锁相调频法和正交调制法等多种方法，这里仅介绍正交调制法。

式(9.4.15)可以写成

$$u_{GMK}(t) = \cos[\omega_c t + \theta(t)] = \cos\theta(t) \cdot \cos\omega_c t - \sin\theta(t) \cdot \sin\omega_c t$$

其中

$$\theta(t) = \frac{\omega_s}{4} \int_{-\infty}^{t} \left[\sum_n a_n g_G \left(\tau - nT_s - \frac{T_s}{2} \right) \right] d\tau \qquad (9.4.16)$$

由式(9.4.16)可知，采用类似 MSK 正交调制的方法可以产生 GMSK 信号。其中 $\cos\theta(t)$ 和 $\sin\theta(t)$ 两个信号可以通过另外一种方法——波形存储和表格检索法取得。这种方法的原理是，根据 $\theta(t)$ 的变化特点，事先对一个码元期间内所有可能出现的 $\cos\theta(t)$ 和 $\sin\theta(t)$ 波形进行取样量化并存储在两个表格中，即余弦表 $\cos(\cdot)$ 和正弦表 $\sin(\cdot)$，调制时根据输入信号 $s_G(t)$ 的特点进行寻址访问，从检索表中取出相应波形的数据，再经 D/A 转换电路转变成相应的模拟信号 $\cos\theta(t)$ 和 $\sin\theta(t)$。图9.4.13给出了调制电路方框图。

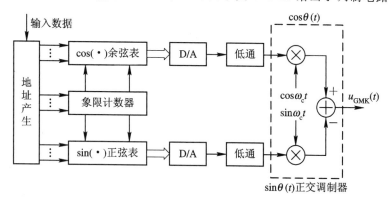

图 9.4.13　GMSK 的正交调制

GMSK 信号的解调也可以采用与 MSK 信号相似的同步解调和非同步解调方法。实际运用时，由于信号衰落的影响，同步载波信号的提取比较困难，因此可能增大误码率，所以主要采用非同步的频率检波电路或延时差分检波电路。

1 比特延时差分检波电路是延时差分检波电路中的一种，图 9.4.14 给出了电路原理图。

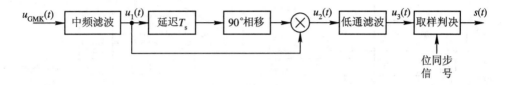

图 9.4.14　1 比特延时差分检波电路

设经过中频滤波器和限幅电路之后的输入 GMSK 信号为 $u_1(t) = \cos[\omega_c t + \theta(t)]$，则相乘后的信号为

$$u_2(t) = \cos[\omega_c t + \theta(t)] \cdot \sin[\omega_c(t - T_s) + \theta(t - T_s)]$$

低通滤波器的输出为

$$u_3(t) = \frac{1}{2} \sin[\omega_c T_s + \Delta\theta(T_s)]$$

其中 $\Delta\theta(T_s) = \theta(t) - \theta(t - T_s)$。当 $\omega_c T_s = 2n\pi$，n 为整数时，$u_3(t) = \frac{1}{2} \sin\Delta\theta(T_s)$。

由式(9.4.16)可知，当 $a_n = 1$ 时，$\theta(t)$ 逐渐增加，$\Delta\theta(T_s) > 0$；当 $a_n \neq 1$ 时，$\theta(t)$ 逐渐减小，$\Delta\theta(T_s) < 0$。所以，令判决门限为零，则有 $u_3(t) > 0$ 时，判为"+1"；$u_3(t) < 0$ 时，判为"0"。

9.5　集成电路实例介绍

9.5.1　MC3356 宽带 FSK 接收电路

MC3356 包括振荡器、混频器、六级限幅中频放大器、正交移相式鉴频器、音频缓冲放大器和数据整形比较器等部分，具有 FSK(包括 DPFSK 和 CPFSK)信号解调等多种功能，数据速率可达 500 kb/s。图 9.5.1 是其内部组成方框图和外部接线图。

FSK 信号从⑳脚输入，信号幅度应在 10 μV～10 mV(均方根值)范围内。输入信号与内部振荡信号混频后，经⑤、⑥脚之间外接的陶瓷带通滤波器取出中频，从⑦、⑧脚送入限幅中放。限幅中放输出分两路，一路直接输入双差分模拟乘法器，另一路经内部 5 pF 电容和⑩、⑪脚之间外接 LC 元件组成的 90°频相转换网络后，作为模拟乘法器的另一输入。片内电阻和⑫脚外接电容组成了低通滤波器，从模拟乘法器输出中提取解调后的低频分量，然后从⑯、⑰脚送入整形比较器，最后由⑱脚输出二进制数字信号，即 FSK 信号中的基带信号。

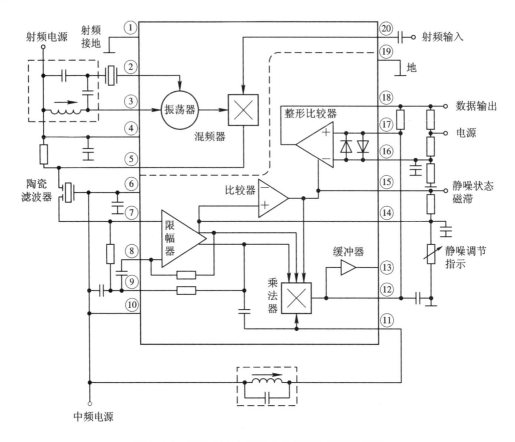

图 9.5.1 MC3356 内部组成方框图和外部接线图

从以上分析可知，MC3356 中的限幅解调电路与模拟 FM 正交移相式鉴频电路基本相同，但由于限幅解调电路的输出是模拟信号，波形不够理想，因而需要经过整形比较器才能恢复原来的二进制数字信号。

9.5.2 MAX2450 正交调制/解调电路

MAX2450 是低功耗正交调制/解调电路，可作为 DPSK、MSK 和 GMSK 中的器件，适用于数字无绳电话机、GSM 移动电话机以及其他数字通信和双向寻呼机。

MAX2450 包括振荡器、90°相移器、正交调制器和正交解调器等部分，调制器输入带宽和解调器输出带宽可分别高达 15 MHz 和 9 MHz。图 9.5.2 是其内部功能方框图。

调制时，通过⑪、⑫脚外接晶体，片内振荡器产生的载波信号可以经过 90°相移器产生与其正交的另一个载波信号。从④、⑤脚和⑥、⑦脚分别输入两组数字调制信号 I_n 和 Q_n，然后分别与两个相互正交的载波信号进行相乘，得到同相信号和正交信号，最后经过相加产生正交调幅信号从①、②脚之间输出。

解调时，从⑳脚输入的正交调幅信号经放大后分成两路分别进行同步乘积解调，一路与同相载波信号相乘，另一路与正交载波信号相乘。相乘后的两路信号分别放大后从⑭、⑮脚之间和⑯、⑰脚之间输出，然后作下一步处理。

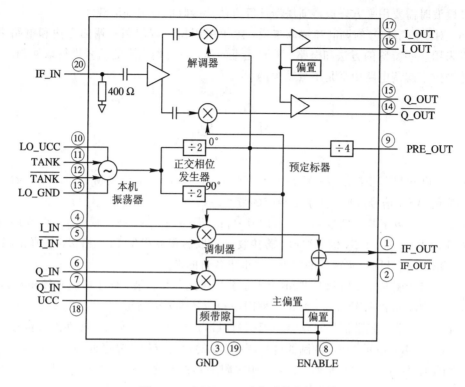

图 9.5.2　MAX2450 内部功能方框图

9.6　章末小结

（1）二进制数字基带信号是随机矩形信号，分析它的频谱以及由它产生的数字已调波信号的频谱应采用功率频谱。由于单个矩形信号（门函数）的频谱即为其傅氏变换 $G(f)$，因此各种数字已调波信号的功率频谱都与 $G(f)$ 的平方有关，同时还与基带信号中出现高、低电平的概率有关。

（2）ASK 信号、PSK 信号和 DPSK 信号的功率频谱基本相同，DPFSK 信号可以看成是两个 ASK 信号的叠加。以上四种调制方式都属于线性调制，即线性频谱搬移。所以，它们的调制一般可以采用相乘法（其中 ASK 和 DPFSK 还可以采用通断键控法），解调均可采用同步检波法（其中 ASK 和 DPFSK 还可以采用包络检波法）。

（3）PSK 的最大缺点是容易因载波的"相位模糊"而产生解调出错，所以很少应用。采用差分编码的 DPSK 克服了 PSK 的这一缺点，故具有广泛的应用场合。同样，在 MSK 中加入差分编码与解码电路也可以避免因载波的"相位模糊"而产生的判决错误。

（4）CPFSK 是一种非线性调制方式，它的功率频谱比较复杂，采用模拟调频和鉴频方法可以实现其调制和解调。MSK 是一种两个组成信号分量满足正交条件，且频差最小的CPFSK，它的优点是带宽很窄。可以采用正交调幅和同步检波方式进行 MSK 信号的调制和解调。GMSK 是 MSK 的一种改进方式，GMSK 信号的功率频谱比 MSK 信号更加紧凑，故带宽更窄。在 GSM 数字蜂窝移动通信系统中采用了 GMSK 方式。

（5）PSK 信号、DPSK 信号和 CPFSK（包括 MSK、GMSK）信号中没有载波分量，所以在同步检波时需要用平方环或科斯塔斯环等方法从接收信号中提取载波。

（6）对于数字信号的调制和解调来说，除了采用模拟调制和解调的方法和电路之外，还可以采用一些特殊的方法和电路。需要注意的是，对解调出来的信号进行取样判决或整形在各种数字解调电路中都是不可缺少的。

习　　题

9.1　已知数字基带信号 $s(t) = \{11010001\}$，$T_s = 10 \ \mu s$，载波频率 $f_c = 250 \ \text{kHz}$，试画出相应的 ASK 信号波形，并求出相应的带宽。

9.2　已知数字基带信号 $s(t) = \{10010111\}$，$T_s = 45 \ \mu s$，载波频率 $f_c = 50 \ \text{kHz}$，试画出相应的 PSK 和 DPSK 信号波形。若接收端提取的载波产生 180° 相移，试画出相应的 PSK 和 DPSK 信号同步解调后的波形，并求出各自的带宽。

9.3　对于图 9.4.1 所示 DPFSK 信号，分别采用包络检波、同步检波和锁相鉴频三种方式进行解调，试根据图 9.4.4 画出方框图中相应各点处的波形。

9.4　已知数字基带信号 $s(t) = \{101011101\}$，$\varphi_0 = 0$，先转换成双极性差分信号 $s_d(t)$，然后采用图 9.4.8 所示 MSK 调制器进行调制。试写出对应的信号序列 $\{b_n\}$，$\{d_n\}$，$\{I_n\}$ 和 $\{Q_n\}$，相位序列 $\{\varphi_n\}$，频率序列 $\{f_n\}$，并画出附加相位变化轨迹 $\Delta\theta(t)$。若 $T_s = 62.5 \ \mu s$，$f_c = 20 \ \text{kHz}$，画出下列有关波形：

$$\cos \frac{\omega_s t}{4}, \ \sin \frac{\omega_s t}{4}, \ I_n \cos \frac{\omega_s t}{4}, \ Q_n \sin \frac{\omega_s t}{4}, \ I_n \cos \frac{\omega_s t}{4} \cos\omega_c t, \ Q_n \sin \frac{\omega_s t}{4} \sin\omega_c t \text{ 和 } u_{MK}(t)$$

计算出相应的 f_1、f_2 和 $-3 \ \text{dB}$ 带宽值。

9.5　模拟频率调制和相位调制是非线性调制，为什么 PSK、DPSK 和 DPFSK 是和 ASK 一样的线性调制？试从时域和频域两个方面加以说明。

第 10 章　实用通信系统电路分析

10.1　通信系统电路识图与分析方法

　　能够正确识读和分析系统电路图是学习和掌握通信电路的基本要求，也是进一步改进或设计通信电路的基础。本小节主要介绍模拟通信集成电路的识图与分析方法。

　　要能够正确识读和分析系统电路图，首先必须做好以下三个方面的准备。

　　(1) 熟悉或掌握各种基本功能电路的组成、工作原理、主要元器件参数范围、性能指标以及对前后级电路的要求等知识。

　　(2) 熟悉或掌握各种通信系统的组成方框图和信号流程图。

　　(3) 熟悉或掌握常用的几种电路分析方法，例如直流或交流(低频或高频)等效电路分析法、电路的时域或频域分析法、电路的线性(如拉氏变换法)或非线性(如折线法)分析法等等。

10.1.1　集成电路芯片内电路的识图和分析

　　模拟通信集成电路内部的基本电路单元主要有以下三种：以差分电路为主的放大电路、双差分模拟乘法电路和恒流恒压电路。在前两种电路中，常采用射随器作阻抗变换或起隔离作用，采用共射—共基组态展宽频带和提高稳定性。

　　片内的单级或多级放大电路可以在外接 LC 回路、RC 元件或晶振等不同情况下，分别实现放大、振荡、滤波、调频、倍频和斜率鉴频等不同功能。片内的模拟乘法电路可以在外接 LC 回路或 RC 元件时，分别实现调幅、同步检波、相位鉴频、混频和鉴相等不同功能。恒流恒压电路为放大电路和乘法电路提供恒定电流和偏压，恒流源还常常作为有源负载，是不可缺少的辅助电路。镜像恒流源或比例恒流源是常见的恒流电路，恒压电路通常由晶体管(或场效应管)和稳压二极管组成。

　　了解了通信集成电路的以上特点之后，可以按照以下步骤和方法进行识图和分析：

　　(1) 浏览全图，先找出其中含有的差分放大电路或乘法电路，分别确定它们的实际功能，同时找出为它们提供恒流或恒定偏压的电路。由于差分电路的结构特点比较明显，因此这部分电路很容易发现。

　　(2) 根据该集成电路的功能和第(1)步的结果，将整个电路大致分成几个部分(如有内部功能框图更好)，然后从电路的输入管脚开始，按照信号流程，一个部分一个部分地进行分析，直至电路的最后输出管脚。

（3）在分析芯片内部电路时，对于各种功能电路的基本组成和工作原理要能够心中有数。要弄清楚芯片中每个功能电路的输入端和输出端，注意与其有关的外接元器件所起的作用。一般来说，芯片的输入端、输出端以及片内各功能电路之间常有射随器起阻抗变换或隔离作用。对于差分电路，要认清是单端输入还是双端输入，是单端输出还是双端输出，输出与输入之间是否有反馈，输出与输入之间的相位关系如何，等等。差分电路常采用恒流源作为源负载。

（4）分析芯片内部电路时应采取先主要后次要、先易后难的原则。对于疑难部分电路，可根据它与周围已弄清楚部分电路的连接关系，采用相应的电路分析方法进行试探研究。

10.1.2　分立元器件电路的识图和分析

在目前的通信系统中，分立元器件电路仍然是不可能被完全替代的。根据分立元器件电路的性能特点，它通常处于系统中与天线相邻的高频端(利用其高频性能好的优点)和与扬声器、显示器等相邻的低频端(利用其能提供大电流、高电压的优点)，并且可作为集成电路芯片的必要外接，实现一些集成电路不能或不易完成的功能。

分立元器件电路的识读和分析应以晶体管(或场效应管)为核心。晶体管电路通常可用作天线之后的高频小信号放大、高频振荡和混频、低频与高频功放、有源滤波等等。晶体管电路常常是交流耦合，分析时要注意它的直流通路和交流通路，正确区分它的不同组态(共射、共基、共集或组合状态)，确定它的功能和作用。在分析时，还要注意晶体管电路是否有反馈支路，并判断是负反馈还是正反馈，是否有 AGC 功能。

LC 回路、RC 网络以及实现耦合、去耦、加重、旁路、移相、扼流、微分、积分等功能的电感电容是通信系统中大量存在的分立元件。分析时要注意和它们有关的时间常数、截止频率、中心频率、工作频率时的容抗值或感抗值等等，从而明确它们在电路中所起的作用以及对不同频率信号的影响。

10.1.3　整机电路的识图和分析

以上两小节分别介绍了集成电路和分立元器件电路的识图及分析方法。在实际通信系统中，既有集成电路，也有分立元器件电路，应该按照怎样的步骤进行识图和分析呢？

首先需要弄清楚系统中每个集成电路芯片的功能和内部框图，按照 10.1.1 节的方法进行识图和分析。

然后找出系统内主要的分立晶体管(或场效应管)电路的位置和结构，并据此大致确定各自的功能，可以采用 10.1.2 节介绍的方法。

在掌握了各集成电路和主要分立晶体管(或场效应管)电路的位置、结构和功能的基础上，画出主要单元电路框图，然后就可以进行整机电路的分析了。从系统输入端开始，按照信号流程，逐一进行分析，将各单元电路框连接起来，同时根据信号走向，补充一些新的单元电路框，直至系统输出端结束，最后给出一个完整的系统功能与信号流程图。

在整机识图与分析时，还应注意以下几点：

（1）某些电路功能可能是由若干集成电路芯片内部电路与外接分立元器件电路共同实现的，例如组成锁相频率合成器的鉴相器、有源环路滤波器和晶体振荡器中的放大电路以及分频计数器等可能由几片集成电路组成，压控振荡器可能包括分立元器件，而 RC 滤波元件、陶瓷滤波器、晶体和其他一些耦合元件等肯定是分立的。在这种情况下，一定要注意相关电路和元器件之间的互联关系。

（2）在某些端口处可能出现信号分路或者合路的情况，分析时不要遗漏或出错。例如进行同步解调时，经常需要先从接收信号中提取载波信号，故需要进行分路；在压控振荡电路中，加在变容二极管上的电压不仅有直流偏压，而且有交流控制信号，有时交流控制信号还不止一个，故存在合路情况。

10.2　无绳电话机电路分析

在陆续介绍了通信系统各种功能电路的基础上，本节以无绳电话手机为例，给出了一个完整的发送、接收系统电路，并利用上一节介绍的电路识图与分析方法，对此电路作一分析。

无绳电话由主机（或称座机）和副机（或称手机）两部分组成，主机和手机之间采用无线通信方式连接。主机接入市话网络，用户携带手机可在距离主机较近的范围内（例如 50～300 m）通过主机移动接听或拨叫其他电话用户。

从 1999 年 1 月 1 日起，我国现行无绳电话机工作频率改为 20 对信道，主机与手机之间的双向通信采用不同的载频，其中主机发射/手机接收频率为 45～45.475 MHz，手机发射/主机接收频率为 48～48.475 MHz，相邻信道载频间隔为 25 kHz。调制方式为模拟频率调制。发射功率按规定不能大于 20 mW。

10.2.1　手机的基本组成

HW8889(3) $\frac{P}{T}$ Sd 型无绳电话有 10 对信道，其中主机发射/手机接收频率为 45.250～45.475 MHz，手机发射/主机接收频率为 48.250～48.475 MHz。图 10.2.1 是手机组成方框图。

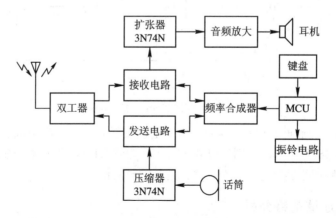

图 10.2.1　手机组成方框图

手机电路由微处理器 MCU、发送电路、接收电路、频率合成器、压缩器和扩张器（简称压扩器）、键盘和振铃电路等部分组成。其中，发送电路由分立元器件组成，接收电路由集成电路 MC3361A(MC3361A 与 MC3361B 基本相同)和分立元器件组成,压扩器采用集成电路 3N74N,锁相频率合成器采用集成电路 SM5132NS。MCU 控制收发电路,兼有拨号、振铃信号检测等多种控制功能。

为了提高无绳电话的抗干扰能力,需要增大话音信号的信噪比,故对于话音中的弱信号必须设法增强。但是,话音中的信号太强时又容易产生失真,故对于强信号应该设法减弱。因此,在发送端对话音信号中的低电平部分应适当提高,高电平部分应适当降低,即对整个振幅的动态范围先进行压缩处理后再进行调制。显然,在接收端必须对解调后的话音信号进行扩张处理,而且扩张比应与原压缩比相对应。通常将压缩器和扩张器做在一块集成电路芯片上,称为压扩器,例如 3N74N。

频率合成器 SM5132NS 内部包括 10.24 MHz 晶体振荡器(晶体需外接),两个鉴相器(PD_1 和 PD_2)和三个分频器,如图 10.2.2 所示。其中一个前置固定分频器的分频比为 2048,可将 10.24 MHz 的晶振信号分频后产生 5 kHz 的基准频率信号,作为 PD_1 和 PD_2 的输入参考频率。另外两个可变分频器中,一个(FD_2)存有产生 10 个信道手机和主机的发射载频所需的分频比,另一个(FD_1)存有产生 10 个信道手机和主机接收时产生第一本振频率所需的分频比,共 40 个分频比。选择手机或主机的哪一组信道分频比由 MCU 控制,从 SM5132NS 的⑤~⑧脚输入控制数据。SM5132NS 中的两个鉴相器、两个可变分频器分别和外接的两个低通滤波器、两个 VCO 组成了两个锁相频率合成器,分别提供发射载频信号和接收第一本振频率信号。

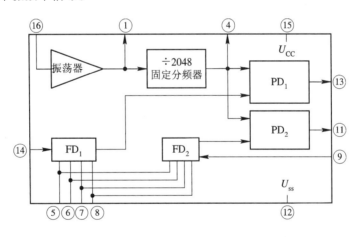

图 10.2.2　SM5132NS 内部主要框图

发射通道与接收通道共用一个天线。由于手机发射载频与接收载频相差 3 MHz(例如手机发射载频用 48.250 MHz,则接收载频为 45.250 MHz),因此两个通道各采用不同中心频率的 LC 选频网络就能进行区分。这就是双工器的作用。

10.2.2　发送通道电路分析

图 10.2.3 是手机收发电路图。发送通道电路在全图的下半部分,主要由 3N74N 中的压缩器、V_{517} 直接调频电路和 V_{516} 高频功放电路三部分组成。V_{512C} 和 V_{511C} 提供正电源电压 U_{CC}。

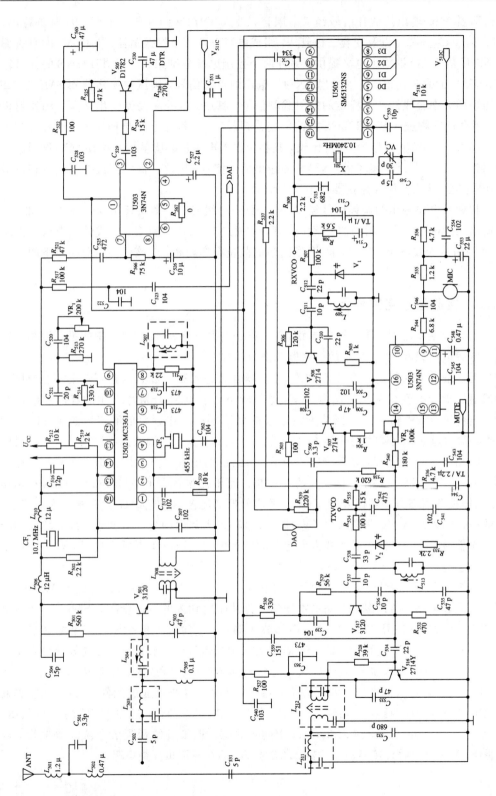

图 10.2.3　手机收发电路图

送话器 MIC 输出的话音信号经 C_{546} 耦合，进入 3N74N 的⑨脚，压缩后从⑭脚输出。V_{517} 和 L_{513}，$C_{535} \sim C_{538}$ 以及变容二极管 V_2 组成电容三点式压控振荡器。其中 V_2 的直流偏压由 MCU 的 DAO 端输出电平提供，另外两个控制电压分别来自于 SM5132NS 的⑪脚输出和 3N74N 的⑭脚输出。若不考虑 3N74N 输出的话音信号，则压控振荡器和 SM5132NS 组成的锁相频率合成器产生稳定的发射载频信号。其中，压控振荡器输出从 V_{517} 的发射极经 C_{559} 耦合从⑨脚进入 SM5132NS 内的可变分频器，然后作为鉴相器 PD_2 的一个输入与另一输入(5 kHz 参考频率信号)进行比较，其相位误差电压从⑪脚输出，经 $R_{537}C_{543}$ 低通滤波器后加到 V_2 上。若进一步考虑 3N74N 的输出话音信号，则这一低频交流控制信号将调节 V_2 的电容值，从而使压控振荡器产生调频信号。

锁相调频电路输出的调频信号经 C_{534} 耦合到 V_{516} 组成的丙类高频功放电路，L_{511} 和 L_{512} 是其输出匹配网络。放大后的信号经 C_{531} 耦合，通过 L_{501}、L_{502} 和 C_{501} 组成的具有低通性质的 T 型网络从天线输出。显然，此 T 型网络的截止频率较高，应该让 50 MHz 以下的信号通过。

10.2.3　接收通道电路分析

接收部分主要由 V_{501} 第一混频电路、V_{508} 第一本振电路、MC3361A 中的第二混频电路和相位鉴频电路以及 3N74N 中的扩张器几部分组成。

从天线输入的射频信号经 T 型网络，C_{502} 耦合后进入第一混频电路。通往发射和接收两个通道的耦合电容 C_{531}、C_{502} 均为 5 pF，数值较小，对 50 MHz 频率产生的容抗为 637 Ω。采用小电容耦合，一则可以阻挡从天线进来的低于手机工作频率的噪声，二则可以对发射、接收两通道起相互隔离的作用。L_{503}、L_{504}、L_{505} 和 C_{503} 组成输入选频网络。第一本振信号由 V_{508} 和 L_{509}、$C_{509} \sim C_{512}$ 以及变容二极管 V_1 组成的电容三点式压控振荡器产生，然后经 V_{507} 射随，变压器 L_{508} 耦合到 V_{501} 的发射极。此压控振荡器和 SM5132NS 内的鉴相器 PD_1、晶体振荡器与分频器以及 R_{509}、C_{513} 组成的低通滤波器一起组成了锁相频率振荡器。PD_1 的一个输入是从 V_{508} 发射极经 C_{508} 耦合从⑭脚进入片内的可变分频器 FD_1，然后再给出的频率信号，另一个输入是由片内固定分频器提供的 5 kHz 参考频率信号，输出相位误差电压从⑬脚取出，经 RC 低通滤波器后调节 V_1 的电容值。

V_{501} 产生的 10.7 MHz 第一中频信号经陶瓷带通滤波器 CF_1 后从⑯脚进入 MC3361A 内的第二混频电路。第二混频电路的本振信号是从①脚输入的，它来自于 SM5132NS⑯脚输出的 10.24 MHz 信号。SM5132NS 内部放大器与①、⑯脚外接晶体和三个电容组成了晶体振荡器。第二混频电路输出的 455 kHz 第二中频信号由③脚取出，经陶瓷滤波器 CF_2 带通滤波，再返回⑤脚，进行限幅放大、正交相位鉴频和音频放大，然后从⑨脚输出，经 C_{520} 耦合，从⑩脚进入片内的有源低通滤波器(R_{514} 与 C_{521} 是外接滤波元件)，最后从⑪脚输出。此输出信号分成两路，一路经 R_{517}、C_{522} 低通滤波，C_{523} 耦合，送往 MCU 的 DAI 管脚，另一路经 R_{521}、C_{525} 从⑦脚进入 3N74N 中的扩张器。扩张后的音频信号从③脚输出，经 C_{529} 耦合，V_{505} 射随后直接驱动受话器。R_{525} 是 V_{505} 的交直流负反馈电阻。

附录 部分习题参考答案

第 1 章

1.1 $L=253\ \mu\text{H}$，$r_x=15.9\ \Omega$，$C_x=200\ \text{pF}$。

1.2 $L=586\ \mu\text{H}$，$Q_e=43$，$\text{BW}_{0.7}=10.8\ \text{kHz}$。

1.3 $f_0=41.6\ \text{MHz}$，$R_\Sigma=5.88\ \text{k}\Omega$，$Q_e=28.1$，$\text{BW}_{0.7}=1.48\ \text{MHz}$。

1.4 $L=0.195\ \mu\text{H}$，$C=195\ \text{pF}$。

1.5 $L_1=\dfrac{Q_1 R_e}{\omega_0}$，$L_2=\dfrac{Q_2 R_e}{\omega_0}$，$L=L_1+L_2$，$C_1=\dfrac{Q_1}{\omega_0 R_1}$，$C_2=\dfrac{Q_2}{\omega_0 R_L}$。

（其中，$Q_1=\sqrt{\dfrac{R_1}{R_e}-1}$，$Q_2=\sqrt{\dfrac{R_L}{R_e}-1}$，$R_e=\dfrac{1}{1+Q_2^2}R_L$。）

1.6 $NF=1+\dfrac{R_1}{R_s}+\dfrac{(R_1+R_s)^2}{R_2 R_s}$。

1.7 $NF=20\ (13\ \text{dB})$。

1.8 $SNR_{in}=108(22.3\ \text{dB})$。

1.9 $E_A=0.436\ \mu\text{V}$。

第 2 章

2.1 $g_{ie}=2.8\ \text{mS}$，$C_{ie}=18.6\ \text{pF}$，$g_{oe}=0.2\ \text{mS}$，$C_{oe}=10.6\ \text{pF}$，$|y_{fe}|=45\ \text{mS}$，$\varphi_{fe}=-36.9°$，$|y_{re}|=0.31\ \text{mS}$，$\varphi_{re}=-104.9°$。

2.2 $A_{u0}=12.3$，$\text{BW}_{0.7}=0.66\ \text{MHz}$。

2.3 $g_\Sigma=410\ \mu\text{S}$，$C_\Sigma=C+C_{oe}+n_2^2 C_{ie}$，$A_{u0}=27.4$，$R_p=1.3\ \text{k}\Omega$。

2.4 $\text{BW}=5.93\ \text{kHz}$，$Q_e=23.7$。

2.5 $A_{u2}=100$，$\text{BW}_2=2.57\ \text{MHz}$。改动后，$A'_{u2}=41$。

2.6 $A_{u0}=17.4$，$\text{BW}_{0.7}=1.64\ \text{MHz}$。

第 3 章

3.1 $P_C=3.328\ \text{W}$，$I_{C0}=0.347\ \text{A}$。η_c 提高后，$P_C=1.24\ \text{W}$，$I_{C0}=0.26\ \text{A}$。

3.2 $P_D=6.64\ \text{W}$，$\eta_c=75.34\%$，$\xi=0.96$。

3.3 η_c 比值为 $1:1.57:1.8$，P_o 比值为 $1:1:0.782$。

3.4 $P_o = 10.19$ W，$P_D = 13.36$ W，$\eta_c = 76\%$，$R_\Sigma = 22$ Ω。

3.6 工作在欠压状态。可以增大 R_e。

3.7 前者工作在欠压区，后者工作在过压区。可以增大 U_{bm} 或 U_{BB}。

3.8 仍工作在临界状态。θ 减小了。原因在于 U_{BB} 增大，U_{bm} 减小，但保持 I_{Cm} 不变。

3.9 $I_{Cm} = 0.512$ A，$U_{cm} = 10$ V，$\eta_c = 37.3\%$，工作在欠压状态。

第 4 章

4.2 (a)、(b)、(e) 图不能，(c)、(d) 图能。

4.3 $f_0 = 2.6$ MHz，$A_{umin} = 4$。(用共基电路等效)

4.4 $f_0 = 10$ MHz，$F = 1/5$，振幅起振条件是

$$|y_{fe}| > \frac{C_2}{C_1} g_{oe} + \frac{C_1}{C_2} g_{ie} + \frac{C_2}{C_1} g'_{e0}$$

其中，$g'_{e0} = \left(\frac{C_1 + C_2}{C_2}\right)^2 g_{e0}$，该电路能够起振。

4.5 $L = 0.8$ μH。

4.6 均为电容三点式电路。$(a) f_0 = 9.58$ MHz；$(b) f_0 = 2.25 \sim 2.91$ MHz。

4.7 (a) f_1、$f_2 > f_0$，电感三点式；(b) $f_1 > f_0$，$f_2 < f_0$，电容三点式。

4.8 $f_s = 2.49$ MHz，$f_p = 1.000\ 021 f_s$，$Q_q = 2.77 \times 10^6$。

4.9 $(a) F = 0.31$；$(b) F = 0.14$。

第 5 章

5.1 i 中组合频率分量有：直流，ω_1，ω_2，$2\omega_1$，$2\omega_2$，$\omega_1 \pm \omega_2$，$3\omega_1$，$3\omega_2$，$2\omega_1 \pm \omega_2$，$\omega_1 \pm 2\omega_2$，$4\omega_1$，$4\omega_2$，$2\omega_1 \pm 2\omega_2$，$3\omega_1 \pm \omega_2$，$\omega_1 \pm 3\omega_2$。(设 $\omega_1 \gg \omega_2$。其中 $\omega_1 \pm \omega_2$ 分量由第三、五项产生。)

5.2 $g(t) = \dfrac{g_D}{3} + \dfrac{2g_D}{\pi} \displaystyle\sum_{n=1}^{\infty} \dfrac{1}{n} \sin\left(\dfrac{n\pi}{3}\right) \cos n\omega_1 t$，$i$ 中的组合频率分量有：直流，$n\omega_1$，$|\pm n\omega_1 \pm \omega_2|$ $(n = 0,\ 1,\ 2,\ \cdots)$。

5.3 (1) 当 $U_Q = 0$ 时，$g(t) = g_D K_1(\omega_1 t)$，$i$ 中的频率分量有：直流，ω_1，ω_2，$2\omega_1$，$\omega_1 \pm \omega_2$，$4\omega_1$，…。可实现调幅、混频、倍频和乘积检波。

(2) 当 $U_Q = U_{m1}$ 时，$g(t) = g_D$，i 中的频率分量有：直流，ω_1 和 ω_2。不能实现任何频谱搬移。

5.4 基波：$\dfrac{I_{es} U_m}{24 U_T^4} (24U_T^3 + 24U_T^2 U_{BB} + 12U_T^2 U_{BB}^2 + 3U_T U_m^2 + 3U_m^2 U_{BB} + 4U_{BB}^3)$；

二次谐波：$\dfrac{I_{es} U_m^2}{48 U_T^4} (12U_T^2 + 12U_T U_{BB} + 6U_{BB}^2 + U_m^2)$；

三次谐波：$\dfrac{I_{es} U_{BB} U_m^3}{24 U_T^4}$；

四次谐波：$\dfrac{I_{es}U_m^4}{192U_T^4}$。

第　6　章

6.1　(1) 1002 kHz，998 kHz 分量各 6 V。

1005 kHz，995 kHz 分量各 4 V。

1007 kHz，993 kHz 分量各 3 V。

1000 kHz 分量为 20 V。

(2) 带宽 14 kHz。

(3) 总功率 261 W，边带功率 61 W，载波功率 200 W，功率利用率 23%。

6.2　载波 8 V，边频各 2 V，$M_a = 0.5$。

6.3　$P_D = 100$ W，$P_\Omega = 8$ W，$P_{av} = 54$ W。

6.4　$\eta_d = 0.5$，$R_i = 2R_L$。

6.5　(1) $u_r \neq 0$ 时，(a)图不能，(b)图能。

(2) $u_r = 0$ 时，(a)图能，(b)图不能。

6.6　$(5\sim10)\times6.8$ pF$\leqslant C\leqslant 4780$ pF，$R_L \geqslant 12$ kΩ。

6.7　在中心位置时，不会。在最高位置时，会。

6.8　$g_c = \dfrac{I_{es}U_{Lm}}{2U_T^2}e^{\frac{U_{BB0}}{U_T}}\left(1+\dfrac{U_{Lm}^2}{8U_T^2}\right)$。

6.9　(1) $g_c = 0$；　　(2) $g_c = \dfrac{\sqrt{3}}{2\pi}g_D$；　　(3) $g_c = \dfrac{g_D}{\pi}$；　　(4) $g_c = \dfrac{\sqrt{3}}{2\pi}g_D$。

6.10　(a)、(d)图不能实现调幅。(b)图可以实现双边带调幅。(c)图不能实现双边带调幅，但可作普通调幅。

6.11　(1)能。(2)不能。

6.12　(1) $p=1$，$q=2$ 组合分量。

(2) 镜频干扰。

(3) $p=1$，$q=2$ 时的寄生通道干扰。

6.13　1400 kHz，1167.5 kHz。

6.14　镜频范围 4135~5205 kHz。不会。

$f_{L1} = 2335\sim3405$ kHz，$f_{L2} = 2265$ kHz。

6.15　$n_g = 78$ dB。

6.16　$k_1 \geqslant 1.93$，$U_R = k_1$ (V)。

第　7　章

7.1　$u_{FM}(t) = 5\cos(2\pi\times10^8 t + 6\sin2\pi\times10^3 t + \sin4\pi\times10^3 t)$ V

$u_{PM}(t) = 5\cos(2\pi\times10^8 t + 0.3\cos2\pi\times10^3 t + 0.1\cos4\pi\times10^3 t)$ V

7.2　调频或调相均是 $f_c = 100$ MHz，$F = 2$ kHz，$M = 1$ rad，$\Delta f_m = 2$ kHz。

7.3 (1) Δf_{m} 不变，BW 增加。

　　(2) Δf_{m} 增加 1 倍，BW 也增加。

　　(3) Δf_{m} 和 BW 都增加 1 倍。

7.5 (1) $\Delta f_{\mathrm{m}} = 1.5$ kHz，BW$=4$ kHz。(FM 与 PM 同)

　　(2) FM：$\Delta f_{\mathrm{m}} = 1.5$ kHz，BW$=5$ kHz。

　　　　PM：$\Delta f_{\mathrm{m}} = 3$ kHz，BW$=8$ kHz。

　　(3) $\Delta f_{\mathrm{m}} = 0.75$ kHz，BW$=2.5$ kHz。(FM 与 PM 同)

7.6 100.6 kHz，102 kHz，106 kHz，120 kHz。

7.8 $\Delta f_{\mathrm{m}} = 11.52$ kHz。

7.9 $U_{\mathrm{Q}} = 3.19$ V，$U_{\Omega \mathrm{m}} = 1.15$ V，$\Delta f_{\mathrm{m}} = 50$ kHz。

7.10 $u_{\mathrm{o}}(t) = U_{\mathrm{m}} \cos \omega_{\mathrm{c}} t \displaystyle\int u_{\Omega}(t) \mathrm{d}t + U_{\mathrm{m}} \sin \omega_{\mathrm{c}} t$。

7.11 $M_{\mathrm{p}} = 0.4$ rad，$\Delta f_{\mathrm{m}} = 0.01 f_0$。

7.12 $n_1 = 75$，$n_2 = 50$，$f_1(t) = f_{\mathrm{c}1} + M_{\mathrm{p}} F \cos 2\pi F t$，$f_2(t) = n_1 f_1(t)$，

　　 $f_3(t) = f_{\mathrm{L}} - f_2(t)$。

7.13 $u_{\mathrm{o}}(t) = 0.08 \cos 4\pi \times 10^3 t$ V。

7.14 (a)图可以斜率鉴频，f_{01} 与 f_{02} 分列 f_{s} 两侧。不能包络检波。

　　 (b)图可以斜率鉴频，$f_{01} = f_{02}$ 处于斜线中点。可以包络检波，$f_{01} = f_{02} = f_{\mathrm{s}}$。

7.15 (a)图可行。

7.17 $k_{\mathrm{b}} k_{\mathrm{c}} = 9$。

第 8 章

8.1 $f_{\mathrm{i}} = 2.51$ MHz，$u_{\mathrm{c}}(\infty) = 0.25$ V，$\varphi_{\mathrm{e}}(\infty) = 0.397$ rad。

8.3 频率范围 65.3～79.3 MHz，间隔 100 kHz，$t_{\mathrm{s}} = 2$ ms。

8.4 $f_{\mathrm{y}} = \left(\dfrac{n_3}{n_2} - \dfrac{1}{n_1} \right) f_{\mathrm{r}}$。

8.7 频率范围 11 520～15 456 kHz，间隔 2 kHz，1969 个。

参 考 文 献

[1]　谢嘉奎，等. 电子线路. 4 版. 北京：高等教育出版社，2000.

[2]　胡见堂，等. 固态高频电路. 长沙：国防科技大学出版社，1987.

[3]　张欲敏. 通信电路. 北京：北京航空航天大学出版社，1990.

[4]　张肃文. 高频电子线路. 北京：高等教育出版社，1984.

[5]　曾兴雯，等. 高频电路原理与分析. 3 版. 西安：西安电子科技大学出版社，2001.

[6]　罗伟雄，等. 通信原理与电路. 北京：北京理工大学出版社，1999.

[7]　张玉兴. 射频模拟电路. 北京：电子工业出版社，2002.

[8]　吴运昌. 模拟集成电路原理与应用. 广州：华南理工大学出版社，1995.

[9]　孙景琪. 通信、广播电路与系统. 北京：北京工业大学出版社，1994.

[10]　高厚琴，等. 集成电路彩色电视机电路分析与维修. 北京：电子工业出版社，1988.

[11]　安永成，等. 集成电路电视机电路分析. 2 版. 北京：人民邮电出版社，1993.

[12]　董政武. 怎样看新型电话机 GSM 手机电路图. 北京：人民邮电出版社，2002.

[13]　姚冬苹. TW－42 超短波电台. 北京：中国铁道出版社，1995.

[14]　王兴亮，等. 数字通信原理与技术. 西安：西安电子科技大学出版社，2000.

[15]　郭梯云，等. 移动通信. 西安：西安电子科技大学出版社，2000.

[16]　黄智伟. 锁相环与频率合成器电路设计. 西安：西安电子科技大学出版社，2008.

[17]　沈伟慈. 高频电路. 西安：西安电子科技大学出版社，2000.